U0260136

“十三五”国家重点图书出版规划项目
中国河口海湾水生生物资源与环境出版工程
庄 平 主编

海州湾生态环境与生物资源

晁 敏 张 虎 张 硕 王云龙 主编

中国农业出版社
北 京

图书在版编目（CIP）数据

海州湾生态环境与生物资源 / 晁敏等主编．—北京：中国农业出版社，2018.12

中国河口海湾水生生物资源与环境出版工程 / 庄平主编

ISBN 978-7-109-24867-0

Ⅰ.①海…　Ⅱ.①晁…　Ⅲ.①海湾-生态环境-研究-连云港②海湾-生物资源-研究-连云港　Ⅳ.①X321.253.3②Q-92

中国版本图书馆 CIP 数据核字（2018）第 255403 号

中国农业出版社出版
（北京市朝阳区麦子店街 18 号楼）
（邮政编码 100125）
策划编辑　郑　珂　黄向阳
责任编辑　周晓艳

北京通州皇家印刷厂印刷　　新华书店北京发行所发行
2018 年 12 月第 1 版　　2018 年 12 月北京第 1 次印刷

开本：787mm×1092mm　1/16　　印张：14.75
字数：300 千字
定价：110.00 元

内容简介

本书旨在阐明海州湾生态环境与重要生物资源现状及其历史变化，在此基础上针对海州湾海域生态系统面临的胁迫和压力开展分析，探索海州湾重要生物资源受生境条件影响的机理，以及海州湾目前开展的海洋生态环境和渔业资源修复的主要措施，并提出海州湾重要生物资源的多元化保护与管理对策。

本书共分为五章。第一章主要介绍海州湾生态环境和生物资源基本特征和相关研究进展概况；第二章主要介绍海州湾生态环境和生物资源现状与评价，其中生态环境现状采用 2014—2015 年调查资料开展生物资源现状及历史资料的对比分析，包括海洋气候特征、海洋水文、理化环境，生态环境包括浮游植物、浮游动物、底栖生物，渔业资源包括鱼卵、仔稚鱼和游泳生物等；第三章则针对海州湾生态环境和生物资源目前面临的压力进行分析，查找目前影响海州湾生态环境和生物资源变动的关键因素；第四章旨在探讨海州湾目前开展的海洋生态环境和渔业资源修复的主要措施，包括海州湾海洋牧场人工鱼礁建设情况、水生生物增殖放流情况及海州湾海洋生物资源养护与生态环境修复规划；第五章提出了海州湾环境管理与生物资源可持续利用的对策。

丛书编委会

本书编写人员

主　编: 晁　敏　张　虎　张　硕　王云龙

参　编（按姓氏笔画排序）

丁艳峰　于雯雯　王　腾　王子超　王丽杰
史赟荣　伏光辉　刘培廷　孙习武　孙满昌
何羽丰　吴卫强　吴立珍　张　晴　张俊波
李云凯　杨金龙　肖悦悦　邵　帅　陈百尧
周德山　胡海生　贲成恺　袁健美　钱卫国
高春梅　符小明　黄　宏　谢　斌　韩　飞
路吉坤

丛书序

中国大陆海岸线长度居世界前列，约 18 000 km，其间分布着众多具全球代表性的河口和海湾。河口和海湾蕴藏丰富的资源，地理位置优越，自然环境独特，是联系陆地和海洋的纽带，是地球生态系统的重要组成部分，在维系全球生态平衡和调节气候变化中有不可替代的作用。河口海湾也是人们认识海洋、利用海洋、保护海洋和管理海洋的前沿，是当今关注和研究的热点。

以河口海湾为核心构成的海岸带是我国重要的生态屏障，广袤的滩涂湿地生态系统既承担了“地球之肾”的角色，分解和转化了由陆地转移来的巨量污染物质，也起到了“缓冲器”的作用，抵御和消减了台风等自然灾害对内陆的影响。河口海湾还是我们建设海洋强国的前哨和起点，古代海上丝绸之路的重要节点均位于河口海湾，这里同样也是当今建设“21 世纪海上丝绸之路”的战略要地。加强对河口海湾区域的研究是落实党中央提出的生态文明建设、海洋强国战略和实现中华民族伟大复兴的重要行动。

最近 20 多年是我国社会经济空前高速发展的时期，河口海湾的生物资源和生态环境发生了巨大的变化，亟待深入研究河口海湾生物资源与生态环境的现状，摸清家底，制定可持续发展对策。庄平研究员任主编的“中国河口海湾水生生物资源与环境出版工程”经过多年酝酿和专家论证，被遴选列入国家新闻出版广电总局“十三五”国家重点图书出版规划，并且获得国家出版基金资助，是我国河口海湾生物资源和生态环境研究进展的最新展示。

该出版工程组织了全国20余家大专院校和科研机构的一批长期从事河口海湾生物资源和生态环境研究的专家学者，编撰专著28部，系统总结了我国最近20多年来在河口海湾生物资源和生态环境领域的最新研究成果。北起辽河口，南至珠江口，选取了代表性强、生态价值高、对社会经济发展意义重大的10余个典型河口和海湾，论述了这些水域水生生物资源和生态环境的现状和面临的问题，总结了资源养护和环境修复的技术进展，提出了今后的发展方向。这些著作填补了河口海湾研究基础数据资料的一些空白，丰富了科学知识，促进了文化传承，将为科技工作者提供参考资料，为政府部门提供决策依据，为广大读者提供科普知识，具有学术和实用双重价值。

中国工程院院士 唐启升

2018年12月

前　言

连云港海州湾地处中纬度水域，属暖温带海洋季风气候区向北亚热带海洋气候区的过渡地带，其生物区系特征属于典型的北太平洋区系的东亚亚区。该区系性质使得连云港近海栖息的生物以暖温性生态类型为主，兼有暖水和冷温类型。海州湾特殊而优越的地理环境，汇聚了具有南北方地域特征的物种，且其地形地貌类型齐全，既有岩礁性的岛礁地貌，也有泥沙间布的河口区域地貌，同时近岸潮间带海域具有丰富的淤泥质滩涂，历史上生物资源种类十分丰富。但自20世纪80年代以来，作为江苏传统渔场的海州湾渔场由于捕捞强度过大，尤其是底拖网等大型网具对渔场资源和环境的破坏十分严重，因此当地传统的经济鱼类，如大黄鱼、小黄鱼、墨鱼等已无法形成渔汛，产卵洄游群体呈现低龄化、小型化、性成熟提前等资源衰退现象。此外，随着沿海城市规模的不断扩大和沿海工业的迅速发展，大量的城市生活污水、工业废水等陆源污染物注入海洋，已超过海洋的自净能力，致使海域环境污染不断加剧、赤潮频繁发生、污染事故屡屡出现，这对本已退化的海洋生态系统产生了更为严重的影响。

为了修复受损的生态环境和养护渔业资源，当地政府和海洋渔业主管部门，结合国家专项和地方用海工程生态补偿项目先后开展了人工鱼礁、海洋牧场、增殖放流、人工藻场等建设工程；同时，结合地方实际提出了一些有针对性的管理措施，探索出了一条绿色、循环、可持续的发展道路，为保护生态环境、实现海洋生物资源可持续利用起到了积极的推动作用，为发展海洋生态文明创造了有利条件。

“十三五”初期，为固化我国在河口海湾水生生物资源研究领域的科技成果，加强文化传承，由庄平研究员担任丛书主编，与中国农业出版社一起组织了“中国河口海湾水生生物资源与环境出版工程”系列专著的编写，并得到了全国众多涉海高校学者和科研院所科研人员的积极响应。本书作为该系列专著之一，基于笔者多年对海州湾的研究、治理、保护等成果，主要对连云港海州湾海洋生态环境特点、生物资源特征，以及近些年来生态环境修复、生物资源养护和海域使用管理方面取得的研究成果进行较为系统的总结和归纳，为海州湾今后的科学用海、生态用海和生物资源可持续利用及地方海洋经济建设服务。

本书编写具体分工为：第一章第一、二节由中国水产科学研究院东海水产研究所晁敏、王云龙编写，第三节由江苏省海洋水产研究所张虎编写；第二章第一节由连云港市海洋环境监测中心周德山、张晴、邵帅编写，第二、三节由江苏省海洋水产研究所张虎、刘培廷、贲成恺、于雯雯、袁健美、胡海生、肖悦悦编写；第三章由中国水产科学研究院东海水产研究所晁敏、王云龙、史赟荣和新泰市水利与渔业局王子超编写；第四章第一节由上海海洋大学张硕、孙满昌、钱卫国、王腾、谢斌，江苏通州湾渔业发展有限公司孙习武和江苏省海洋水产研究所张虎编写，第二节由上海海洋大学张硕、黄宏、张俊波、李云凯、高春梅、杨金龙等和连云港市海洋与渔业局吴卫强、王丽杰、吴立珍、丁艳峰、韩飞、陈百尧编写；第五章第一节由上海海洋大学张硕、符小明、何羽丰和连云港市海洋与渔业发展促进中心路吉坤、伏光辉编写，第二节由中国水产科学研究院东海水产研究所晁敏、王云龙编写。全书由晁敏、张虎、张硕、王云龙负责统稿。

由于工作积累还不够全面，因此笔者还引用了国内其他高校和科研单位近几年对海州湾的研究成果，所引文献已进行了标注，在此表示诚挚的谢意！

由于编者能力和学术水平有限，本书错漏和不足之处在所难免，恳请各位专家、同行批评指正。

编　者

2018年4月

目　录

第一章
海州湾概况

第一节　海州湾基本概况

一、海州湾基本概况

海州湾位于黄海中部，因临近海州而得名。海州湾是个年轻的海湾，在 1712 年之前还不成为海湾，其形成是 1128—1855 年由黄河携带大量泥沙在江苏倾注入海 700 多年淤积的结果，属于废黄河三角洲北侧的一部分（张存勇，2015）。1855 年黄河北归入渤海后，大量泥沙来源缺失，致使海岸动力条件发生变化，废黄河口两侧海岸进入逆向调整过程，亦即泥沙再侵蚀、再搬运、再淤积，这独特的形成历史塑造了海州湾典型的开敞型淤泥质近岸海域。

海州湾的自然地理区域，广义上划分，主要是指南起废黄河口、北至石臼所的广阔岸线和海域；狭义上划分，主要是指南起灌河口、北至绣针河口的连云港市境内 170 km 的海岸线和 3 000 多 km^2 的海域。还有一种划分，即南起江苏连云港、北至山东岚山头，海岸全长 135 km；仅滩涂面积而言，约有 3.33 万 hm^2，其中有 90%在连云港市范围内（黎明，1989）。为了便于分析海州湾的基本概况，本书主要采用狭义上的划分。

二、自然环境概况

（一）地形地貌

根据海底沉积物特征，海州湾北部以沙质沉积物为主，向南主要为细颗粒的粉沙质黏土，西墅以南至灌河口的近岸长期侵蚀、岸滩沉积物目前已明显粗化，并呈现出沙质海岸的特点，到 10～15 m 水深以外逐渐变为黏土质粉沙和细沙。由于地质条件、供沙条件、水动力条件等方面因素的不同，连云港市海岸自北向南大致可分为几个岸段：①绣针河口至兴庄河口段，侵蚀性沙质海岸，潮间带滩宽约 1 km，海滩物质以小于 1.0 mm 的石英沙为主；②兴庄河口至西墅段，淤长型淤泥质海岸，潮间带滩宽 3～6 km，组成物质为青灰色粉沙淤泥；③西墅至烧香河北口段，稳定的基岩海岸，岸线曲折，海滩狭窄，主要为中细沙海滩或淤泥质海滩；④烧香河北口至灌河口段，淤长型淤泥质海岸，该岸段整体表现为上冲下淤，淤蚀分界在5～10 m线附近，侵蚀强度自西向东逐渐减弱，20 世纪 70 年代以来已建有诸多离岸堤和丁坝等防护工程。

（二）水文条件

1. 陆地水文

水系基本属于淮河流域沂沭泗水系。沂沭地区的主要排洪河道新沂河、新沭河等均从境内入海，故有“洪水走廊”之称。除此之外，境内还有绣针河、兴庄河、青口河、大浦河、排淡河、通榆河、蔷薇河、善后河、柴米河、盐河、灌河等大小骨干河道80余条，有20余条为直接入海河流，有盐河等河流与运河相通。其中，灌河是一条最大的入海河流，也是江苏省唯一一条尚未在河口建闸的入海河流，其余河流常年由节制闸控制入海，海洋潮汐影响显著。临洪河和灌河口分别与海底两个明显的古河道遥遥相对。

灌河流域面积约6 400 km^2，一般河宽350 m，水深7～11 m，水量丰富，年平均径流量为1.5×10^9 m^3。5—10月为汛期，汛期下泄流量集中，年输沙量7×10^5 t左右（刘玮祎等，2006）。

2. 海洋水文

（1）海水水温与盐度环境　连云港市近海海水最低温度出现在2月，一般为4.0～6.0 ℃。最高值为7.4 ℃，出现在平岛附近；最低值为4.1 ℃，出现在秦山岛附近。月平均温度最高值出现在8月，一般为20.0～26.0 ℃。最高值为26.5 ℃，出现在平岛附近；最低值为21.0 ℃，出现在达山岛附近。温度总的分布趋势为近海岸高，远岸低；表层高，底层低。

连云港近海海水盐度冬季最高，夏季最低。冬季盐度一般为29.0～30.5，近岸和浅海差别不大；夏季盐度一般为21.0～30.0，沿岸和近海差别较大。

（2）潮汐与潮流　连云港市沿岸潮汐为正规半日潮，潮差一般为310 cm左右。海州湾潮汐流速较小，涨潮最大流速一般为50～65 cm/s，落潮最大流速一般为35～42 cm/s。一般是海州湾底部的流速小，两侧的流速较大，并且涨潮流速大于落潮流速。

（3）海浪　本海区以风浪为主，涌浪次之。各月平均波高冬季略大，春季略小。最大波高出现在9月，最小波高出现在6—7月。

（4）海水悬浮体含沙量　连云港市海水悬浮体含沙量的一般情况是，近岸悬浮体含沙量高，向海逐渐降低。含沙量等值线大致与等深线平行，与海岸走向一致，从表层向下，含沙量逐渐增加。冬季含沙量较高，平均为0.3 g/L；夏季含沙量较低，平均为0.1 g/L。

3. 气象气候

海州湾海域气候特征根据西连岛国家一般气象站（地理位置为34°47′00″N、119°26′00″E，观测场海拔高度为26.9 m）1981—2010年的气象资料分析整理。

（1）气温　累年平均气温14.8 ℃。各月平均气温1.6～26.5 ℃，其中8月最高，1月最低。累年极端最高气温37.9 ℃，出现在2002年7月15日，全年中5—8月极端最高气温均在35.0 ℃以上。累年极端最低气温−9.6 ℃，全年中12月至翌年3月极端最低气温均在−5.0 ℃以下。累年最高平均气温 17.6 ℃，累年最低平均气温 12.4 ℃。

（2）降水　累年平均降水量 904.3 mm，最大降水量 1 399.6 mm，最小降水量 520.7 mm。累年各月平均降水量 7 月最多，为 223.6 mm；12 月最少，为16.4 mm。累年各月中日最大降水量 432.2 mm，出现在 1985 年 9 月 2 日。日最大降水量超过 100 mm 的集中在 5—9 月。累年平均降水量≥1.0 mm 的日数为 61.8 d，占年降水日数的 72.2%；累年平均降水量≥10.0 mm 的日数为 24.0 d，占年降水日数的 28.0%；累年平均降水量≥50.0 mm 的日数为 3.7 d，占年降水日数的 4.3%。

（3）雾　累年平均雾日共为 21.2 d。一年中雾日主要出现在 3—6 月，共有 12.2 d，占年雾日的 58%，其中 6 月最多为 3.4 d；另外出现在 11 月至翌年 2 月的共有 6.9 d，占年雾日的 33%；8—10 月基本无雾。一年中最多雾日为 14.0 d，出现在 1998 年 4 月。

（4）湿度　累年平均相对湿度 69%。各月平均相对湿度 62%～82%，其中 7 月最高，12 月最低。一年中 6—8 月相对湿度较高，平均为 80%；11 月至翌年 1 月相对湿度较低，平均为 63%。累年最小湿度为 0%，出现在 1988 年 3 月 27 日，年最小相对湿度 2—4 月均在 10%以下。

（5）风况　本海区主导风向为偏东向，ESE 风向出现频率为 11.00%；E 风向出现频率次之，为 10.00%。强风向为偏北向，6 级以上（含 6 级）大风；NNE 风向出现频率为 1.90%，N 风向出现频率次之，为 1.53%。

累年平均风速 5.0 m/s，各月平均风速 4.5～5.3 m/s。其中，平均风速 3 月、11—12 月最大为 5.3 m/s，7 月最小为 4.5 m/s。累年各月最大风速为 21.0～29.0 m/s，1997 年 5 月 30 日最大，为 29.0 m/s，风向为 N；1998 年 12 月 1 日最小，为 21.0 m/s，风向为 N。年各月最大风速的风向以偏北向为主。

（三）资源条件概况

本海区气候温和，拥有基岩质、沙质、淤泥质等类型丰富的海岸，海湾和海岛具备了建设亿吨大港的天然条件，具有海洋生物、化工、滨海旅游等丰富资源，适合进行海洋渔业、海盐及海洋化工、海洋医药、海滨旅游等多种形式的海洋综合开发。

1. 港航资源

连云港海州湾海域水深条件和掩护条件好，风浪较小，易于泊稳，泥沙冲淤基本平衡，具有建港的天然条件。

连云港市的港口岸线总长约 100.70 km，其中沿海已利用港口岸线 16.69 km，可开发利用的港口岸线 84.01 km（均可成片开发）。连云港市腹地辽阔，交通便利，港口发展的外部环境基础优势明显。港口建设条件好，有良好的城市依托，建设条件完备。

连云港港由海湾内马腰港区、庙岭港区、墟沟港区、旗台作业区、大堤作业区五大作业区构成的连云港港区，以及南翼的徐圩港区和灌河港区、北翼的赣榆港区和前三岛港区共同组成“一体两翼”总体格局。其中，马腰港区共有生产性泊位15个，主要为通用散货、通用件杂货和液体化工泊位；庙岭港区有15个生产性泊位，主要为运输集装箱、散粮、散货、通用件杂货和煤炭泊位；墟沟港区共14个生产用码头，主要为通用散杂泊位；旗台作业区位于南防波堤内侧，已建成5个生产性泊位，是以大宗干散货和液体散货运输为主的深水作业区；大堤作业区规划为集装箱专业化泊位，近期还未开发。徐圩港区依托临港工业起步，逐步发展成为腹地经济发展和后方临港工业服务的综合性港区，以干散货、液体散货和散、杂货运输为主，并发展集装箱运输功能；灌河港区由燕尾港作业区2个3万t级通用泊位，灌河国际2个2万t级通用泊位，中储粮2个0.5t级码头，陈家港2个0.3t级盐泊位和长茂1个千t级散货等泊位组成，岸线已利用总长度1 340 m，总通过能力795万t。赣榆港区规划建设柘汪、海头，为连云港港及滨海工业发展配套和服务。以连云港港口为龙头，赣榆、徐圩、灌河等口岸开发为辅助的连云港港口群已初具雏形。

2. 海洋水产资源

连云港市近海生态环境复杂多样，海州湾历来是海洋生物生长、繁殖的场所，丰富的渔业资源使海州湾渔场成为我国重要的渔场之一。本海区内各种经济鱼类、虾蟹类、贝类、海珍品、藻类等资源的蕴藏量都非常丰富。其中，鱼类有200多种，中上层鱼类在海州湾鱼类资源中占有重要地位，主要有银鲳、蓝点马鲛、鲐、黄鲫、青鳞、刀鲚、凤鲚、太平洋鲱、远东拟沙丁、鳓、燕鳐、日本鳀、赤鼻棱鳀、玉筋鱼等；其次，底层鱼类，主要有带鱼、大黄鱼、小黄鱼、黄姑鱼、白姑鱼、叫姑鱼、棘头梅童鱼、鲈、鮻、黑鲷、绿鳍马面鲀、短吻舌鳎、团扇鳐等。海州湾海域甲壳类和头足类种类也较多，经济价值较高的物种有中国对虾、鹰爪虾、毛虾、日本蟳、日本枪乌贼、金乌贼等近20种。贝类常见种类有40余种，具有较高经济价值的主要物种有毛蚶、褶牡蛎、近江牡蛎等10余种；一些小型贝类，如蓝蛤、黑荞麦蛤等，是鱼、虾类极为重要的天然饵料。此外，海蜇也是海州湾海域的主要捕捞对象。

3. 旅游资源

连云港市旅游资源丰富，名胜古迹众多，素有“东海第一胜境”之称。2002年，连云港花果山景区、连岛景区被批准为首批国家AAAA级旅游景区。至此，连云港市已形成了以花果山、连岛、孔望山、渔湾、抗日山、大伊山、海上云台山景区等11个AAAA级旅游景区为龙头的一大批旅游风景名胜，旅游基础设施和对外交通条件不断完善，旅游经济发展迅速。“山海连云、西游圣境”的城市旅游形象日渐鲜明，连云港市也先后被评为全国旅游竞争力百强城市、全国20个优秀旅游目的地之一和中国十大环境最好旅游城市之一。2013年，连云港市实现旅游接待量2 138万人次，旅游总收入262亿元，分别较2012年增长12.8%和15.9%。

4. 矿产资源

连云港的矿产资源也十分丰富，主要有磷矿、金红石、蛇纹石、水晶、石英、大理石、沙矿等 40 余种。现已初步勘探出黄海大陆蕴藏丰富的海底石油。

5. 海水化学资源

连云港市海岸的海水盐度较高，土地渗透系数小，气象条件符合盐业生产的要求。淮北盐场是我国四大产盐区之一，海水晒盐的剩余苦卤是发展化工工业的重要原料。

6. 海岛资源

岛屿是连云港市十分宝贵的资源，江苏海域共辖海岛 26 个，而连云港市就拥有其中的 20 个，即平岛、平岛东礁、达山岛、达山南岛、达东礁、花石礁、车牛山岛、牛背岛、牛角岛、牛尾岛、牛犊岛、秦山岛、小孤山、竹岛、鸽岛、东西连岛、羊山岛、开山岛、大狮礁和船山。其中，东西连岛是江苏省最大的基岩岛，陆域面积 6.07 km^2，位于云台山以北，与陆地岸线之间有宽 2 km 的鹰游门海峡相隔，是连云港港的天然屏障。

第二节　海州湾生态环境及生物资源基本特征

一、海州湾海洋生态环境基本特点

本区著名的海州湾渔场连同邻近众多的渔场，其形成与黄海区域海洋水文状况密切相关。

黄海为半封闭陆架近海，其流系包括黄海暖流、黄海沿岸流等，两者终年形成一气旋式环流系统。除黄海环流外，黄海冷水团具有低温、高盐特征。黄海流系和黄海冷水团的分布及变化在很大程度上决定了黄海环境要素的分布与变化，进而影响渔业生物资源的分布与变化。

海州湾浮游植物种类繁多，已鉴定的共有 148 种（包括变种和变型），隶属 4 门 51 属。其中，浮游硅藻在细胞数量上和种类上都占绝对优势。海州湾浮游植物种类组成以近岸低盐种和暖温带种为主。浮游植物细胞总数量以 2 月最高，平均 386.25×10^4 个/m^3，海岸带调查比海岛调查高出近 4 倍；4 个季节月总平均值为 121.65×10^4 个/m^3，海岸带调查比海岛调查高出近 3 倍。季节变化明显，其变化与各季度月优势种数量季节更替有关。

海岸调查记录到的浮游动物共 50 有种，海岛调查记录到的共有 33 种。从种类组成来看，优势种主要有强壮箭虫、真刺唇角水蚤、中华哲水蚤、乌喙尖头蚤、小拟哲水蚤、克氏纺锤水蚤等，以暖温带近岸低盐种为主。

海州湾及其岛屿周围固着性海藻的种类繁多，根据 1980—1983 年的调查及有关文献记载，固着性海藻共有5门57属84种。底栖动物种类也较多，主要优势种有软体动物毛蚶、棘皮动物海地瓜和甲壳动物虾蟹等。沿岸水域年平均生物量3.50 g/m²，近海水域底栖动物的总生物量和栖息密度均低于沿岸水域。4个季节的生物量变化是：入春以后生物量渐趋增高，至8月生物量达最高峰，11月生物量复趋下降，2月降至全年最低值。

二、海洋生物资源主要特点

海州湾为高低盐水系和冷暖水团的交汇海区，水体运动活跃，且陆上有十几条河流注入淡水，海区营养盐丰富，有200多种鱼类、30多种虾类、80多种贝类、46种软体动物及7种腔肠动物在此繁殖、栖息、索饵，形成了著名的海州湾渔场。历史调查资料表明，海州湾是多种经济生物的产卵场，如鲐、蓝点马鲛、鳓、中国对虾、带鱼等。产卵季节主要在春季、夏季和秋季，即4—10月，8月是产卵盛期。这主要是由于海州湾独特的环流、潮流及余流机制影响了营养盐等其他海洋要素的分布，较强的潮汐锋面使得鱼卵聚集成密集的斑块，而复杂的海底地形地貌及底质为众多的鱼类产卵群体提供了较理想的生存环境，因此海州湾成为黄海重要产卵场之一（李增光，2013）。

每年春季，鲐、蓝点马鲛、鳓等远洋性鱼类由东海大体沿123°00′00″E线从南向北进行生殖洄游，在33°30′00″N附近海域分成2～3支，其中小股向西进入海州湾产卵、孵化（朱孔文等，2011）。而中国对虾作为一种渔业经济价值极高的一年生虾类，也利用海州湾作为其产卵、育幼和索饵的场所。在每年4月由大沙渔场或青石渔场分两路，其中一路进入山东近海岸；另沿海州湾南岸20 m等深线进入海州湾产卵，直至秋季越冬群体移出海州湾，生活史中有多半时间在海州湾栖息。

海州湾渔场主要经济渔业资源每年的允许捕捞量为3.5万t左右，20世纪60年代实际捕捞量为3.0万t左右、70年代为4.0万t左右、80年代为5.0万t左右、90年代达6.0万t左右，大大超过了资源的再生能力。20世纪80年代以后，船网数量增加，捕捞强度增大，渔获物中低龄鱼比例增加，性成熟提前，渔船单产下降，带鱼、真鲷、大黄鱼、小黄鱼、鳓等传统经济鱼类已不能形成渔汛。

海州湾渔场的各个渔区，普遍有一定的渔获量。春季为全年生物密度最大的季节；秋季在海州湾渔场的109渔区，生物量相对较高；冬季渔场内的鱼类总生物量降至全年的最低值。20世纪七八十年代的调查结果表明，海州湾鱼类资源分布特点是：①季节性。每年春季，随着水温回升，多种洄游性鱼类来此产卵、索饵，鱼类的种类显著增多，密度增大；入冬以后，随着近岸水温的下降，洄游鱼类复向外海越冬，种类和密度大大减少。②集群性。海州湾渔场鱼类资源具有若干数量多、密度大和集群性强的优势种，如20世纪50年代的小黄鱼、60年代的大黄鱼、70年代的银鲳和80年代的黄鲫，均有这种特点。

三、主要经济品种种类概况

根据近年在海州湾海域的渔业资源调查，海州湾仍然为多种经济物种，如日本枪乌贼、口虾蛄、小黄鱼、银鲳、中国对虾等重要的索饵场、育幼场及产卵场。其概况如下：

（一）日本枪乌贼

总体来看，在秋季，日本枪乌贼广泛分布于海州湾的各调查站。从丰度上看，在秋季，海州湾是日本枪乌贼重要的索饵场所。

从渔获物生物学参数来看，在海州湾采集的日本枪乌贼几乎全部为幼体，胴长范围为0.5～8.5 cm，平均胴长4.2 cm，优势胴长组为3.0～5.0 cm组。春季日本枪乌贼平均胴长略高于其他季节，为4.7 cm。该季节为日本枪乌贼在海州湾的产卵期，虽然有部分成体捕获，但比例极小。

（二）口虾蛄

口虾蛄在海州湾的丰度分布以夏季最高，春季亦较高，秋、冬季较低。冬季口虾蛄在调查区域鲜有分布。

口虾蛄在各季节的空间分布特点有显著差别。春、夏季为口虾蛄的繁殖盛期，口虾蛄广泛分布于海州湾各调查站，丰度高值区在10 m水深以浅海域。从幼体比例来看，8月口虾蛄幼体比例为15.79%，略高于5月的14.41%，8月口虾蛄个体体长和体重均比5月的大。由此可见，春、夏季海州湾是口虾蛄重要的繁育、索饵场所，秋季口虾蛄群体逐渐向外海移动，冬季在海州湾鲜有分布。

（三）小黄鱼

小黄鱼是海州湾海域重要的资源种，除2月鲜有分布外，其余季节航次均可采集到小黄鱼样本，其中以8月航次丰度最高。

从空间分布来看，8月小黄鱼主要分布于10 m水深以浅海域，主体为小黄鱼幼鱼；5月和11月在调查区的小黄鱼亦为幼鱼，主要分布在10 m水深等深线外侧，但丰度不高；秋季以后，小黄鱼洄游至外海越冬。

由小黄鱼季节和空间分布规律可知，海州湾为小黄鱼幼鱼的重要索饵场，主要利用季节为夏季，而近岸10 m水深海域为其重要栖息地。

（四）银鲳

银鲳亦是海州湾海域重要的资源种，除冬季 2 月鲜有分布外，其余季节航次均可采集到银鲳样本。从空间分布看，8 月银鲳样本主体为银鲳幼鱼，11 月银鲳主要分布在 20 m 水深以浅海域。

（五）中国对虾

近年来，中国水产科学研究院东海水产研究所、江苏省海洋水产研究所等科研单位在海州湾的单拖网和桁杆拖网调查中均采集到了批量对虾标本。据中国水产科学研究院东海水产研究所的调查，秋季越冬洄游期（10 月）中国对虾体长 15.5～21.8 cm（平均 18.3 cm），头胸甲长 5.1～7.3 cm（平均 6.1 cm）、头胸甲宽 1.7～2.8 cm（平均2.2 cm），体重 31.46～72.28 g（平均 47.41 g）。

4 月（春季繁殖期）中国对虾体长 19.6～23.5 cm（平均 21.5 cm），头胸甲长 6.3～7.6 cm（平均 7.0 cm）、头胸甲宽 2.5～3.2 cm（平均 2.9 cm），体重 70.37～111.25 g（平均 86.89 g）。

8 月（海州湾生长期）中国对虾体长 10.0～15.2 cm（平均 12.9 cm），头胸甲长 3.3～4.4 cm（平均 3.6 cm）、头胸甲宽 1.5～2.4 cm（平均 2.0 cm），体重 15.23～43.45 g（平均 26.70 g）。

从中国对虾生物学参数来看，4 月和 10 月采集到的中国对虾规格均为 15.0 cm 以上的成虾；8 月规格略小，该阶段是中国对虾在海州湾的关键生长期。

4 月中国对虾主要出现在海州湾人工鱼礁投放区；8 月中国对虾主要集中分布在连岛以北的人工鱼礁及周围海域，在灌河口北侧站位也有分布，此月中国对虾有聚集分布的特点；10 月中国对虾主要出现在 10～20 m 的水深海域。

四、主要海洋保护区与渔业资源增殖区

（一）海州湾中国对虾国家级种质资源保护区

1. 保护区地理位置、范围和功能区划分

为保护海洋生态环境，修复海洋生物栖息地，加强对重要物种种质资源的保护，江苏省海洋与渔业局 2007 年申报建立海州湾中国对虾国家级水产种质资源保护区，同年 12 月农业部批准同意设立“海州湾中国对虾国家级水产种质资源保护区”（中华人民共和国农业部公告 第 947 号）。

海州湾中国对虾国家级水产种质资源保护区总面积 19 700 hm^2，其中核心区面积

3 700 hm^2，试验区面积 16 000 hm^2。核心区特别保护期为 4—5 月和 9—11 月，共 5 个月。该保护区位于江苏沿海的海州湾内，包括两块区域：第一区域位于 119°27′00″—119°37′00″E、34°57′00″—35°00′00″N，由 4 个拐点连线围成的长方形海域，拐点坐标分别为 119°27′00″E、34°57′00″N，119°37′00″E、34°57′00″N，119°37′00″E、35°00′00″N，119°27′00″E、35°00′00″N；第二区域位于 119°52′00″—120°02′00″E、34°53′00″—34°57′00″N，由 4 个拐点连线围成的长方形海域，拐点坐标分别为 119°52′00″E、34°53′00″N，120°02′00″E、34°53′00″N，120°02′00″E、34°57′00″N，119°52′00″E、34°57′00″N。核心区坐标范围为 119°29′00″—119°34′00″E、34°57′30″—34°59′30″N 的长方形海域，其他区域为试验区。保护区完全位于海上，与陆地不相连。第一区和第二区在秦山岛西北方向、连岛的北方，分别距秦山岛约 18 km 和 53 km，距东西连岛约 20 km 和37 km。

2. 保护区保护对象

保护区保护对象主要为中国对虾，栖息的其他主要物种还包括真鲷、带鱼、鳓、小黄鱼、鲈、白姑鱼、许氏平鲉、六线鱼、刺参、皱纹盘鲍、栉孔扇贝等。

（二）海州湾海湾生态与自然遗迹海洋特别保护区

连云港海州湾海湾生态与自然遗迹海洋特别保护区位于江苏省连云港市，以秦山岛为中心划定，南侧和西侧以现有海岸线为界，东侧和北侧界限依据连云港人工鱼礁工程区的东界和北界划定，总面积达 490.37 km^2。

保护区以秦山岛为中心，按功能划分为 4 个区，即生态保护区、资源恢复区、生态环境整治区、开发利用区；3 个保护点，即龙王河口沙嘴保护点、竹岛保护点、东西连岛苏马湾保护点。

2009 年 3 月，连云港市机构编制委员会批准成立“连云港市海州湾海湾生态与自然遗迹海洋特别保护区管理处”，内设综合科、海域动态监管科、海域权属管理科、海籍管理科、海洋生态保护科、种质资源保护科、海域权属流转科和海洋信息科。

第三节　生态环境及生物资源研究概况

近年来在海州湾开展生态环境和生物资源调查研究的单位有：连云港市海洋环境监测中心、连云港市海域使用保护动态管理中心、南京大学、南京师范大学、江苏省海洋水产研究所、江苏省海洋环境监测预报中心、国家海洋局南通海洋环境监测中心站、中国海洋大学、上海海洋大学、中国水产科学研究院东海水产研究所、中国水产科学研究院黄海水产研究所、国家海洋局第一海洋研究所、国家海洋环境监测中心、中国科学院海洋研究所海洋生态与环境科学重点实验室、国家海洋信息中心等。

各单位在海州湾开展的研究方向主要有：①海州湾海洋环境及环境容量研究，主要研究单位有国家海洋局第一海洋研究所、国家海洋环境监测中心、国家海洋局南通海洋环境监测中心站、连云港市海洋环境监测中心及南京大学等；②海州湾生物生态及渔业资源研究，主要研究单位有江苏省海洋水产研究所、中国海洋大学、中国水产科学研究院东海水产研究所、中国科学研究院海洋所；③海州湾生态环境生物资源综合评价研究，主要研究单位有南京师范大学；④海州湾生态环境对人类活动响应研究，主要研究单位有国家海洋信息中心和中国海洋大学；⑤海州湾生态环境生物资源修复及管理保护研究，主要研究单位有上海海洋大学、连云港市海域使用保护动态管理中心、中国海洋大学及中国科学院研究生院（中国科学院海洋研究所）。

一、海洋环境及环境容量研究

（一）海洋环境状况研究

海州湾是南黄海最西面的开敞海湾，位于江苏省最北端。近年来，南部海州湾沿海经济发展迅速，周边分布着5个工业园区，以临港工业、重化工业为主的“海洋经济”已初具规模。海水养殖规模也在不断扩大，但养殖技术的陈旧及人们对生态环境的忽视，使得该海域的环境负荷，以及可持续开发利用前景面临较大的压力。为了解海州湾南部近岸海域生态环境现状，查明其制约因素，合理、可持续地开发利用南部海州湾，有必要对其生态环境现状作出系统调查和评估。国家海洋局第一海洋研究所开展的“海州湾南部近岸海域氮、磷营养盐变化规律及营养盐限制状况”研究结果表明，海州湾南部近岸海域水体温度、盐度呈现从近岸到离岸带状性分布，反映了陆地环境（含陆源物质输入）对海州湾南部近岸海域环境的影响（谢冕，2013）。溶解氧、叶绿素季节分布差异较大，整体上近岸低、中部海域高、外侧海域低。无机氮与无机磷季节性分布差异较大，整体上呈现近岸高、离岸低的分布趋势。其中，无机氮含量2011年为0.026～2.470 mg/L、2012年为0.032～0.950 mg/L；磷酸盐含量2011年为0.004～0.130 mg/L、2012年为未检出至1.360 mg/L。硅酸盐季节性分布差异较大，并没有明显的分布趋势，其含量2011年为0.005～0.950 mg/L、2012年为0.016～0.590 mg/L。统计结果显示，海州湾南部近岸海域营养盐表、底层并无显著差异。海州湾南部近岸海域无机氮各形态分布在不同时期差异较大，整体上硝态氮是无机氮的主要形态；其次是氨氮，亚硝氮占无机氮的比例最小。南部海州湾营养盐与盐度相关性总体规律表现为，盐度与各个季节的无机氮、磷酸盐、硅酸盐成负相关，反映了陆源输入对营养盐分布的影响。对比历史资料，海州湾南部近岸海域无机氮、磷酸盐的含量有增加趋势，而硅酸盐的含量有减少趋势。海州湾南部近岸海域底质类型以黏土质粉沙和沙质粉沙为主，总体上 C、N、S 元素的空间分布呈近岸高、远岸低的分布趋势，但变化趋势不明显。海州湾南部近岸海域 N/P 值的变化范围为 19.2～143.0，Si/N 值的变化范围为 0.2～1.1，Si/P 值的变化范围为 6.5～230.0。海州湾南部近岸海域营养盐结构主要以磷限制和硅限制为主，基本不存在氮限制情况。富营养化水平和有机污染指数分析表明，无机氮和无机磷是富营养化水平和有机污染水平的主要污染因子。潜在富营养化评价表明，研究海域主要以潜在磷限制和中度富营养化水平为主。

“海州湾营养盐空间分布特征及影响因素分析”研究结果表明，2009 年海州湾营养盐要素的站位空间聚类划分为南北两侧共 7 类区域，近岸区域的划分表现出明显的入海河口控制特征，离岸区域受到了外海潮流和入海河口的综合影响（赵建华和李飞，2015）。无机氮平均含量为 524.42 μg/L（121.75～1 083.65 μg/L），活性磷酸盐平均含量为 19.98 μg/L（3.47～36.10 μg/L）。富营养化水平以临洪河口为中心向外表现由富营养向贫营养过渡的趋势，具有明显的空间变异特征，营养盐表现出磷限制性特征。来源分析表明，海州湾营养盐主要来源于临洪河口的陆域入海污染的影响，潮流动力和地形地貌特征控制了营养盐的扩散。

“海州湾表层沉积物中不同形态氮季节性赋存特征”研究结果表明，2014 年海州湾表层沉积物中氮形态的季节变化特征各形态氮含量的季节性排序不同。春季，w（SOEF－N）＞w（IEF－N）＞w（WAEF－N）＞w（SAEF－N）；夏季，w（IEF－N）＞w（SOEF－N）＞w（WAEF－N）＞w（WAEF－N）；秋季，w（SOEF－N）＞w（IEF－N）＞w（SAEF－N）＞w（WAEF－N）；各组分氮形态均存在季节性变化，TN、TTN、SAEF－N、SOEF－N 表现为秋季高而春、夏季低的分布趋势，IEF－N、WAEF－N 则表现为夏季高而春、秋季低的变化特征；相关分析表明，春、秋季 w（TTN）与w（SOEF－N）呈显著正相关，夏季 w（TTN）与 w（IEF－N）呈显著正相关（张硕等，2015）。

“海州湾表层沉积物重金属空间分布与危害评价”研究结果表明，海州湾海域表层沉积物中重金属 Cu、Zn、Cd、Hg、Pb、Cr、As* 的空间分布与富集程度具有明显差异。Cu、Zn、Cd 等受外来污染因素的影响较大；Cd 的潜在生态危害系数和危害指数最大，处于中等污染水平；其他各重金属均处于轻微污染水平。临洪河入海口附近海域重金属富集程度较高，潜在生态危害系数相对较大；重金属与酸可挥发性硫化物、总有机碳显著正相关，其潜在生态危害程度及生物毒性均较大（刘展新等，2016）。

“Hg、As 在海州湾不同功能区沉积物中的污染特征及污染历史演变评估”研究结果表明，2014 年江苏北部海州湾排污区（临洪河口）、滨海旅游区（连岛）、临海工业区

---

* As（砷）是一种类金属元素，具有金属元素的一些特性，在环境污染研究中通常被归为重金属，本书在相关研究中也将其列为重金属予以分析。

（灌河口）3 个不同功能区沉积物中 Hg 和 As 的垂直分布不同，Hg 和 As 在柱层的分布特征也不同。Hg 在柱状沉积物中的浓度高值出现在 1987—2005 年，而 As 主要出现在近年，这和连云港经济发展结构有关。Hg 主要来自工业污染，自 20 世纪 80 年代中后期开始连云港工业大发展以来，近海环境中以 Hg 为代表的重金属污染加剧，2005 年产业结构调整后，这种情况有所好转。As 主要来自农业、渔业污染，属于非点源污染，没有有效的控制办法，因此污染量有逐年加大的趋势。通过计算金属的富集系数（enrichment factors，EF）可知，Hg、As 在不同功能区沉积物中的富集状态和污染程度也不同。近 40 年来，Hg 在排污区近岸沉积物中都呈现无富集或弱富集状态，未出现污染；在滨海旅游区近岸沉积物中基本呈现无富集状态，未出现污染；在临海工业区柱状样中出现强富集状态，严重污染。As 在临洪河口近岸沉积物中富集逐年增强，严重污染；在连岛近岸沉积物中为弱富集状态，未出现污染；在灌河口柱状样中呈现弱富集状态，但总体趋势是从底层到表层富集系数呈上升势头，有严重污染现象（李玉等，2017）。

“海州湾及毗邻海域水交换数值研究”结果表明，全年统计风场下，海州湾的平均水龄相对纯潮流作用下的变化幅度为－48.5％～18.4％。夏季风场有利于海州湾的水体交换，水交换时间比纯潮流作用下减小 36.3％；冬季风场会减缓海州湾的水体交换，水交换时间比纯潮流作用下增加 40.8％。在开阔海域，季风对水交换影响显著。水交换的季节变化很好地解释了海州湾近岸冬季污染物浓度高、夏季污染物浓度低的动力机制（张学庆等，2017）。

“海州湾海域赤潮形成的环境因子研究”结果表明，2003—2007 年连云港海州湾海域海水富营养化是赤潮发生的物质基础和首要条件。最近几年连云港工农业迅速发展，含有大量有机质、重金属离子的城市工业废水和生活污水被排入海中；另外，沂沭地区的主要排河道——新沭河均从连云港市入海，带来了大量的污染物，这都有可能导致海州湾海域的富营养化。海州湾沿海水产养殖业的大规模发展，尤其是池塘养殖、网箱养殖、工厂化鱼类的高密度养殖，以及沿海大量的育苗场，使得每天都有大量污水被排入海中。这些带有大量残饵、粪便的水由于含有氨氮、尿素、尿酸及其他形式的含氮化合物，因此加快了海水的富营养化，构成了海水养殖的自身污染。海州湾海域的地理特征、水文、气象条件在赤潮的发生过程中起重要作用。海州湾海域，为典型的半月形海湾，加上人工填海造桥（西大堤）的建设，因此隔断了连云港海峡潮流东进西出的自然状态，形成了一个半封闭的港湾，使海水交换与更新的能力大大减弱，致使港口水环境质量不断恶化。赤潮生物的存在是赤潮发生的前提。连云港海州湾赤潮生物种类较多，这些赤潮生物构成了该水域赤潮发生的潜在因素，一旦条件适宜，必然会暴发赤潮（周德山，2008）。

（二）环境容量研究

21 世纪是海洋的世纪，海洋战略是我国的一项基本战略。连云港的海洋资源非常丰富，重视海洋、利用海洋，已成为连云港市蓝色发展战略的“必选题”。但与此同时，海洋经济的发展必然会给连云港市的生态环境带来巨大的压力。海洋生态系统受损，重点海域污染加剧，港口发展、新城建设、核电站用海，以及陆源污染排放与海洋养殖、滨海旅游、生态保护之间的矛盾日益突出。为此，研究连云港海域的海洋环境容量并对沿岸各类排放源的排放进行合理规划对于缓解连云港市的海洋环境压力有着很重要的现实意义。南京大学开展了“连云港海洋环境容量估算及入海污染物总量分配研究”，该研究选取连云港海域北部海州湾海域和南部徐圩港区海域作为研究区域，建立了两个区域的二维水动力模型，并在其基础上进一步建立了研究区域的COD水质模型（周玉，2012）。根据2010年的实测水质数据对水质模型进行了率定，率定后的模型基本能够达到研究所需的精度要求。利用已经建立的研究区域COD浓度与污染源排放源之间的响应关系模型，将控制点的水质标准要求设置为约束条件，运用线性规划的方法对水质模型进行反解，得到能够满足水质目标的每个排放源的最大允许排放量，即为海域的环境容量。海州湾研究区域的19个污染源的COD最大排放总量为每年87 039.29 t，徐圩研究区域的3个污染源的COD最大排放总量为每年4 931.69 t。

海上倾倒是疏浚物的主要处置方式，倾倒活动在一定程度上可引起海洋环境和局部海床变化，进而影响倾倒区的环境容量和倾倒容量。国家海洋局东海预报中心开展了“海洋倾倒区容量评估研究——以连云港2#倾倒区为例”，在倾倒区选划时倾倒容量计算方法的基础上，引入面积有效利用系数、可继续利用的水深等概念，通过分析倾倒区冲淤环境、流失率和倾倒区有效利用面积等，评估连云港2#倾倒区使用期间的倾倒容量，探索使用过的倾倒区倾倒容量的评估方法。同时，分析海洋环境对倾倒强度和倾倒方式的响应情况，结合倾倒区使用期间海洋环境的质量变化，评价倾倒容量的合理性，为海洋行政主管部门在倾倒区管理方面提供科学依据（孙同美等，2015）。

（三）常规环境监测

连云港市海洋环境监测预报中心常年承担海州湾生态环境监测任务，主要开展连云港近岸海域趋势性11个海水站位监测；连云港近岸海域七大类19个海洋功能区环境监测与评价；连云港地区6个一般入海排污口监测与评价；连云港区域内2条主要入海河流监测与评价；海州湾赤潮监控区赤潮监测与评价；连云港海域赤潮、溢油及危险化学品泄漏等的监视及应急监测与评价；连云港市海水入侵监测与评价；连云港海域内海州湾重点增养殖区调查监测与评价；连云港海域海洋垃圾监测与评价；连云港连岛海水浴场监测；滨海旅游度假区环境监测；国家级海洋公园监测；连云港地区陆源入海排污口及入海河流的统计监测。

江苏省海洋水产研究所常年承担海州湾海洋生物多样性监测任务。2014年春季和秋季在江苏连云港海州湾开展了“海州湾及其邻近海域环境容量及陆源入海污染物总量控制研究”水文动力和环境现场观测，春、秋两季均开展了14个站点海上现场同步连续20 d的观测。江苏省海洋环境监测中心站开展了前三岛海洋观测大浮标观测建设。

另外，国家海洋局南通海洋环境监测中心站在海州湾开展连云港盛虹炼化一体化项目码头工程海洋环境现状调查、连云港港徐圩港区海域环境现状监测、江苏灌河口5万t级航道整治工程倾倒区选划海洋环境调查、田湾核电项目周边海域环境现状监测、连云港港赣榆港区一期（起步）工程环境保护设施竣工验收环境跟踪监测等多项重大项目工程用海生态环境监测。

二、生物生态及渔业资源研究

（一）生物生态研究

大型无脊椎动物作为海洋生态系统的重要组成部分，在海州湾生态系统物质循环和能量流动中不可或缺，且多数种类具有较高的经济价值。因此，开展大型无脊椎动物群落结构及多样性的时空变化研究，对于深刻理解渔业资源变化及可持续利用具有重要意义。中国海洋大学开展了“海州湾及邻近海域大型无脊椎动物群落结构及多样性的时空变化研究”。他们根据2011年春季、夏季、秋季和冬季在海州湾及邻近海域进行的渔业资源底拖网调查数据，研究了该海域内无脊椎动物的种类组成，运用单变量指数法分析了各季节海州湾大型无脊椎动物群落多样性指数的空间分布，应用广义可加模型（GAM）分析了影响海州湾大型无脊椎动物群落多样性时空分布的相关因子，运用多元统计分析方法研究了海州湾及邻近海域大型无脊椎动物群落结构及其与环境因子的关系（张怡晶，2013）。主要研究结果是：共采集到大型无脊椎动物72种，隶属于2门2纲5目28科53属。其中，蟹类生物37种，占总种数的51.4%；其次为虾类生物27种，占37.5%；头足类生物7种，占9.7%；口足目1种，占1.4%。海州湾大型无脊椎动物群落3月优势种为戴氏赤虾（*Metapenaeopsis dalei*）和日本鼓虾（*Alpheus japonicus*）；5月优势种为戴氏赤虾（*M. dalei*）、枪乌贼（*Loligo* sp.）和脊腹褐虾（*Crangon affinis*）；7月优势种较为单一，仅有戴氏赤虾（*M. dalei*，1种）；9月优势种为枪乌贼（*Loligo* sp.）、日本蟳（*Charybdis japonica*）和鹰爪虾（*T. curvirostris*）；12月优势种数量为最多，分别是戴氏赤虾（*M. dalei*）、鹰爪虾（*T. curvirostris*）、短蛸（*Octopus ocellatus*）、枪乌贼（*Loligo* sp.）和双斑蟳（*Charybdis bimaculata*）。Shannon－Wiener多样性指数H'在各个季节均呈现出海州湾西北近岸海域和南部海域较高的空间变化趋势，除冬季外东部海域均存在范围较大的低值区域；Margalef物种丰富度指数D和Pielou均匀度指数J'的变化趋势与Shannon－Wiener多样性指数H'基本相同。海州湾大型无脊椎动物群落优势种相对网获尾数较高的区域多样性数值均较低。GAM模型对H'的总偏差解释率为49.79%，其中月份贡献率最大为18.46%；其次为底层水温和纬度，贡献率分别为9.45%和8.75%；贡献率较低的为盐度和叶绿素a浓度，贡献率分别为7.02%和6.11%。海州湾及邻近海域大型无脊椎动物可划分为3个群落：东北及北部海域群落Ⅰ、沿岸及近海群落Ⅱ、南部海域群落Ⅲ。单因子相似性分析（ANOSIM）表明，各季节不同群落间的群落结构及种类组成差异显著（$P<0.05$）。相似性百分比分析（SIMPER）表明，对各群落间相异性的主要贡献种既是各群落内相似性的主要贡献种，也是各群落的优势种，这些优势种数量分布的空间变化造成群落间出现差异。结合环境因子的分析结果表明，水温、盐度、水深、溶解氧和pH等环境因子对各季节海州湾，以及邻近海域大型无脊椎动物群落格局有一定影响。因海州湾不同水团、海流等不同，所以调查区域内大型无脊椎动物群落的空间格局不同。

“基于GAM模型的南黄海帆张网主要渔获物分布及海州湾鱼卵、仔稚鱼集群特征的初步研究”，主要探讨了GLM模型和GAM模型在渔业资源评估方面的应用及海州湾产卵场的集群特性（李增光，2013）。2011年夏季，利用浅水Ⅰ型浮游生物水平和垂直网对海州湾海域鱼卵、仔稚鱼物种组成与数量分布进行了调查，并采用GAM模型研究了垂直网鱼卵、仔稚鱼空间分布及其与环境因子的相关性。研究结果表明，在所采集到的鱼卵（2 579粒）、仔稚鱼（325尾）和幼鱼（3尾）样品中，通过形态鉴定共发现11个种，能鉴定到种的有10种，隶属于4目7科10属，江口小公鱼（*Stolephorus commersonnii*）和短吻红舌鳎（*Cynoglossus joyneri*）为优势种。逐步回归和Pearson相关性统计检验结果表明，底温对垂直网密度的影响最显著。鱼卵和仔鱼具有复杂而特征显著的时空颁布，加入底温的模型2能够更有效地解释海州湾产卵场西部的时间和空间格局。各诊断图表明，当距岸为40 km左右、水深10 m左右、底层温度大于25.5 ℃时，垂直网鱼卵、仔稚鱼的密度较大。2011年5个航次（3月、5月、7月、9月和12月）的产卵场调查，初步研究了海州湾鱼卵、仔稚鱼的群落组成，数量分布及集群特征。调查使用浅水Ⅰ型浮游生物，共进行了110网次，采集了7 825粒鱼卵和269尾仔稚鱼。鱼卵共37种，隶属于16科；仔稚鱼共12种，隶属于9科。结果表明，5月和7月是海州湾大部分鱼类的产卵盛期。海州湾独特的地形对温盐的空间分布有很大影响，从而也影响鱼卵、仔稚鱼的空间格局。总体上，海州湾海水温度的季节更替决定了鱼卵、仔稚鱼种类及数量的季节变化；而各月鱼卵、仔稚鱼的空间分布主要受盐度、海流及地形等其他因素的影响。根据海州湾5个航次的水文及地形特征，可以将该海域分为3个区域（湾近岸、湾中部、湾外围），说明根据水深和纬度进行分层随机取样来设置站点的方法是可行的。使用Bray-Curtis指数的聚类分析研究了5月和7月鱼卵的集群特点，结果表明这两个月中湾近岸聚集和湾中部聚集都以20 m等深线为分界线。总之，海州湾海域独特的环流、潮流及余流机制，影响了营养盐等其他海洋要素的分布，较强的潮汐锋面使得鱼卵聚集成密集的斑块，而复杂的海底地形地貌及底质为众多的鱼类产卵群体提供了较理想的生存环境，从而使海州湾成为黄海重要的产卵场之一。

“海州湾及其邻近海域浮游植物群落结构及其与环境因子的关系”研究结果表明，2011 年春季、夏季、秋季和冬季在海州湾及其邻近海域调查共鉴定出浮游植物 113 种，隶属于 3 门 44 属。其中，硅藻门种类最多，共 39 属 99 种，占总种数的 87.6%；甲藻门次之，共 4 属 13 种，占总种数的 11.5%；金藻门仅 1 属 1 种，占总种数的 0.9%。优势种中硅藻门主要以圆筛藻属和角毛藻属为主；甲藻门以角藻属为主，主要优势种为膜状缪氏藻、细弱圆筛藻、浮动弯角藻和派格棍形藻等，优势种组成具有明显的季节演替现象。海州湾各站位浮游植物的丰度为（0.08～108.48）$\times 10^5$ 个/m^3，年平均丰度为 10.71×10^5 个/m^3。其中，秋季最高（29.08×10^5 个/m^3），夏季最低（1.69×10^5 个/m^3）。Shannon－Wiener 多样性指数（H'）、均匀度指数（J'）和丰富度指数（D）均为夏、秋季高，冬、春季低。典范对应分析（CCA）表明，影响海州湾及其邻近海域浮游植物丰度和分布的主要环境因子依次为海水表面温度（SST）、营养盐（N、P、Si）和溶解氧（DO），尤其是一些浮游植物优势种的丰度和分布与上述环境因子密切相关（杨晓改等，2014）。

“海州湾春夏季习见鱼卵、仔稚鱼群落形态学研究”结果表明，2013 年 4 月下旬至 7 月上旬于黄海中部近岸共计 6 个航次的调查中，春、夏季共采集鱼卵 1 335 732 粒，分 29 种，隶属于 8 目 15 科 21 属，未定种 2 种；共采集仔稚鱼 18 718 尾，共计 38 种，隶属于 9 目 18 科 24 属，未定种 5 种。其中，以 5 月上旬航鱼卵数量最大，达 506 646 粒；5 月下旬及 6 月上旬鱼卵种类最多，达 21 种。5 月下旬仔稚鱼数量最大，达 5 610 尾；6 月上旬仔稚鱼种类最多，共计 22 种。通过优势种计算，共有鱼卵优势种 10 种，分别为䲗属（*Callionymus*）、斑鰶（*Konosirus punctatus*）、赤鼻棱鳀（*Thryssa kammalensis*）、鲱科（Clupeidae）、江口小公鱼（*Stolephorus commersonnii*）、蓝点马鲛（*Scomberomorus niphonius*）、皮氏叫姑鱼（*Johnius belengerii*）、日本鳀（*Engraulis japonicus*）、鰕虎鱼科（Gobiidae）和鲬（*Platycephalus indicus*）。仔稚鱼优势种 9 种，分别为赤鼻棱鳀、大银鱼（*Protosalanx chinensis*）、蓝点马鲛、皮氏叫姑鱼、日本鳀、鮻（*Liza haematocheilus*）、小黄鱼（*Larimichthys polyactis*）、鲬和云纹锦鳚（*Pholis nebulosus*）。鱼卵密度与海水表层温度呈正相关，与海水表层盐度呈负相关；仔稚鱼密度与海水表层温度呈负相关，其余均未表现出显著相关性。聚类分析将鱼卵种类分为 4 组，组 a 包括鮻、蓝点马鲛、日本鳀、皮氏叫姑鱼、䲗属等 9 种鱼卵，组 b 包括带纹条鳎（*Zebrias zebra*）、长蛇鲻（*Saurida elongate*）、江口小公鱼、小黄鱼、赤鼻棱鳀等 7 种鱼卵，组 c 为鰕虎鱼科鱼卵，组 d 为短吻三线舌鳎（*Cynoglossus abbreviatus*）鱼卵。时间聚类将鱼卵调查分为 4 月下旬航次，5 月上、下旬航次，以及 6 月上旬至 7 月上旬航次共 3 组。仔稚鱼种类聚类分为 4 组，组 a 包括黄姑鱼（*Nibea albiflora*）、皮氏叫姑鱼、小黄鱼、银鲳（*Pampus argenteus*）等 7 种仔稚鱼，组 b 包括日本鳀、裸平鲉（*Sebastes mudus*）、带纹条鳎 3 种仔稚鱼，组 c 为大银鱼仔稚鱼，组 d 为棘头梅童鱼（*Collichthys lucidus*）仔稚鱼。仔稚鱼时间聚类分为 3 组，组 1 为 4 月下旬航次，组 2 为 7 月上旬航次，组 3 为 5 月及 6 月航次（胡海生，2015）。

（二）渔业资源研究

“海州湾附近海域渔业资源的动态分析”研究结果表明，2008年春、秋两季连云港海州湾海域渔场调查共有渔获物62种，其中鱼类28种、虾类12种、蟹类7种、头足类4种、贝类11种。春季在种类数、尾数渔获量和尾数资源密度上明显高于秋季；而在质量渔获量和质量资源密度方面，即资源单位个体质量秋季显然高于春季。该海域的一些经济种类，如小黄鱼、银鲳、带鱼、中国明对虾、葛氏长臂虾、口虾蛄、日本蟳等能在海州湾形成小规模的渔汛。生物多样性指数分析表明，该海域渔业资源种类较丰富，分布较均匀，可能与实施休渔保护措施有一定关系。而春、秋两季污染相差不大，海域生态质量总体处于中度污染水平，且呈严重趋势，可能与过度捕捞或人为活动扰动有关（唐峰华等，2011）。

“海州湾小黄鱼幼鱼和黄鲫幼鱼的食物竞争”研究结果表明，2008年7—8月黄海海州湾海域小黄鱼幼鱼和黄鲫幼鱼的营养级相同，均为3.33级；但它们食物组成的相似性（0.06～0.20）和饵料重叠系数（0.03～0.38）并不高，均小于0.6；两种鱼类幼鱼种内的食物组成相似性和饵料重叠系数则较高。从饵料组成来看，甲壳类中的真刺唇角水蚤（*Labidocera euchaeta*）和长额刺糠虾（*Acanthomysis longirostris*）在两种鱼类幼鱼体长/叉长较小阶段存在一定程度上的重叠；之后随着个体的生长发育，这两种鱼类的摄食逐渐产生分化。研究结果判断，小黄鱼幼鱼和黄鲫幼鱼之间可能存在较弱的种间资源利用性食物竞争，而两种鱼类幼鱼则各自可能存在较大的种内资源利用性食物竞争（郭斌等，2011）。

“海州湾主要鱼种的空间分布及其与环境因子的关系”研究结果表明，2011年3月、5月、7月、9月、12月在海州湾进行的5个航次的渔业资源底拖网调查共采到75种鱼类，隶属于13目38科59属。其中，暖温性鱼类有47种，占整个鱼类种数的63%。综合考虑生物量、丰度和出现的站位百分比，选取六丝钝尾鰕虎鱼（*Amblychaeturichthys hexanema*，相对重要指数为519）为该组的代表鱼种；暖水性鱼类有21种（占28%），优势度最大的鱼种是尖海龙（*Syngnathus acus*，相对重要指数为2 858）；冷温性鱼类仅有7种（占9%），优势度最大的是方氏云鳚（*Enedrias fangi*，相对重要指数为3 184），该鱼种也是整个鱼类群落的最优势种。经过初步筛选，从20个环境因子中确定了7个用以构建GAM模型，分别是月份（month）、经度（longitude）、纬度（latitude）、底温（BST）、底盐（BSS）、水深（depth）和底层溶氧（BDO），其中月份作为一个必要的影响因子保留在所有模型中。各模型表达结果显示，影响暖温性鱼类分布的环境因子有月份、底温、经度和底层溶氧，影响最大的因子是底温，生物量在12 ℃左右取到最大值，在12 ℃两侧随着温度的增大或减小生物量都减小，并且右侧的下降幅度比左侧的大。影响暖水性鱼类分布的环境因子有月份、底温、水深、经度和纬度，贡献率最大的因子是月份，在12月生物量达到最大值，其他月份相差不大；其次是底温，在12～20℃范围内有一个明显的上升趋势，上升幅度较大，在20℃附近生物量达到最大值。影响冷温性鱼类分布的环境因子有月份、水深、底层溶氧、纬度和底温，影响度最大的环境因子是水深，在10～40 m水深范围内呈逐渐上升的趋势；其次也是底温，5～12℃范围内生物量的变化极小，12～25℃范围内呈急剧下降趋势，在5℃左右取到最大值。对于优势鱼种来说，影响六丝钝尾虾虎鱼分布的环境因子有4个，分别是月份、经度、底盐和纬度，其中影响最大的环境因子是月份，生物量12月最大、7月最小。对尖海龙的分布有影响的环境因子有7个，待选的所有环境因子都包含在内，贡献率最大的是底温，在5～25℃范围内生物量逐渐增加；其次是月份和纬度，生物量3月和12月最大、9月最小，并且在调查海域的纬度范围内，随着纬度的升高尖海龙生物量逐渐增大。经过筛选，影响方氏云鳚空间分布的环境因子也有4个，分别是月份、水深、底温、底盐；其中水深是影响度最大的环境因子，在10～40 m水深范围内，随着水深的增加生物量数量逐渐增大。水温、月份和水深是影响海州湾鱼类群落空间分布的3个最主要的环境因子，并以水温的影响程度最大，在最适生存环境中，各鱼种在湾内的分布随着季节的变化而不断改变（王小芸，2013）。

“海州湾及邻近海域鱼类群落结构的时空变化”研究结果表明，2011年3月、5月、7月、9月和12月在海州湾及邻近海域进行的渔业资源底拖网调查共捕获鱼类89种，隶属于12目46科74属，除孔鳐为软骨鱼类外，其余种类均属硬骨鱼类。按适温类型分析，暖温种45种，占总种数的50.56%；暖水种31种，占种数的34.83%；冷温种13种，占种数的14.61%。按栖息水层分析，底层鱼类72种，占80.90%；其余为中上层鱼类，占种数的19.10%。各适温类型和栖息水层鱼类数随时间呈不同的变化趋势。海州湾及邻近海域5个航次鱼类相对资源量的变化显著，平均相对渔获质量为10 744.32 g/h，变化范围为2 648.95～19 240.14 g/h；平均相对渔获尾数为1 743.88个/h，变化范围为588.80～3 198.80个/h，均为3月最低、7月最高。各个航次优势种的数量和种类组成各不相同，种类数的变化范围为4～9种，且种类组成存在一定的变化规律。春季月份主要以冷温性种类为主；夏、秋季月份，暖水性和暖温性鱼类开始逐渐成为主要优势种；冬季12月则以暖温性种类为优势和。方氏云鳚和尖海龙在全年5个航次的调查中有4次成为优势种。从时间变化来看，海域鱼类种类数范围为41（3月）～64（9月）种，种类丰富度指数变化范围为4.66（7月）～6.94（9月），均匀度指数J'变化范围为0.63（5月）～0.71（12月），多样性指数H'变化范围为2.47（3月）～2.90（12月）。从空间变化来看，均匀度指数、种类数、丰富度和多样性指数在3月、5月、7月和9月均呈现外部水域低、近岸水域高的分布趋势，而12月的分布趋势与之恰好相反。群落物种多样性指数和环境因子的相关性分析可知，水温和水深是影响群落物种多样性指数空间分布的主要环境因子。聚类分析和非度量多维标度（MDS）分析表明，海州湾及邻近海域鱼类大致可分为4

种群落类型，即东北部深水区群落（5个航次的群落组Ⅰ），靠近湾顶的近岸群落（12月群落组Ⅱ），南部鱼类群落（3月和12月的群落组Ⅲ、9月群落组Ⅱ），混合群落（5月群落组Ⅱ，包含靠近湾顶的近岸群落和南部鱼类群落）。ANOSIM检验表明，鱼类群落种类组成在站位组间及两两间的比较差异均极显著（$R=0.45\sim0.99$，$P<0.01$）。典范对应分析表明，底层温度和水深是影响海州湾及邻近海域鱼类群落空间分布的主要环境因子，同时盐度对该海域鱼类群落的空间分布也有一定影响（王小林，2013）。

"海州湾海域鱼类群落多样性及其与环境因子的关系"研究结果表明，2011年3—12月在海州湾海域进行的5个航次的渔业资源调查中共捕获鱼类96种，隶属于2纲15目51科79属。其中，辐鳍鱼纲共有90种，主要由鲈形目、鲉形目、鲽形目和鲱形目鱼类构成，分别占海州湾辐鳍鱼纲鱼类种类数的47.78%、14.44%、11.11%和10.00%。鱼类种类数最少的为仙女鱼目、鳕形目、鮟鱇目和胡瓜鱼目鱼类，各仅有1种。软骨鱼纲共有6种，占海州湾鱼类种类数的6.25%。其中，鳐形目鱼类种类数最多，有4种；真鲨目和扁鲨目鱼类各有1种，分别为锤头双髻鲨（*Sphyrna zygaena*）和日本扁鲨（*Squatina japonica*）。分类多样性指数呈现明显的季节变化，3月最高、7月最低。两个分类多样性指数的空间变化也比较明显，这与海州湾海域环境因子的空间差异有关。GAM模型分析发现，水深和底层溶氧对平均分类差异指数Δ^+具有显著影响，而水深、底层溶氧和底层水温是影响分类差异变异指数Λ^+的关键环境因子。海州湾鱼类群落多样性指数呈现明显的季节变化，夏季和秋季较高，而冬季较低，洄游鱼类的季节性迁移是导致海州湾鱼类群落多样性季节变化的主要原因。30 m等深线是海州湾海域重要的"分界线"，30 m以浅海域多样性较高，而深水区多样性较低，表明海州湾鱼类群落多样性的空间格局与复杂的海底地形、黄海冷水团、近岸沿岸流的时空变化有关。海州湾优势鱼种归为3类，即高等营养级底栖鱼类、中等营养级底栖鱼类和中等营养级中上层鱼类（苏巍，2014）。

"海州湾蟹类群落种类组成及其多样性"研究结果表明，2011年3月、5月、7月、9月和12月在海州湾海域进行的渔业资源底拖网调查共捕获蟹类34种，隶属于18科27属。其中，玉蟹科种数最多，有3属4种。从适温属性来看，主要以暖水种（16种）和暖温种（15种）为主，而冷温种有3种。蟹类群落各多样性指数的月际间变化较大，其中物种丰富度指数（D）3月最高、12月最低；多样性指数（H'）和均匀度指数（J'）均在7月最高、12月最低。多样性指数的空间分布呈现一定的月变化，在3月、5月、7月均表现为北高南低；9月为中部低，南、北部海域较高；12月均呈南高北低的趋势。蟹类单位网次渔获尾数空间分布格局呈现明显的月变化，平均单位网次渔获尾数呈现一定的月变化，总体上表现为3月、5月、12月均高于7月和9月。Pearson相关分析结果表明，5月多样性指数（H'）和均匀度指数（J'）与底层水温呈显著负相关，与底层盐度呈极显著正相关。另外，多样性指数还与水深呈显著正相关；12月均匀度指数与底层水温和水深均呈极显著负相关，与底层盐度呈显著负相关；在3月、7月和9月，各多样性指数与底层水温、底层盐度及水深均无显著相关。海州湾蟹类种类组成及多样性的时空变化主要与海州湾地处温带海域、水温等海洋环境因子的季节变化及优势种的数量分布有关（罗西玲，2015）。

"应用稳定同位素技术对海州湾拖网渔获物营养级的研究"研究结果表明，2014 年夏季海州湾拖网渔获物中鱼类氮稳定同位素比值主要集中在 0.96%～1.39%，碳稳定同位素比值分布范围为－2.33%～－1.62%；计算得到的鱼类营养级最大值和最小值分别为 3.9 和 1.9。其中，中国花鲈和孔鰕虎鱼所处营养级最高，为食物网中的顶级捕食者；蝤蛑和中国毛虾营养级相对较低，位于食物网下层。中国花鲈个体大小与其氮稳定同位素比值存在极显著正相关（$R^2=0.90$，$P<0.01$）。碳稳定同位素比值分布结果显示，海州湾海洋牧场海域各生物类群存在明显的生态位重叠现象（张硕等，2016）。

"海州湾前三岛海域底层鱼类群落结构特征"研究结果表明，2013 年 5 月至 2014 年 4 月，前三岛海域底层鱼类群落采样调查共渔获鱼类 6 目 15 科 22 种。大泷六线鱼（*Hexagrammos otakii*）、许氏平鲉（*Sebastes schlegelii*）、斑头鱼（*Hexagrammos agrammus*）和星康吉鳗（*Conger myriaster*）等属于常年性岩礁鱼类，是该区域鱼类群落的优势种；花鲈（*Lateolabrax maculatus*）、大头鳕（*Gadus macrocephalus*）、鲹科和鲭科种类为季节性洄游鱼类。海州湾前三岛海域鱼类时空分布主要受底层水温和底层水体溶解氧含量的影响。斑头鱼、五带高鳍鰕虎鱼（*Pterogobius zacalles*）、褐牙鲆（*Paralichthys olivaceus*）、铠平鲉（*Sebastes hubbsi*）、鲐（*Scomber japonicus*）和高体鰤（*Seriola dumerili*）资源量与底层水温密切相关；大头鳕和大泷六线鱼资源量与底层水体溶解氧含量关系最为密切，且大头鳕仅分布在低温季节具有较高溶解氧的深水区；许氏平鲉和星康吉鳗分布区域广泛。基于稳定氮同位素法确定了鱼类营养级，常年性岩礁鱼类位于第三营养级和第四营养级，属于中级肉食性和高级肉食性鱼类；花鲈和大头鳕处于最高营养级（>4.0），是顶级捕食者（张迎秋等，2016）。

"基于拖网调查的海州湾南部鱼类群落结构分析"研究结果表明，2014 年 2 月至 2015 年 5 月对江苏省连云港以东海州湾南部海域拖网渔业资源调查渔获物共有 2 纲 15 目 47 科 77 属 98 种，主要为鲈形目、鲉形目、鲽形目和鲱形目的种类。其中，鲈形目的种类除了冬季外，在其他季节均超过了总数的 50%，不同站点的鱼类种类分布也呈现出不同的规律，但无极显著差异（ANOVA，$P<0.01$）。每个季节的优势种均不超过 4 种，春季和冬季以中上层的小型鱼类为主，夏季和秋季以经济型鱼类为主。春季的重量资源密度最高，夏、秋季其次，最低为冬季；而冬季的数量资源密度最高，其次为春、夏季，秋季最低。相对资源密度在离岸站点和沿岸站点有所不同，但不同季节和不同站点均不存在差异。春季渔获物多样性指数最高，其次为夏、秋季，冬季最低。不同站点的多样性指数不存在差异，但是不同季节对不同站点的影响存在显著差异。目前海州湾海域的渔业资源量稳定，但是过度捕捞和人为因素的影响仍在持续，今后应该继续执行休渔制

度，限定最小网目；同时，应合理、适度开发新兴鱼种渔业，以更好地保护和利用海洋生物资源（张虎等，2017）。

三、生态环境生物资源综合评价研究

进行海洋环境质量综合评价是开展海洋环境保护和管理的基础及依据。南京师范大学开展的“海州湾保护区海洋环境质量综合评价”研究，以海州湾海洋保护区为研究区，结合国内海洋环境调查现状，利用层次分析法构建了以生物要素为主、物理化学要素为辅的海洋环境质量综合评价指标体系。参考国内外相关研究，将海洋环境质量等级划分为“优良中差劣”。收集了海州湾保护区2005—2011年环境调查资料，结合国家相关标准和统计数据序列综合确定各评价指标等级判定标准。利用2006年8月、2009年12月和2011年3月的调查数据对海州湾保护区环境质量进行评价和分析。评价结果显示，综合指数值分别为0.608、0.465和0.638，保护区环境质量整体处于评价等级良，且近岸环境较离岸海域差，较客观地反映了该区域的环境状况。此外，海洋生物物种丰度和生物多样性呈现一定程度的季节波动，尤以冬季底栖生物较为明显，反映了区域气候特点对生态系统生物要素的影响（李飞和徐敏，2014）。

南京师范大学开展的“海州湾海洋特别保护区生态恢复适宜性评估”研究结果表明，在保护区生态系统结构功能分析的基础上，根据水文、地貌、生物和环境状况的不同特征，将海州湾海洋特别保护区生态系统划分为岛陆生态系统、潮间带生态系统和浅海生态系统。在生态系统健康相关研究的基础上，构建了以活力、组织力、异质性和协调性为指标的岛陆生态系统评价指标体系，并采用初级生产力分析、生境结构分析和生态足迹等方法进行了指标值的测算，采用综合指数法评价了保护区岛陆生态系统——秦山岛生态系统的健康状况（秦山岛处于亚健康状态）。综合考虑潮间带生态系统和浅海生态系统的环境特征和生物群落特征，依据各自系统的特征，从环境、结构、功能和稳定性4个方面选取诊断指标，建立了诊断指标体系。潮间带生态系统指标体系包括水质、沉积物、生物质量、滩涂植被、潮间带底栖生物、生态系统服务功能和底栖生物物种多样性共7项指标；浅海生态系统指标体系包括水质、沉积物质量、浮游植物、浮游动物、游泳动物、底栖生物、生态系统服务功能和生物物种多样性共8项指标，并通过综合指数法分别对潮间带生态系统和浅海生态系统进行评价。海州湾保护区潮滩生态系统除兴庄河口以北岸段健康状况良好以外，大部分处于一般病态和亚健康状态；浅海生态系统健康状态基本处于亚健康趋向一般病态的情况。针对保护区的重要保护对象，开展了地貌脆弱性评价和渔业资源评价。地貌脆弱性评价选取地质抗蚀能力、相对海平面上升率、海岸线侵蚀率、平均潮差、岛屿海岸坡度、风暴潮共6个评价指标构建指标体系，根据海岸风险等级计算得出秦山岛地貌处于亚健康状态的评价结果。渔业资源评价分别依据2005年10月、

2007年4月和2009年5月调查数据，分析了渔业资源的变化情况，并与统计年鉴和相关海洋渔业统计公报中有关海洋捕捞的资料进行了对比、分析后认为，海州湾海洋渔业资源量有所下降（王在峰，2011）。

“海州湾生态系统健康诊断”研究，根据开敞海湾浅海生态系统特征，构建了包含环境现状、环境风险、环境背景、系统结构功能和系统稳定性5类诊断指标，以及24个诊断因子的浅海生态系统健康诊断指标体系，并采用层次分析法分别对海州湾浅海生态系统2009年12月和2010年11月的健康状况进行诊断，2009年12月和2010年11月海州湾浅海生态系统的综合健康指数值分别为0.500～0.689和0.553～0.750，浅海生态系统处于亚健康或较健康状态，近岸海域基本处于亚健康状态，离岸海域基本处于较健康状态，近岸海域生态系统健康水平低于离岸海域，这与近岸海域开发活动干扰多及环境压力大有关（刘晴等，2013）。

四、生态环境对人类活动响应研究

“连云港围填海工程对海洋生态环境的影响及防治对策”研究，根据连云港近年来围填海造的过程及未来发展趋势，系统阐述了围填海造地对连云港海洋水环境质量、湿地功能、生物多样性、渔业资源及海岸景观等方面的影响，进而提出了控制围填海造地对海洋生态环境不良影响的对策建议，以期为决策层提供参考依据（魏婷，2014）。

连云港近岸海域海洋工程对环境的影响主要是单个工程的环境影响评价，开展多个近岸海洋工程对海洋水质、底质和生物生态环境影响的全面研究尚属空白。中国海洋大学开展了“连云港近岸海域海洋工程对生态环境的影响及其研究”，以2005年10月连云港近岸海域生态环境调查为基础，重点研究了近岸海洋工程所在海域的环境现状及多个近岸海洋工程对生态环境的影响。对连云港近岸海域潮流场变化的研究表明，西大堤工程使连云港近岸海域的水体交换能力和物理自净能力大为降低，对连云港碱厂海域和港口海域的水质产生了一定的影响。核电站海域总体水质最好，港口海域总体水质最差，3个海域水质总体上均处于轻污染水平。其中，港口海域和核电站海域首要污染物为活性磷酸盐，其次为无机氮、石油类；碱厂海域首要污染物为无机氮，其次为活性磷酸盐、COD_{Mn}；各海域重金属污染总体上处于较低水平。在对连云港近岸海域底质样的研究后认为，底质粒度的演变与近岸海洋工程有密切关系。在柱状样的研究中发现连云港近岸海域的沉积速率具有一定的差异性，近岸海洋工程加速了沉积的差异性，尤其是拦海西大堤工程加重了大堤内侧的淤积。对底质质量的研究认为，海洋工程基建土和疏浚弃土及再次悬浮泥沙通过吸附有毒有害元素后，在有利淤积区内沉降下来是造成底质中污染物浓度含量分布变化的重要原因之一。对底栖生物的研究发现，底栖生物通过改变种类组成和多样性特征对近岸海洋工程的干扰产生响应，但底栖生物对生态环境变化的适应能力有一定差异性，这造成连云港近岸海域的底栖生物密度和生物量分布不均匀（张存勇，2005）。

五、生态环境生物资源修复及管理保护研究

（一）海州湾海洋牧场环境修复研究

“海州湾人工鱼礁海域沉积物中重金属生态风险的分析”研究结果表明，2008 年 5 月、8 月、11 月海州湾人工鱼礁投放海域表层沉积物中 Pb、Cd、Cu、Zn、Hg 和 As 重金属含量存在较为明显的季节变化，秋季均高于夏季和春季；在空间分布上总体呈现对照区 2＞鱼礁区 2＞鱼礁区 1＞对照区 1 这一近岸高、远岸低的变化趋势。生态风险分析显示，Hg 和 Pb 的单个污染系数较大。其中，Hg 的污染程度和潜在生态危害在秋季（11 月），处于中等程度（Ⅱ），其他 5 种重金属均处于轻微污染程度和较低生态危害；总体污染程度低，潜在生态危害均属轻微生态危害（卢璐等，2011）。

“海州湾人工鱼礁区生态环境动态监测”研究结果表明，海州湾人工鱼礁区水质受到磷酸盐和无机氮的轻微污染；重金属总体潜在生态危害轻微，其迁移与转化受到总氮、总磷的影响；浮游植物和浮游生物在监测区内侧种类及生物量均低于外侧，浮游植物外侧的相似性较好，但内外两侧的相似性较差（张晴等，2011）。

“海州湾海洋牧场区表层沉积物主要理化状况及其相关性分析”研究结果表明，2011 年海州湾海洋牧场区表层沉积物粒度全年内变化范围较小，粒度值为 4.44～6.14，类型介于粉沙与黏土性质之间，其分布特征与湾口所受北东向的风浪相关；相比 2010 年之前，表层沉积物中铜、锌、铅和镉的浓度呈现上升趋势，镉浓度超过沉积物第三类标准且时空变化较大，明显受到潮流输送沉积物运动的影响；表层沉积物中氮、磷的浓度总体上变化平稳，能够与年内季节变化幅度较小的重金属浓度指标之间建立较好的定量相关模型（狄欢等，2013）。

“海州湾海洋牧场海域表层沉积物磷的形态与环境意义”研究结果表明，海州湾海洋牧场海域表层沉积物磷夏季总磷的含量高于春、秋两季，赋存形态以无机磷为主，平均占总磷的 45.50％；各无机磷储存形态的含量大小依次为：残渣态磷＞钙结合态磷＞铁铝结合态磷＞可交换态磷。其中，可交换态磷、铁铝结合态磷及钙结合态磷与有机碳含量成极显著正相关（$P<0.01$，$R>0.8$），平面分布整体上呈现由近岸向远岸减小的趋势，这主要与陆源物质排放及沉积物自身质地有关。沉积物中的生物有效磷含量占总磷的 36.95％，所占比例较大（高春梅等，2015）。

“海州湾海洋牧场沉积物—水界面营养盐交换通量的研究”结果表明，海州湾沉积物—水界面上硅酸盐、磷酸盐在春季表现为由水体向沉积物进行迁移，其交换速率平均值分

别为－3.27 mmol/(m^2 · d) 和－0.32 mmol/(m^2 · d)，夏季和秋季均表现为由沉积物向水体进行释放，夏季二者的交换速率平均值分别为 8.53 mmol/(m^2 · d) 和 0.41 mmol/(m^2 · d)，秋季的分别为 4.92 mmol/(m^2 · d) 和 0.32 mmol/(m^2 · d)；溶解态无机氮（dissolved inorganic nitrogen，DIN）在春、夏、秋季均表现为由沉积物向水体进行释放，交换速率平均值分别为 2.86 mmol/(m^2 · d)、3.39 mmol/(m^2 · d) 和 13.04 mmol/(m^2 · d)；海州湾沉积物—水界面活性硅酸盐、活性磷酸盐、DIN 的交换通量在 3 个季节的平均值分别为 4.56×10^8 mmol/(m^2 · d)、1.82×10^7 mmol/(m^2 · d) 和 8.65×10^8 mmol/d。沉积物可为海州湾初级生产力提供 66%的活性硅酸盐、42%的活性磷酸盐、124%的 DIN 营养，海州湾海洋牧场沉积物—水界面营养盐的交换速率与国内外近岸海区相比处于中等水平（高春梅等，2016）。

（二）海州湾海洋牧场生物生态研究

“海州湾人工鱼礁区浮游植物的种类组成和生物量”研究结果表明，2003 年 2 月、7 月、10 月和 2004 年 2 月海州湾人工鱼礁投放海域浮游植物调查鉴定浮游植物共有 2 门 16 属 36 种。其中，硅藻门占优势，有 13 属 31 种；甲藻门次之，有 3 属 5 种。浮游植物种类组成及优势种类的季节变化比较明显，前 3 次以硅藻占绝对优势，第 4 次演变为甲藻占优势。人工鱼礁区和对照区表层叶绿素 a 的浓度为 0.98～10.60 mg/m^3，鱼礁区和对照区的平均值分别为 6.81 mg/m^3 和 6.10 mg/m^3。浮游植物的生物量为 41.06～706.63 mg/m^3，鱼礁区和对照区的平均值分别为 252.95 mg/m^3 和 123.69 mg/m^3。初级生产力中碳的含量为 27.02～1 222.78 mg/（m^2 · d），鱼礁区和对照区的平均值分别为 455.23 mg/（m^2 · d）和 276.92 mg/（m^2 · d）。鱼礁区和对照区浮游植物的月平均细胞密度最高分别为 269.6×10^4 个/m^3 和 187.4×10^4 个/m^3，最低分别为 220.9×10^4 个/m^3 和 114.7×10^4 个/m^3。海州湾人工鱼礁区的浮游植物细胞密度和生物量具有明显的季节变化，但同一季节中，鱼礁区的生物量、营养盐含量等比投礁前有所增加（张硕等，2006）。

“海州湾人工鱼礁区浮游植物与环境因子关系的研究”研究结果表明，2008 年对海州湾人工鱼礁区 3 个航次的理化因子和生物资源调查后认为，影响海州湾人工鱼礁区浮游植物分布的主要环境因子依次为总无机氮、水温和透明度。主要浮游植物优势种牟勒氏角毛藻（*Chaetocerosmuelleri*）和浮动弯角藻（*Eucampia zoodiacus*）的分布与磷酸盐密切相关。这些优势种在鱼礁区和对照区数量上的差异导致了鱼礁区浮游植物数量要高于对照区（杨柳等，2011）。

“海州湾人工鱼礁海域春、夏季浮游植物群落结构及其与环境因子的关系”研究结果表明，2009 年 5 月和 8 月海州湾浮游植物群落组成以硅藻为主；浮游植物丰度的时间分布夏季平均丰度为 3.06×10^6 个/m^3，高于春季的 3.12×10^4 个/m^3；空间分布表现为鱼礁区高于对照区，以夏季鱼礁区站点 R5 的7.97×10^6个/m^3 最高，其次为夏季 R3 的 7.53×

10^6 个/m^3；对群落多样性的研究表明，春、夏两季鱼礁区 Shannon－Wiener 多样性指数（H'）均值均高于对照区；春季影响浮游植物丰度的主要环境因子依次为可溶性无机氮（DIN）、BOD_5 和悬浮物，而活性硅酸盐、活性磷酸盐和 BOD_5 对夏季浮游植物丰度的影响较大（杨柳等，2011）。

“海州湾海洋牧场浮游植物群落结构特征及其与水质参数的关系”研究结果表明，2013 年 5 月、8 月、10 月 3 个航次的海州湾海洋牧场海域浮游植物调查共鉴定出浮游植物 115 种。其中，硅藻门种类最多，共 97 种，占总种数的 84.3%；甲藻门次之，共 16 种，占总种数的 13.9%；蓝藻门和绿藻门各 1 种，分别各占总数的 0.9%。人工鱼礁区各个季节的浮游植物丰度都显著大于对照区（$P<0.05$），而种类数无显著差异（$P>0.05$）。人工鱼礁区和对照区的辛普森多样性指数和 Shannon－Wiener 多样性指数均在秋季最大、夏季最小；而均匀度为春季最大、夏季最小。海州湾海洋牧场浮游植物种类数秋季达到 36 种，丰度在秋季也达到最高，为 19.68×10^4 个/m^3。方差分析和聚类分析结果表明，浮游植物群落组成存在显著季节差异（$P<0.05$）。TN、活性硅酸盐和 TP 是影响浮游植物群落分布的重要环境因子，BOD_5 和氨氮也对浮游植物群落分布有较大影响（谢斌等，2017）。

“连云港海州湾海洋牧场浮游动物群落结构及其与环境因子的关系”研究结果表明，2015 年 5 月、8 月、10 月进行的 3 个航次海州湾海洋牧场浮游动物的调查，共鉴定出浮游动物 29 种。其中，节肢动物门最多，有 20 种；毛颚动物门 4 种；腔肠动物门 3 种。桡足纲浮游动物及甲壳纲浮游动物为当地主要种类。海州湾海洋牧场秋季浮游动物种类数达 16 种，大于夏季（10 种）和春季（8 种）的浮游动物种类数。人工鱼礁区各个季节的浮游动物群落丰度与对照区无显著差异（$P>0.05$），春、夏两季的浮游动物种类数无显著区域性差异（$P>0.05$），而秋季对照区浮游动物种类数显著高于人工鱼礁区（$P<0.05$）。海州湾海洋牧场浮游动物种类数夏季显著高于春季（$P<0.05$），浮游动物丰度秋季显著低于春、夏两季（$P<0.05$）。人工鱼礁区和对照区的 Shannon－Wiener 多样性指数均在夏季达到最大值，分别为 1.571 和 2.107；春季最小，分别为 0.380 和 0.554。而均匀度指数则在秋季达到最大值，分别为 0.214 和 0.224；且春季浮游动物群落结构与夏、秋两季相似度较低；夏、秋两季群落结构更复杂。影响浮游动物群落丰度及分布的主要因素为海表温度（sea surface temperature，SST）、生物需氧量（biochemical oxygen demand，BOD）、叶绿素（chlorophyll－a，Chl－a）、溶解氧浓度（dissolved oxygen，DO）和部分营养盐（Si、N 和 P），且影响因素存在季节性差异。浮游植物群落丰度也是影响浮游动物群落丰度及分布的重要因素之一（张硕等，2017）。

（三）海州湾海洋牧场渔业资源研究

“海州湾人工鱼礁养护资源效果初探”研究结果表明，2003 年 7 月至 2004 年 12 月在连云港海州湾人工鱼礁区进行的 6 个航次的调查中，人工鱼礁投放后鱼礁区生物多样性指数和丰度均有所增加，鱼礁区单位捕捞努力量渔获量（catch per unit effort，CPUE）比投礁前增加 1 倍左右，其中鱼类的 CPUE 增加最多。鱼礁区比对照区相对应时期的 CPUE 要高许多，优势资源种类也有一定的变化（张虎等，2005）。

“海州湾人工鱼礁大型底栖生物调查”研究结果表明，2008 年海州湾人工鱼礁投放前后礁区大型底栖生物调查共鉴定出大型底栖生物 94 种。其中，软体动物、甲壳动物和鱼类是构成人工鱼礁大型底栖生物的主要类群，三者之和占总种类数的 88.30%。投礁前人工鱼礁海域调查共发现大型底栖生物 32 种，投礁 1 年后增加到 38 种，投礁后第 4 年增加到 44 种。投礁前人工鱼礁海域大型底栖生物平均生物量和栖息密度分别为 0.560 3 g/m^2 和 0.207 5 个/m^2，投礁 1 年后平均生物量和栖息密度分别增加到 1.127 0 g/m^2 和 0.387 5 个/m^2，投礁后第 2 年和第 4 年的平均生物量和栖息密度也均高于投礁前。投礁前人工鱼礁海域大型底栖生物群落结构相对稳定，投礁后底栖生物群落系统出现扰动，鱼礁区的底栖生物群落系统处于一个暂时波动状态（张虎等，2008）。

“海州湾人工鱼礁海域鱼类和大型无脊椎动物群落组成及结构特征”研究结果表明，2003—2005 年和 2007 年海州湾人工鱼礁区及邻近对照区底拖网调查共鉴定鱼类和大型无脊椎动物共 96 种。其中，鱼类和节肢类是人工鱼礁区游泳生物的主要种类，分别占 55.21%和 35.42%；而软体类与棘皮类则分别占 7.29%和 2.08%。鱼礁区的生物种类数、生物量、丰富度和多样性指数除了呈现明显的季节变化外，年平均生物种类数、生物量、丰富度和多样性均高于对照区，鱼礁增殖效果明显。除投礁后第 4 年的鱼礁区春、秋季外，投礁前和投礁后第 1 年、第 2 年的鱼礁区，以及对照区各季节的鱼类和大型无脊椎动物群落结构都处于一个扰动状态（孙习武等，2010）。

“海州湾人工鱼礁二期工程海域大型底栖生物初步研究”研究结果表明，2005 年、2007—2008 年每年 2 月、5 月和 8 月海州湾人工鱼礁二期工程施工海域（34°52′00″—30°55′00″N、119°25′34″—119°26′34″E）阿氏拖网调查底栖动物的种类数较投放前有所增加；底栖动物年均总生物量逐年降低，2005 年（1.001 6 g/m^2）＞2007 年（0.968 1 g/m^2）＞2008 年（0.732 7 g/m^2）；底栖生物群落生物多样性指数（H'）和丰富度（D）年平均值呈逐年上升趋势，并且具有明显的季节性变化，春季最高、夏季次之、秋季最低；投礁前夏季底栖动物的群落处于稳定状态，而投礁后处于中度扰动状态。鱼礁工程建设已经对投礁海域的底栖动物种类数、总生物量、多样性指数及群落稳定性产生了一定程度的影响（孙习武等，2011）。

（四）海州湾海洋牧场修复效果评价

“基于熵权模糊物元法的人工鱼礁生态效果综合评价”研究结果表明，2012 年 9 月至 2013 年 8 月海州湾前三岛人工鱼礁区的综合生态效果优于对照区，且二者都高于Ⅰ级水平。其中，鱼礁区水质与底质状况高于对照区，且二者都远好于Ⅰ级水平；鱼礁区饵料生物水平稍好于对照区，均处于Ⅲ级水平；鱼礁区鱼类与大型无脊椎动物远超过对照区，高于Ⅰ级水平，对照区处于Ⅱ级水平。海州湾前三岛海域人工鱼礁的生态效果良好（唐衍力和于晴，2016）。

“连云港海州湾渔业生态修复水域生态系统能量流动模型初探”研究结果表明，连云港海州湾渔业生态修复水域初始生态系统能量流动主要以牧食食物链为主，54.00%的能量通过牧食食物链向上传递。系统各功能组营养级在1.00～4.37。系统总流量为21 946.70 t/(km^2·a)，系统总初级生产力为9 500.00 t/(km^2·a)。系统的能量流动主要集中在6个营养级，来自初级生产者的转化效率为14.20%，来自碎屑的转化效率为13.60%，系统平均转化效率为13.80%。系统初级生产力与总呼吸量的比值为4.51，连接指数为0.27，杂食指数为0.21，Finn循环指数为2.62%，平均能流路径为2.22。连云港海州湾渔业生态修复水域生态系统的成熟度和稳定性较低，系统尚未发展成熟，还有较大的发展空间，可为鱼类等主要消费群体提供较多的能量（张硕等，2015）。

“基于稳定同位素技术的海州湾海洋牧场食物网基础及营养结构的季节性变化”研究结果表明，2015年春季海州湾海洋牧场海域消费者的$\delta^{13}C$值范围为－1.89%～－1.71%，3种潜在碳源［浮游植物、悬浮颗粒有机物（particulate organic matter，POM）、沉积物（sediment organic matter，SOM）］的$\delta^{13}C$值范围为－2.34‰～－1.81‰。根据模型计算得出浮游植物对消费者的平均碳源贡献最大，为80.8%；其余依次为SOM和POM，分别为10.8%和8.4%。2014年夏季生物样品与2015年春季样品的$\delta^{13}C$值存在显著差异，而$\delta^{15}N$值无显著性差异；6种量化指标表明群落营养结构存在季节性差异，2014年夏季的$\delta^{13}C$比值范围（$\delta^{13}C$ range，CR）、总面积（total area，TA）、平均最邻近距离（meannearest neighbor distance，MNND）和平均最邻近距离标准差（standard deviation of nearest neighbor distance，SDNND）均大于2015年春季，$\delta^{15}N$比值范围（$\delta^{15}N$ range，NR）和平均离心距离（mean centriod distance，MCD）无明显变化，夏季群落营养结构冗余度小于春季，且食源多样性水平高于春季，存在季节差异（谢斌等，2017）。

“典型岛礁海域生物资源修复效果监测和评价技术研究与应用”研究中，刘辉（2014）尝试在海州湾前三岛岛礁海域，针对大型藻类群落、刺参（*Apostichopus japonicus*）种群、礁区鱼类等代表性生物群体及其生境特征，筛选、建立并应用视频、水声学等监测技术，研究其资源变动及空间分布等特征。结果表明，在2013年开展的4次潜水调查中，共鉴定出藻类19种。其中，红藻门14种、褐藻门3种、绿藻门2种。每个调查季度月的优势种不同，马尾藻（*Sargassum* sp.）是常年优势种。大型藻类群落结构存在明显的季节演替，其种类数和生物量具有不同的季节变化趋势。比如，高温季节大型藻类种类数减少，而生物量却增加，其直接原因是红藻门种类数减少及褐藻门生物量增加。大型藻类群落特征有明显的空间差异，岛南部两个湾内的生物量显著高于岛北部的两个湾（$P<0.05$）。2012年5月对中国花鲈资源量及空间分布特征进行回声探测研究结果表

明，中国花鲈（*Lateolabrax maculatus*）个体回声强度值为－45～－30 dB，集群密度每公顷 318 尾，主要分布于岛东部的大小参礁周围海域。

（五）海州湾生态环境管理

“海州湾生态环境修复的探索实践与展望——江苏省海洋牧场示范区建设”研究结果表明，海洋牧场建设暨人工鱼礁建设是一项重要的海洋生态保护与修复工程，是海洋生态产业化的一项实践，对于调整渔业产业结构、促进海洋产业优化升级、带动旅游业等相关产业发展、增殖和优化渔业资源等具有重要的战略意义和深远的历史意义（吴立珍等，2012）。

“海州湾海洋牧场生态健康评价”研究，认为海洋牧场生态健康评价是海洋牧场生态保护的基础。采用层次分析法（analytic hierarchy process，AHP），以水质环境、生物资源和外来压力为准则层，以 11 个因子为指标层，建立了海州湾海洋牧场生态健康评价体系。通过指标赋值与权重计算，研究结果表明在准则层中，水质环境对目标层的影响最大为 0.650；生物资源的权重次之，为 0.280；外来压力的权重最小，为 0.070。在指标层综合权重中，对海州湾海洋牧场生态状况影响最大的是溶解氧，权重为 0.202；浮游植物次之，权重为 0.157；其后是亚硝酸盐氮，权重为 0.007；影响力最小的是寒潮，权重为 0.002。海州湾海洋牧场综合评价指数 CEI＝0.68。生态健康状况为中，需要进一步加强生态保护措施，以确保海洋牧场的可持续发展（赵新生等，2014）。

“新形势下连云港海州湾国家级海洋公园数字化管理模式初探”，以江苏省连云港海州湾海洋公园数字化管理模式为研究方向，从海洋公园宣教能力、综合监护能力、科研监测能力、地理信息系统建设、无人机的监管和应用等方面，探讨了建设较为完备的海洋公园科研监测设施与动态监管的可能性，以及提高海洋公园管理的技术和手段。从改善海洋公园内及周边区域的生态环境质量，保护和恢复海洋公园内生物资源数量方面分析了数字化海洋管理的含义、模式和应用，以期为现代海洋管理的发展提供借鉴（陈骁等，2015）。

“海洋特别保护区数字化监测研究——以海州湾国家级特别保护区为例”，在研究海州湾国家级海洋特别保护区管理现状和信息资料现状的基础上，分析了保护区管理存在的不足和面临的困境，提出了保护区数字化监测方案。对“监测范围、遥感数据源、监测频次、监测要素、专题图制作、现场踏勘、监测资料汇总、监测报告编写”等作出了合理界定，以实现对保护区行之有效的动态监视监测（李妍和赵新生，2015）。

“连云港海州湾生态资源开发利用刍议”研究，阐述了海州湾生态资源的基本状况，分析了海州湾生态资源存在的问题与面临的危机，并提出了保护海州湾海洋生态资源的可行性建议（吴涛等，2015）。

“海洋生态文明视角下的数字化海洋保护区建设研究——以海州湾海湾生态与自然遗

迹海洋特别保护区为例”研究，李妍（2015）在海州湾海洋特别保护区各类信息资源尚未进行有效整合、缺乏科学管理的情况下，设计了一个功能齐全、接口统一的海洋综合管理与服务信息系统，对分散的信息系统资源进行整合和管理，以提高管理工作的效率，提升管理水平，为海洋资源的有序开发和海洋开发的综合决策提供了技术支撑；为维护生态系统平衡、保护和恢复海洋生态生物多样性，提出了建设数字化海洋特别保护区的对策。

“海洋公园综合管控技术研究——以江苏连云港海州湾国家海洋公园为例”研究，针对海州湾国家级海洋公园成立后的基础设施尚不完善、管理能力有待提高、环境资源与管理目标之间还有差距、海洋公园尚未达到规范化管理的现状，从海州湾海洋公园宣教技术、监控技术、生态恢复技术等方面，建设了较为完备的海州湾海洋公园科研监测设施与科教宣传条件，提高了海洋公园管理技术和手段，增强了公众对海洋公园的支持和参与程度，改善了海洋公园内及周边区域的生态环境质量，极大地恢复了海洋公园内的生物资源数量，从而将海洋公园建设成为国家级规范化建设与管理的优秀示范区，为江苏省高效生态经济区和连云港经济区建设提供服务和海洋生态保障（李妍等，2016）。

第二章

海州湾生态环境及生物资源现状与评价

第一节　海洋环境

近年来随着海州湾沿岸城市化、工业化的发展及全球气候环境的变化，海州湾生态环境状态有所改变。本章以 2015 年春、夏、秋、冬四季海州湾大面积监测数据为基础，与前 6 年作趋势性比较分析，评价海州湾生态环境现状。

海州湾地处暖温带南部，受海洋的调节，气候类型为湿润的季风气候，略有海洋性气候特征。2015 年平均风速为 3.5～6.5 m/s，主导风向为 147°～200°，常年平均气温 14 ℃。年平均降水量超过 920 mm。常年无霜期约 220 d，近 5 年来气候变化不大。受温带气旋影响，每年 4—10 月海州湾可能有台风、暴雨等灾害性天气发生。

水文环境主要受沿岸流和黄海暖流影响。2015 年海州湾海域平均表层水温为 14.6～15.9 ℃。水温具有明显的季节变化趋势。与前 6 年整体比较，表层水温略有提高，但变化不大。2015 年表层盐度为 30.3～30.9，平均为 30.4。海水盐度主要受降水、蒸发及沿岸水和外海水消长等因素的制约，具有季节变化特征，夏、秋两季盐度较低，春、冬两季盐度较高。2009—2015 年海州湾表层海水平均盐度变化如图 2－1 所示，多年平均值为 30.2。

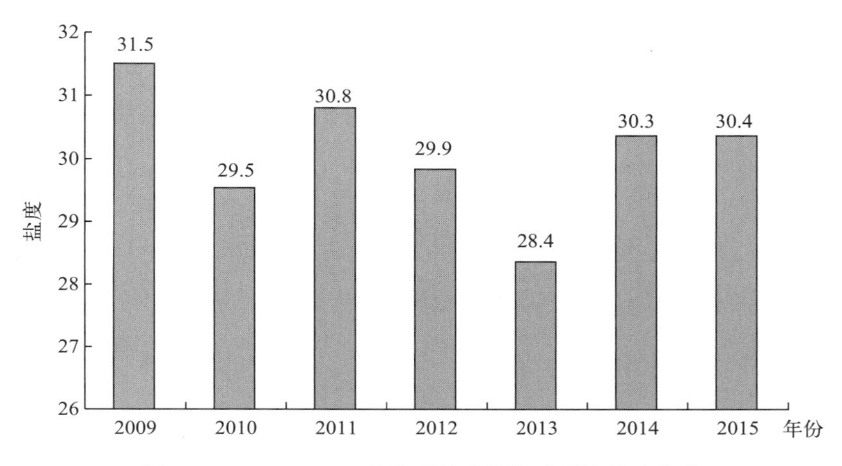

图 2－1　2009—2015 年海州湾表层海水平均盐度变化

2015 年平均水色为 8～9，年平均透明度为 1.5 m。海州湾海域总的趋势是近岸水色低，透明度小。春、夏季水平变化较明显，秋、冬季无明显水平差异，水色、透明度的季节变化趋势基本保持一致。

2015 年海州湾海域共布设监测站位 11 个，分别于 3 月、5 月、8 月、10 月开展了 4

次水质调查监测。综合过去 6 年的监测数据，整体监测结果表明，水质中溶解氧（dissolved oxygen，DO）、化学需氧量（chemical oxygen demand，COD）、pH、活性磷酸盐和石油类等理化指标符合《海水水质标准》(GB 3097—1997）第一类，大部分符合一类至二类海水水质标准，其中主要超标物为无机氮。海州湾近海、远海海域水质总体状况良好，陆源污染物排海是造成海州湾海域污染的主要原因。

（1）化学需氧量　2015 年含量为 1.03～1.27 mg/L，年平均值为 1.19 mg/L。与前 6 年平均值 1.27 mg/L 相比略有减小，近几年数值在较小范围内波动。2009—2015 年海州湾海水化学需氧量变化如图 2－2 所示。

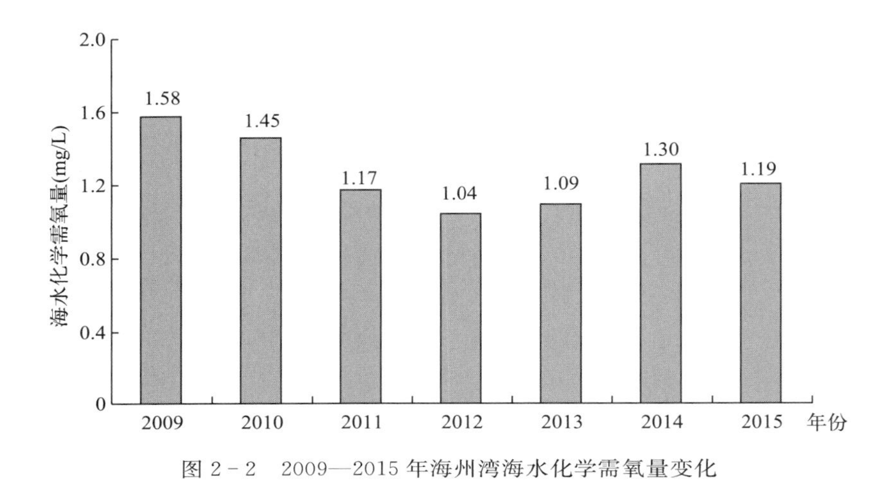

图 2－2　2009—2015 年海州湾海水化学需氧量变化

（2）溶解氧　2015 年含量为 8.11～8.91 mg/L，年平均值为 8.52 mg/L。与前 6 年平均值 6.78 mg/L 相比，海水中溶解氧含量有所增加。2009—2015 年海州湾海水溶解氧含量变化如图 2－3 所示。

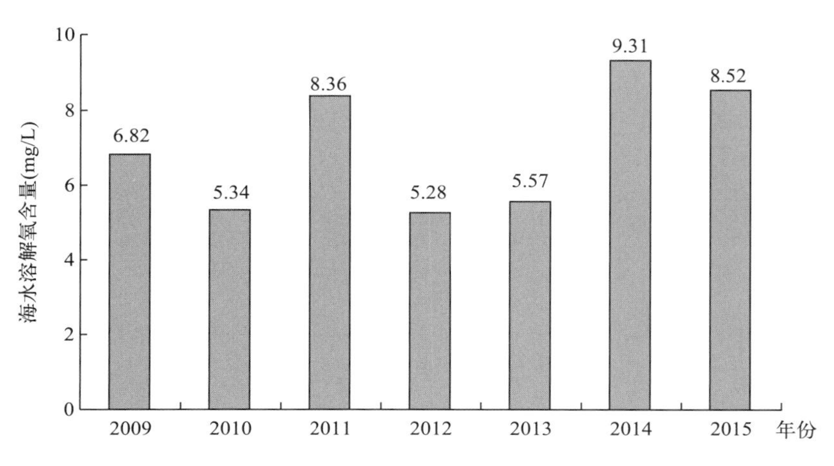

图 2－3　2009—2015 年海州湾海水溶解氧含量变化

（3）pH　2015 年 pH 为 7.76～8.69，年平均值为 8.23。与前 6 年平均值 8.36 相比，pH 有所降低。2009—2015 年海州湾海水 pH 变化如图 2-4 所示。

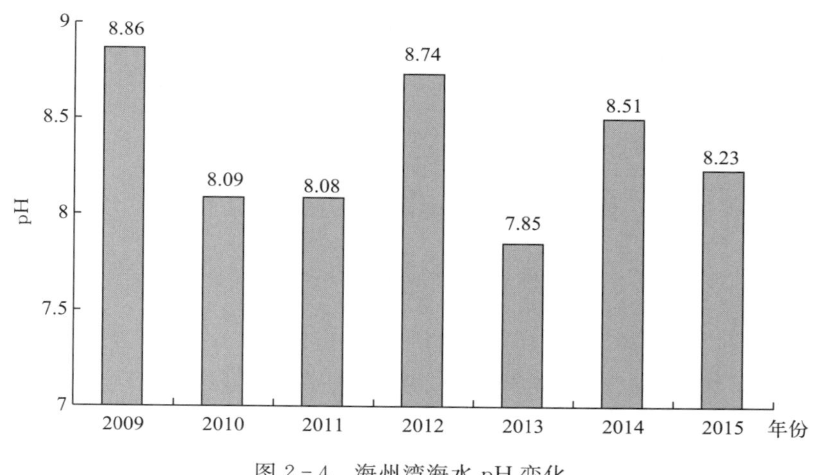

图 2-4　海州湾海水 pH 变化

（4）无机氮　海州湾近岸海域的主要超标物为无机氮。2015 年含量为 0.026～0.986 mg/L，年平均值为 0.212 mg/L。与前 6 年平均值 0.318 mg/L 相比，2015 年无机氮含量有所降低，营养盐含量的减小降低了赤潮发生的风险。长年监测数据表明，无机氮含量具有明显的阶段性变化趋势。2009—2015 年海州湾近岸海域海水中无机氮含量变化如图 2-5 所示。

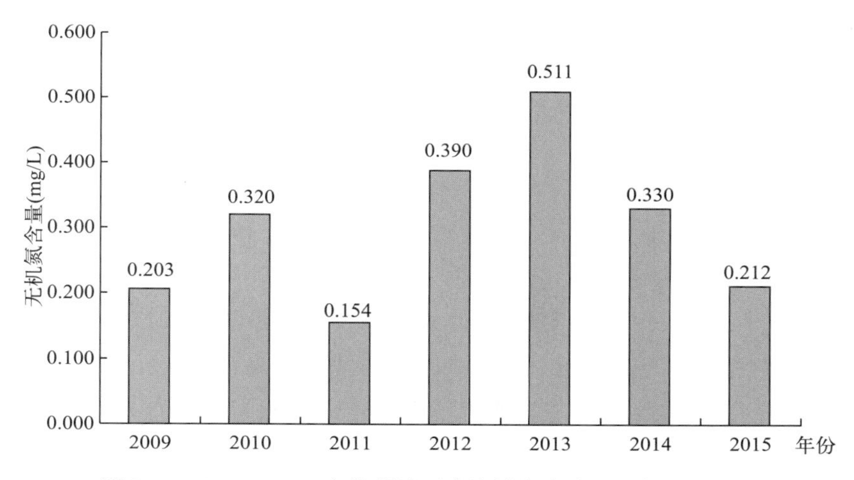

图 2-5　2009—2015 年海州湾近岸海域海水中无机氮含量变化

（5）活性磷酸盐　2015 年海州湾海域海水中活性磷酸盐含量为 0.001～0.065 mg/L，年平均值为 0.007 mg/L。低于 2014 年同期水平，符合一类海水水质标准。与 2013 年比较，2015 年海州湾海域活性磷酸盐含量 8 月、10 月有所升高，5 月有所降低，年平均值基本保持一致。2013—2015 年海水中活性磷酸盐各月数值比较如图 2-6 所示。

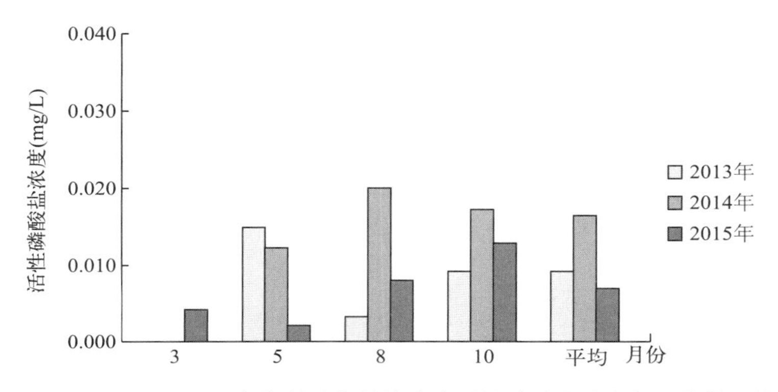

图 2-6　2013—2015 年海州湾海域海水中活性磷酸盐浓度各月数值比较

与前 6 年平均值 0.010 mg/L 相比，2015 年海州湾海域海水中活性磷酸盐含量有所降低，总体处于较低水平。2009—2015 年海州湾海域海水中活性磷酸盐含量变化如图 2-7 所示。

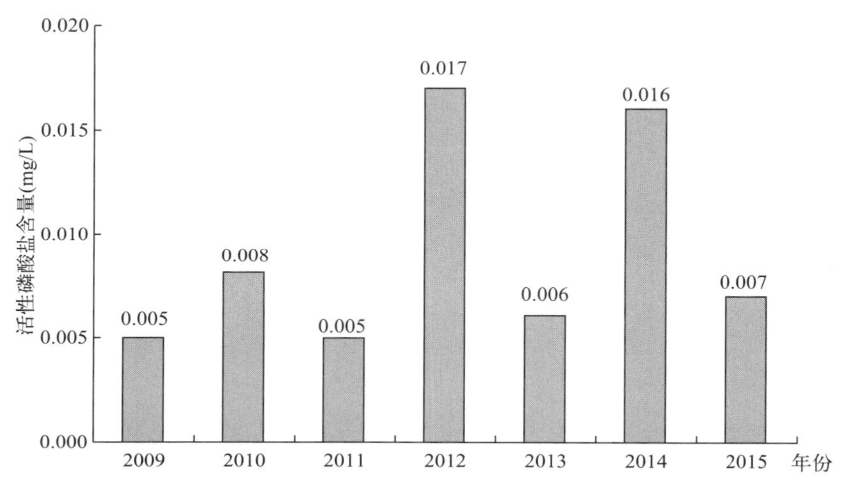

图 2-7　2009—2015 年海州湾海域海水中活性磷酸盐含量变化

（6）*石油类*　2015 年含量为 0.017～0.032 mg/L，年平均值为 0.024 mg/L，符合一类海水水质标准。与 2014 年比较，石油类含量 4 月有所降低，10 月有所升高，年平均值明显低于 2014 年。2014—2015 年海州湾海域海水中石油类 4 月和 10 月数值比较如图 2-8 所示。

与前 6 年平均值 0.030 mg/L 相比，2015 年石油类含量略有降低。纵观几年数据结果表明，海州湾海域石油类含量符合一类海水水质标准，只有港口海域的临洪河口和灌云海域的灌河口海水石油类的含量超过一类海水水质标准，属轻度污染海域，各港口依然是石油类的主要污染源。2009—2015 年海州湾海域海水中石油类含量变化如图 2-9 所示。

（7）*叶绿素 a*　2015 年含量为 1.79～2.41 μg/L，夏、秋两季较高，春、冬两季较低，年平均值为 2.11 μg/L，低于 2014 年同期水平。与前 6 年年平均值相比，海州湾海域叶绿素 a 含量呈递减趋势。2009—2015 年海州湾海域海水中叶绿素 a 含量变化趋势如图 2-10 所示。

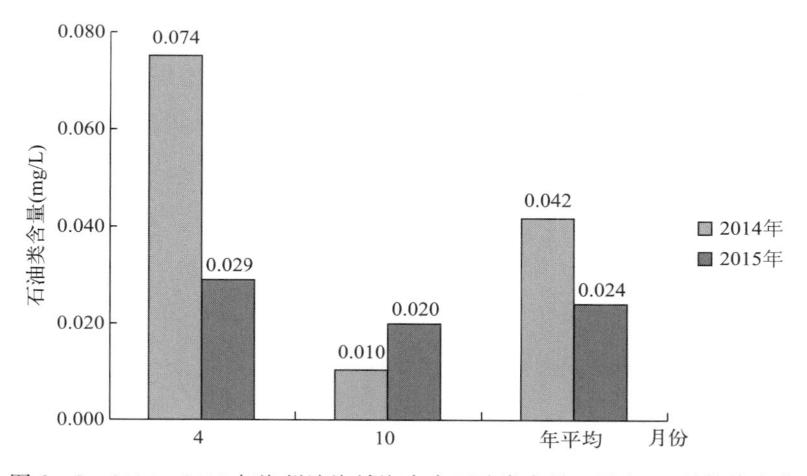

图 2-8　2014—2015 年海州湾海域海水中石油类含量 4 月和 10 月数值变化

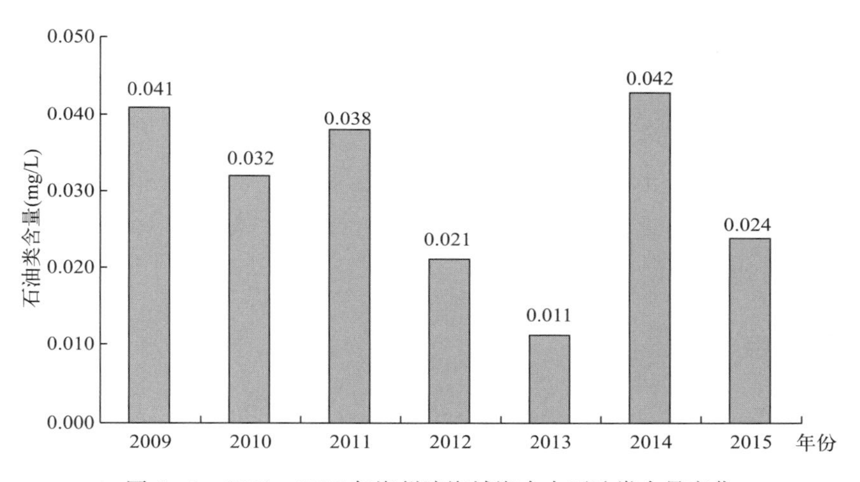

图 2-9　2009—2015 年海州湾海域海水中石油类含量变化

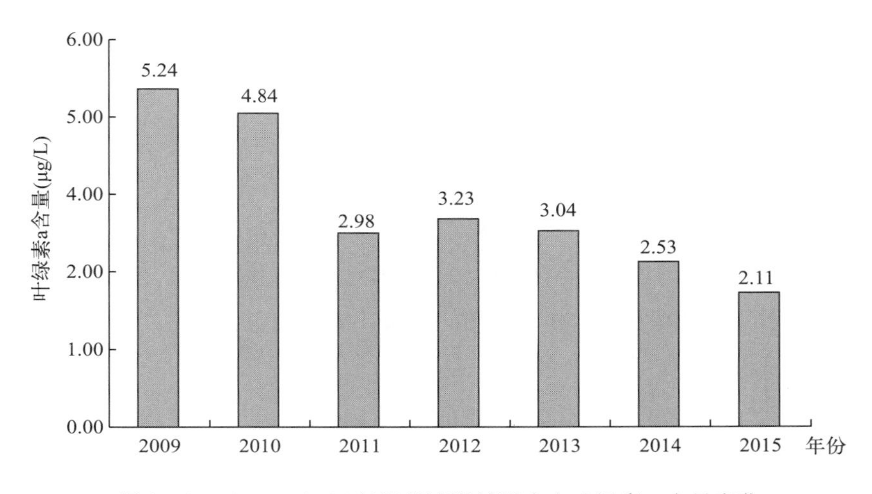

图 2-10　2009—2015 年海州湾海域海水中叶绿素 a 含量变化

第二节 生物生态

2015年3月（冬季）、5月（春季）、8月（夏季）和10月（秋季）在海州湾及邻近水域进行了生物生态采样，采集了浮游植物、浮游动物及大型底栖生物样品。本节根据2015年调查数据，结合历史资料，分析了海州湾浮游植物、浮游动物，以及大型底栖生物的种类组成、丰度分布、优势种、生物多样性、数量分布、季节变化及年际变化情况。

一、浮游植物

浮游植物是海洋生态系统中最重要的初级生产者，是海洋动物尤其是其幼体的直接或间接饵料，在海洋生态系统的物质流和能量流中起重要作用，在海洋渔业上有重要意义（刘东艳，2004）。浮游植物不仅影响生物资源的分布（胡韧等，2002；孙军，2006），而且对当地海域环境的变化有着指示作用。作为渔业生态最基础环节，浮游植物生态特征是渔场环境质量评估的重要指标之一，对了解和掌握海洋生物资源分布状况、变动规律及补充机制有极为重要的意义（王云龙，2005）。

（一）种类组成

1990—1991年：共计35属52种，即硅藻27属、甲藻3属、蓝藻3属、绿藻2属（江苏省海岛资源综合调查领导小组办公室，1996）。

2003—2004年：共计36种，即硅藻31种、甲藻5种（张硕，2006）。

2006年春季：共计50种，即硅藻43种、甲藻6种、绿藻1种（张旭等，2008）。

2008年：共计46种，即硅藻39种、甲藻6种、金藻1种（杨柳等，2011）。

2009年：共计66种，即春季28种，硅藻24种、甲藻3种、金藻1种；夏季56种，硅藻51种、甲藻5种；春、夏两季共有物种18种（杨柳等，2011）。

2011年：共计113种，即硅藻99种、甲藻13种、金藻1种（杨晓改等，2014）。

2014年：共计155种，即硅藻115种、甲藻30种、蓝藻1种、金藻2种、裸藻1种、绿藻2种、黄藻1种、隐藻3种。

2015年：共计119种（见附录一），隶属3门51属。其中，硅藻43属102种，占浮游植物总种类数的85.71%；甲藻7属15种，占12.61%；金藻1属2种，占1.68%。硅藻在种类数上占绝对优势，是海州湾海域浮游植物最重要的群落组成者。

海州湾浮游植物种类组成呈现一定的季节变化。共鉴定出的浮游植物：春季 46 种，夏季 75 种，秋季 66 种，冬季 65 种。从种类组成上看，各个季节均是硅藻占绝对优势，春季、夏季、秋季和冬季分别为 39 种、65 种、59 种和 58 种，分别占各个季节总种类数的 84.78%、86.67%、89.39%和 89.23%，硅藻种类数从夏季到春季逐步递减。海州湾浮游植物种类组成的季节变化见图 2-11。

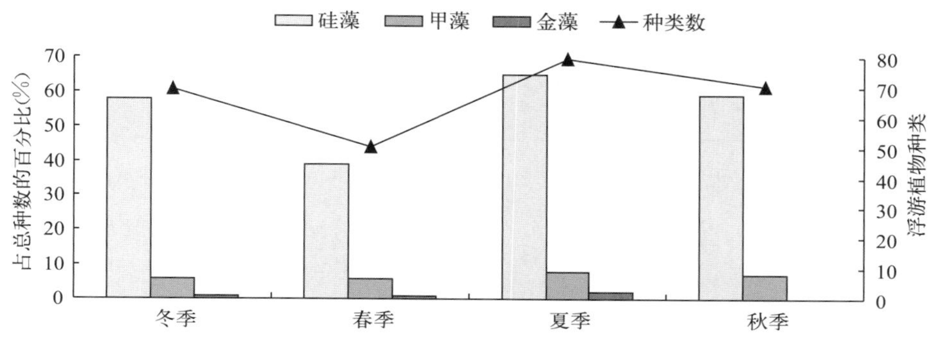

图 2-11　海州湾浮游植物种类组成的季节变化

海州湾海域浮游植物的生态类型主要以近岸性广布种类群为主，代表性种类有旋链角毛藻（*Chaetoceros curvisetus*）、中肋骨条藻（*Skeletonema costatum*）、布氏双尾藻（*Ditylum brightwellii*）等。在不同季节也出现了少数暖水种和大洋种，如秘鲁角毛藻（*Chaetoceros peruvianus*）、粗根管藻（*Rhizosolenia robusta*）等，符合江苏近岸海域浮游植物分布的一般规律。

（二）丰度分布

2006 年：密度平均值为 171.00×10⁴个/m³（张长宽，2013）。

2006 年：春季密度平均值为 22.50×10⁴个/m³（张旭等，2008）。

2008 年：密度平均值为 13.30×10⁴个/m³（杨柳等，2011）。

2009 年：春季平均值为 3.12×10⁴个/m³，夏季平均值为 305.70×10⁴个/m³（杨柳等，2011）。

2011 年：年平均丰度为 107.10×10⁴ 个/m³。其中，秋季为 290.50×10⁴个/m³（最高），春季为 73.30×10⁴个/m³，冬季为 47.40×10⁴个/m³，夏季最低为 16.90×10⁴ 个/m³（杨晓改等，2014）。

2014 年：密度平均值为 116.21×10⁴个/m³。春季、夏季、秋季、冬季调查海域细胞丰度分别为 24.67×10⁴个/m³、119.78×10⁴个/m³、90.25×10⁴个/m³ 和 230.13×10⁴个/m³（朱旭宇等，2017）。

2015 年：密度平均值为 315.47×10^4 个/m^3，范围为（51.66～2 424.90）$\times10^4$ 个/m^3。

不同季节丰度差异明显，夏季平均细胞丰度最多，为 987.21×10^4 个/m^3；冬季和秋季分别为 137.85×10^4 个/m^3 和 108.67×10^4 个/m^3；春季最少，为 28.17×10^4 个/m^3（表 2-1）。

表 2-1　海州湾不同季节浮游植物平均细胞丰度（$\times10^4$ 个/m^3）

丰度	春季	夏季	秋季	冬季	全年
平均	28.17	987.21	108.67	137.85	315.47
范围	4.39～81.85	5.53～8 933.84	4.64～618.26	22.16～349.87	51.66～2 424.90

各门类中，硅藻门丰度最高，年平均丰度为 308.71×10^4 个/m^3，占年平均总丰度的 97.85%；甲藻门次之，年平均丰度为 6.74×10^4 个/m^3，占比 2.14%；金藻门最少，年平均丰度为 0.03×10^4 个/m^3，占比 0.01%。

海州湾北部海域浮游植物年平均丰度为 461.38×10^4 个/m^3，各季节中夏季（$1\,566.98\times10^4$ 个/m^3）>秋季（170.36×10^4 个/m^3）>冬季（73.67×10^4 个/m^3）>春季（34.49×10^4 个/m^3）；南部海域浮游植物年平均丰度为 96.62×10^4 个/m^3，各季节中冬季（234.13×10^4 个/m^3）>夏季（117.56×10^4 个/m^3）>春季（18.68×10^4 个/m^3）>秋季（16.12×10^4 个/m^3）。北部海域和南部海域相比较，冬季北部丰度小于南部，其余 3 个季节的丰度大于南部丰度，年平均丰度北部海域>南部海域（表 2-2）。

表 2-2　海州湾不同季节浮游植物平均丰度（$\times10^4$ 个/m^3）

季节	北部海域	南部海域	近岸海域	外侧海域
春季	34.49	18.68	31.88	25.70
夏季	1 566.98	117.56	2 267.69	133.56
秋季	170.36	16.12	198.65	48.67
冬季	73.67	234.13	205.77	92.57
全年	461.38	96.62	676.00	75.13

近岸海域年平均丰度为 676.00×10^4 个/m^3，各季节中夏季（$2\,267.69\times10^4$ 个/m^3）>冬季（205.77×10^4 个/m^3）>秋季（198.65×10^4 个/m^3）>春季（31.88×10^4 个/m^3）；外侧海域全年平均丰度为 75.12×10^4 个/m^3，各季节中夏季（133.56×10^4 个/m^3）>冬季（92.57×10^4 个/m^3）>秋季（48.67×10^4 个/m^3）>春季（25.70×10^4 个/m^3）。与外侧海域相比较，4 个季节近岸海域均大于外侧海域。

浮游植物春季丰度为 4 个季节最少，北部海域高于南部海域，近岸海域高于外侧海域，高峰值出现在北部海域；夏季丰度为全年最高，北部海域高于南部海域，近岸海域高于外侧海域，高峰值出现在北部近岸海域；秋季丰度相比夏季有所减少，北部海域高于南部海域，近岸海域高于外侧海域，高峰值出现在最北部近岸海域；冬季丰度相比秋季有所增加，北部海域低于南部海域，近岸海域高于外侧海域，高峰值出现在南部近岸海域。整体来看，4个季节浮游植物呈现北部海域高于南部海域、近岸海域高于外侧海域、夏季丰度高于其他3个季节的特点，主要是跟人类活动及水温变化有关。

（三）优势种

2008年：春季主要优势种有夜光藻（*Noctiluca scintillans*）、辐射圆筛藻（*Coscinodiscus radiatus*）及弓束圆筛藻（*Ceratium tripos*）；夏季主要优势种有三角角藻（*Ceratium tripos*）、长角角藻（*Ceratium longissimum*）、夜光藻；秋季主要优势种有牟勒氏角毛藻（*Chaetoceros muelleri*）、浮动弯角藻（*Eucampia zodiacus*）、窄隙角毛藻（*Chaetoceros affinis*）及密联角毛藻（*Chaetoceros densus*）等（杨柳等，2011）。

2009年：春季浮游植物主要优势种有星脐圆筛藻（*Coscinodiscus asteromphalus*）、辐射圆筛藻和奇异菱形藻（*Nitzschia paradoxa*）；夏季浮游植物主要优势种有浮动弯角藻、窄隙角毛藻和柔弱菱形藻（*Nitzschia delicatissima*）（杨柳等，2011）。

2011年：春季主要优势种有膜状缪氏藻（*Meuniera membranacea*）和斯氏根管藻（*Rhizosolenia stolterforthii*）；夏季主要优势种有细弱圆筛藻（*Coscinodiscus subtilis*）、三角角藻；秋季主要优势种有浮动弯角藻、角毛藻属（*Chaetoceros* sp.）和海线藻属（*Thalassionema* sp.）；冬季主要优势种有派格棍形藻（*Bacillaria paxillifera*）、细弱圆筛藻和星脐圆筛藻（杨晓改等，2014）。

2014年：春季主要优势种有密连角毛藻（*Chaetoceros densus*）和中肋骨条藻；夏季主要优势种有中肋骨条藻和微小细柱藻（*Leptocylindrus minimus*）；秋季主要优势种有三叶原甲藻（*Prorocentrum triestinum*）和卡氏角毛藻（*Chaetoceros castracanei*）；冬季主要优势种有卡氏角毛藻（朱旭宇，2017）。

2015年：全年优势种有旋链角毛藻、中肋骨条藻和具槽直链藻（*Paralia sulcata*）3种。海州湾浮游植物有一定的季节变化，春季主要优势种有密联角毛藻、具槽直链藻、奇异菱形藻（*Nitzschia paradoxa*）、圆筛藻属（*Coscinodiscus* sp.）和辐射圆筛藻5种；夏季主要优势种较少，有旋链角毛藻和中肋骨条藻2种；秋季除了旋链角毛藻和中肋骨条藻持续保持优势地位、圆筛藻属重新作为优势种外，新增浮动弯角藻、角毛藻属和洛氏角毛藻（*Chaetoceros lorenzianus*），共3种；冬季优势种最多，有11种，主要为硅藻门中圆筛藻属种类的变化，另外还有甲藻门中夜光藻（*Noctiluca scintillans*）大量出现（表2-3）。

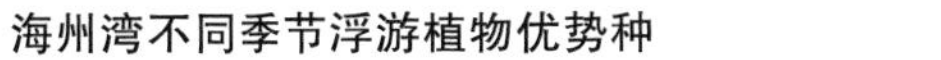

表 2-3　海州湾不同季节浮游植物优势种

优势种	春季				夏季				秋季				冬季				全年			
	O%	A(×10^4个)	A%	Y	O%	A(×10^4个)	A%	Y	O%	A(×10^4个)	A%	Y	O%	A(×10^4个)	A%	Y	O%	A(×10^4个)	A%	Y
旋链角毛藻					50.00	830.36	84.11	0.42	30.00	28.46	26.19	0.08					20.00	214.71	68.06	0.14
中肋骨条藻					90.00	53.12	5.38	0.05	50.00	3.98	3.66	0.02	40.00	10.28	7.46	0.03	50.00	16.92	5.36	0.03
具槽直链藻	60.00	4.27	15.17	0.09									80.00	38.66	28.05	0.22	45.00	11.06	3.51	0.02
密联角毛藻	30.00	14.06	49.90	0.15																
奇异菱形藻	60.00	2.01	7.14	0.04									100.00	18.80	13.64	0.14				
圆筛藻属	90.00	0.92	3.28	0.03					90.00	13.98	12.87	0.12	100.00	3.69	2.68	0.03				
辐射圆筛藻	80.00	0.80	2.85	0.02																
浮动弯角藻									40.00	27.60	25.40	0.10								
角毛藻属									80.00	4.00	3.68	0.03								
洛氏角毛藻									30.00	7.61	7.01	0.02								
格氏圆筛藻													90.00	8.86	6.43	0.06				
蛇目圆筛藻													90.00	8.84	6.41	0.06				
刚毛根管藻													100.00	5.88	4.27	0.04				
夜光藻													90.00	5.11	3.70	0.03				
偏心圆筛藻													80.00	5.30	3.84	0.03				
苏氏圆筛藻													90.00	4.07	2.95	0.03				
线形圆筛藻													80.00	3.07	2.23	0.02				

注：O 指出现频率；Y 指优势度；A 指丰度。表 2－8 注释与此同。

旋链角毛藻是全年优势度最高的物种，为广温沿岸性种，中国各海域均产，常形成螺旋状群体。4个季节中，在夏季和秋季有分布，且为两个季节优势种，秋季丰度小于夏季。在海州湾海域内，旋链角毛藻丰度北部海域高于南部海域，近岸海域高于外侧海域。

中肋骨条藻是全年优势度次之的物种，为广温广盐性种，在世界上广泛分布，中国沿海经常见到，常常形成直链状群体。在调查海域内全年都有分布，为夏季、秋季、冬季优势种，丰度夏季（53.12×10^4个/m^3）＞冬季（10.28×10^4个/m^3）＞秋季（3.98×10^4个/m^3）＞春季（0.31×10^4个/m^3）。在调查海域内，中肋骨条藻丰度春季、冬季北部海域低于南部海域，夏季、秋季北部海域高于南部海域。除秋季外，其他3个季节近岸海域高于外侧海域。

具槽直链藻为全年浮游植物优势度第三的物种，为半咸水近岸性种，中国沿海均有分布，尤其在河口、地形复杂海域居多，常常形成链状群体。在调查海域内全年都有分布，为春季、冬季优势种，丰度冬季（38.66×10^4个/m^3）＞春季（4.27×10^4个/m^3）＞夏季（1.29×10^4个/m^3）＞秋季（0.03×10^4个/m^3）。在研究海域内，除秋季外，具槽直链藻丰度其他3个季节北部海域低于南部海域，夏季、秋季外侧海域高于近岸海域，春季、冬季近岸海域高于外侧海域。浮游植物物种的生态类型多为近岸性广布种类。

（四）生物多样性

2006年：多样性指数（H'）范围是0.00～2.10，平均1.14（张旭等，2008）。

2011年：多样性指数（H'）和均匀度指数（J'）的各季节平均值分别为2.244～3.242和0.580～0.768，年平均值分别为2.670和0.649（杨晓改等，2014）。

2015年：多样性指数（H'）季节变化较明显，夏季最高（3.23，物种较丰富），冬季（3.07）和秋季（3.02）相差不大，春季最低（2.07，物种相对较其他季节单一）；多样性指数变化趋势与丰度相对应，丰度变化趋势夏季（987.21×10^4个/m^3）＞冬季（137.85×10^4个/m^3）＞秋季（108.67×10^4个/m^3）＞春季（28.17×10^4个/m^3）。

4个季节均匀度指数（J'）变化不大，平均值为0.57～0.72，秋季最高，春季最低。

4个季节丰富度指数（D）变化比较明显，夏季（1.50）＞冬季（1.26）＞秋季（1.06）＞春季（0.68）。该海域夏季浮游植物的种类结构相对复杂，分布相对于其他3个季节较完整和稳定，春季较其他季节种类结构相对简单，浮游植物生物多样性水平较低（表2-4）。

表2-4　2015年海州湾不同季节浮游植物生物多样性

生物多样性		春季	夏季	秋季	冬季
H'	平均	2.07	3.23	3.02	3.07
	范围	0.54～2.98	0.62～4.02	1.40～3.76	2.26～3.98

（续）

生物多样性		春季	夏季	秋季	冬季
J'	平均	0.57	0.66	0.72	0.66
	范围	0.16～0.80	0.12～0.84	0.31～0.89	0.47～0.78
D	平均	0.68	1.50	1.06	1.26
	范围	0.45～0.89	1.17～1.93	0.71～1.48	0.63～1.84

二、浮游动物

浮游动物在海洋食物网中属次级生产者，通过物质循环和能量流动在海洋生态系统中发挥重要作用。浮游动物通过捕食和被捕食的关系直接或间接影响浮游植物和游泳生物等种群生物量的变化（张亚洲等，2011）。浮游动物对环境的敏感性使其成为反映海洋变化的重要研究对象（唐启升等，1996），可以作为“海流指示生物”（郑重等，1978；王晓等，2013）。国内外开展了许多关于浮游动物对全球气候变化和人类活动响应的研究（Uriarte et al，2004；李云等，2009；徐兆礼和高倩，2009；Dam，2013）。海洋浮游动物中的一个主要类群是桡足类，其卵、无节幼体、桡足幼体和成体为鱼类的幼鱼和成鱼提供了不同粒径的食饵，了解浮游动物的分布为掌握鱼类的生态习性和数量变动提供了依据，因此很多学者将浮游动物分布研究与渔场的生态调查结合在一起（郑重等，1965；李超伦等，2003；曹文清等，2006；张海景和徐兆礼，2010）。

（一）种类组成

海州湾海域2015年4个季节调查，共鉴定到浮游动物47种（不含浮游幼体17种，见附录二），浮游动物夏季（31种）＞秋季（29种）＞春季（27种）＞冬季（17种）。从种类组成上看，春季和冬季都是桡足类最多，分别占40.74%和41.18%；夏季和秋季都是刺胞动物种类数最多，分别占35.48%和31.03%。全年统计结果显示，刺胞动物种类数最多，总共15种，占31.91%；其次是桡足类14种，占29.79%。

刺胞动物，夏季（11种）＞秋季（9种）＞春季（8种）＞冬季（2种），夏季最多，冬季最少；桡足类，春季（11种）＞夏季（10种）＞秋季（8种）＞冬季（7种），从春季到冬季种类数递减但变化不大；浮游幼体，夏季（16种）＞冬季（9种）＞秋季（8种）＞春季（7种），除夏季的种类数较多之外，其他3个季节基本相当；4个季节都出现的种类有桡足类、刺胞动物、毛颚动物、端足类、糠虾类和磷虾类，共6种；被囊动物在冬季没有出现；樱虾类在春季没有出现；介形类仅在秋季被采到；涟虫类仅在春季被采到（表2-5）。

表 2-5　海州湾不同季节浮游动物种类组成

种类	春季		夏季		秋季		冬季		全年	
	S	S%	S	S%	S	S%	S	S%	S	S%
桡足类 Copepoda	11	40.74	10	32.26	8	27.59	7	41.18	14	29.79
刺胞动物 Cnidaria	8	29.63	11	35.48	9	31.03	2	11.76	15	31.91
毛颚动物 Chaetognatha	2	7.41	4	12.90	3	10.34	3	17.65	5	10.64
端足类 Amphipoda	1	3.70	1	3.23	1	3.45	2	11.76	3	6.38
糠虾类 Mysidacea	2	7.41	1	3.23	3	10.34	1	5.88	3	6.38
被囊动物 Tunicata	1	3.70	2	6.45	2	6.90	0	0.00	2	4.26
樱虾类 Sergestes	0	0.00	1	3.22	1	3.45	1	5.88	2	4.26
介形类 Ostracoda	0	0.00	0	0.00	1	3.45	0	0.00	1	2.13
磷虾类 Euphausiacea	1	3.70	1	3.23	1	3.45	1	5.88	1	2.13
涟虫类 Cumacea	1	3.70	0	0.00	0	0.00	0	0.00	1	2.13
合计	27	100.00	31	100.00	29	100.00	17	100.00	47	100.00
浮游幼体 Larva	7		16		8		9		17	

注：S指种类数。

4个季节都出现的种类一共有13种，主要有小拟哲水蚤（*Paracalanus parvus*）、真刺唇角水蚤（*Labibocera euchaeta*）、中华哲水蚤（*Calanus sinicus*）、拿卡箭虫（*Sagitta nagae*）、强壮箭虫（*Sagitta crassa*）、长额刺糠虾（*Acanthomysis longirostris*）、中华假磷虾（*Pseudeuphausia sinica*）、短尾类蚤状幼体、多毛类幼体、腹足类幼体、桡足类幼体、十足类幼体和仔稚鱼。

海州湾处在黄海中部海域，是北黄海（山东省）和南黄海（江苏省）的过渡区，与北黄海（杨青等，2012）、胶州湾海域（周克，2006）、苏北浅滩大丰水域（田丰歌和徐兆礼，2011），以及南黄海辐射沙脊群（于雯雯等，2014）浮游动物种类组成基本一致。由于海州湾独特的地理位置主要受苏北沿岸流和黄海暖流的影响，因此其种类组成季节更替明显。例如，桡足类中的太平洋纺锤水蚤（*Acartia pacifica*），属季节性暖水种（周克，2006），20～25℃是其最适摄食温度（高亚辉和林波，1999），2015年调查仅在夏季出现，与其作为亚热带海区优势种相一致。在渤海的调查中，太平洋纺锤水蚤并未出现（韦章良等，2015），在黄海南部和东海近海的调查中其是夏季最主要的优势种（邓邦平等，2015）。这种差异也体现了海州湾海域南北过渡带的重要地理位置，即南方种和北方种在该海域的特定时间都能生存，为研究海洋生态系统提供了良好的基础条件。毛颚类中的强壮箭虫作为黄海北部冷水指示种（郑执中，1963），在该海域四季都有分布，说明该海域常年受黄海北部冷水的影响。百陶箭虫（*Sagitta bedoti*）仅在夏、秋季出现，与其作为黄海南部暖水指示种相符合。有学者对长江口调查发现随水温上升，强壮箭虫丰度明显减少，肥胖箭虫（*Sagitta enflata*）丰度显著增加，推测长江口强壮箭虫平面分布受到苏北沿岸流的影响（李云等，2009）。2015年调查结果与此相符，据此推测海州湾海域受多个水团的共同影响并发生季节性的变化。但是对比田丰歌等（2011）在大丰水域的研究结果，百陶箭虫在海州湾夏季并未成为优势种，也进一步说明南北地理位置的差异造成浮游动物种类组成的不同。

（二）丰度分布

2015 年海州湾浮游动物平均丰度为 117.31 个/m³，范围是 4.96～829.32 个/m³；4 个季节中，春季的丰度最高（256.24 个/m³），秋季和冬季的相当（分别为 89.81 个/m³ 和 74.93 个/m³），夏季的最低（48.26 个/m³）。夏季的丰度不足春季的 1/5，主要是由于春季对丰度贡献（92.97%）最高的桡足类，丰度由 238.22 个/m³ 锐减到 27.83 个/m³，影响到该海域浮游动物的总丰度。总体上看，浮游动物丰度是近岸海域高于远岸海域、北部海域高于南部海域，空间分布上具有一定的差异性（表 2-6）。

表 2-6　海州湾不同季节浮游动物丰度和生物量

丰度		春季	夏季	秋季	冬季	全年
丰度（个/m³）	平均	256.24	48.26	89.81	74.93	117.31
	范围	14.81～829.32	5.97～297.40	4.96～661.32	14.69～223.86	4.96～829.32
生物量（mg/m³）	平均	214	140	369	274	249
	范围	49～579	10～293	78～2 433	21～842	10～2 433

2015 年海州湾浮游动物平均生物量为 249 mg/m³，范围是 10～2 443 mg/m³。浮游动物生物量秋季最高（369 mg/m³），冬季次之（274 mg/m³），春季第三（214 mg/m³），夏季最少（140 mg/m³）。与丰度变化相同，夏季的生物量也是最少的；与之不同的是，秋季浮游动物的生物量是最高的，主要是因为秋季浮游动物丰度百分比最大的被囊动物（80.68%），其丰度高达 72.46 个/m³，其中主要是小齿海樽（*Doliolum denticulatum*）的丰度较高，其生物量相对桡足类要大很多，所以秋季整体的生物量达到了最高值；冬季的浮游动物生物量排在第二位，主要是因为相对其他 4 个季节，冬季毛颚动物丰度和所在的比例都较高，其生物量相对桡足类也大很多。与丰度空间分布情况相似，浮游动物生物量也是北部海域高于南部海域、近岸海域高于远岸海域（表 2-7）。

表 2-7　海州湾不同季节各类浮游动物丰度

丰度	春季		夏季		秋季		冬季		全年	
	A	A%	A	A%	A	A%	A	A%	A	A%
桡足类 Copepoda	238.22	92.97	27.83	57.66	9.64	10.73	54.61	72.89	82.58	70.39
刺胞动物 Cnidaria	5.14	2.01	6.85	14.19	3.20	3.56	6.29	8.40	5.37	4.58
毛颚动物 Chaetognatha	3.32	1.29	2.04	4.23	1.24	1.38	10.77	14.38	4.34	3.70

（续）

丰度	春季		夏季		秋季		冬季		全年	
	A	A%	A	A%	A	A%	A	A%	A	A%
端足类 Amphipoda	0.05	0.02	0.03	0.06	0.02	0.02	1.14	1.52	0.31	0.26
糠虾类 Mysidacea	2.94	1.15	0.93	1.92	1.19	1.32	0.03	0.04	1.27	1.08
被囊动物 Tunicata	0.07	0.03	0.11	0.24	72.46	80.68	0.00	0.00	18.16	15.48
樱虾类 Sergestes	0.00	0.00	0.02	0.05	0.04	0.04	0.02	0.03	0.02	0.02
介形类 Ostracoda	0.00	0.00	0.00	0.00	0.08	0.08	0.00	0.00	0.02	0.02
磷虾类 Euphausiacea	0.02	0.01	0.32	0.66	0.37	0.42	0.03	0.05	0.19	0.16
涟虫类 Cumacea	0.05	0.02	0.00	0.00	0.00	0.00	0.00	0.00	0.01	0.01
幼体 Larva	6.43	2.51	10.14	21.01	1.59	1.77	2.03	2.71	5.05	4.30
合计	256.24	100.00	48.26	100.00	89.81	100.00	74.93	100.00	117.31	100.00

注：A 指丰度（个/m³）。

海州湾海域浮游动物丰度近年呈现上升趋势，2015 年（117.31 个/m³）>2014 年（102.48 个/m³）>2013 年（84.34 个/m³）>2012 年（26.57 个/m³）；生物量有一定的波动性，2013 年（326.00 mg/m³）>2015 年（249.00 mg/m³）>2014 年（248.00 mg/m³）>2012 年（38.00 mg/m³）。与更早的资料对比也发现了相同的趋势。20 世纪 80 年代海岸带调查中海州湾渔场浮游动物平均生物量为 76.00 mg/m³，20 世纪 90 年代海岛调查中江苏北部海域浮游动物平均生物量为 179.00 mg/m³，“908”专项调查中江苏近海浮游动物平均生物量为 257.92 mg/m³。可见，海州湾海域浮游动物生物量总体呈上升趋势。

（三）优势种

以优势度≥0.02 为划分标准，表 2-8 列出了 2015 年海州湾各季浮游动物优势种组成。海州湾浮游动物全年优势种有中华哲水蚤、真刺唇角水蚤、小齿海樽、强壮箭虫（*Sagitta crassa*）4 种，中华哲水蚤占绝对优势。春季优势种仅中华哲水蚤；夏季优势种是真刺唇角水蚤和强壮箭虫，真刺唇角水蚤的优势更显著；秋季优势种是小齿海樽和真刺唇角水蚤，小齿海樽个体较大、含水量较高直接导致秋季生物量为四季最高；冬季优势种是中华哲水蚤和强壮箭虫，中华哲水蚤又一次成为该海域的优势种。

4 个季节没有共同的优势种，夏—秋和冬—春各有 1 个共同优势种。由于优势种太少，因此对优势种和整个种群进行更替率的计算。通过计算，春—夏、夏—秋、秋—冬和冬—春的优势种更替率依次为 100%、67%、100%和 50%；种群更替率依次为 58%、42%、66%和 57%；两组数据更替率都在 40%以上。可见浮游动物季节更替较大。

表 2-8 海州湾不同季节浮游动物优势种

优势种	春季				夏季				秋季				冬季				全年			
	O%	A($\times 10^4$个)	A%	Y	O%	A($\times 10^4$个)	A%	Y	O%	A($\times 10^4$个)	A%	Y	O%	A($\times 10^4$个)	A%	Y	O%	A($\times 10^4$个)	A%	Y
中华哲水蚤 *Calanus sinicus*	100	226.81	88.51	0.885									100.0	52.31	69.82	0.698	90.00	70.19	59.83	0.538
真刺唇角水蚤 *Labidocera euchaeta*					90	25.89	53.65	0.483	100	7.22	4.54	0.045					77.50	10.05	8.56	0.066
小齿海樽 *Doliolum denticulatum*									70	72.43	45.55	0.319					22.50	18.13	15.45	0.035
强壮箭虫 *Sagitta crassa*					100	1.47	3.05	0.031					80.00	10.68	14.26	0.114	87.50	4.01	3.41	0.030
嵊山杯水母 *Phialidium chengshanense*					20	4.99	10.34	0.021												
八斑芮氏水母 *Rathkea octopunctata*													60.00	6.268	8.37	0.050				

中华哲水蚤为海州湾海域最主要优势种，春季和冬季在该海域占据绝对优势，4个季节出现频率都在70%以上。春季和冬季在海州湾海域的数量多、范围广，且近岸海域高于远岸海域；夏季和秋季丰度大幅减少，除在个别站位没有分布之外，在其他站位分布得都比较均匀，季节差异明显。

真刺唇角水蚤是海州湾海域夏季和秋季的优势种，出现频率较高，除冬季为40%外，其他3个季节都在80%以上。在海州湾海域四季丰度差异不大，整体上看南部海域高于北部海域、秋季远岸海域高于近岸海域，冬季北部6个站位均未发现真刺唇角水蚤。

强壮箭虫是海州湾海域冬季和夏季的优势种，虽然春季的丰度高于夏季，但春季桡足类的绝对优势，使其在春季未成为优势种。强壮箭虫在海州湾海域的出现频率较高，夏季为100%，其他3个季节都在70%以上。春季和冬季在北部海域的分布较高，夏季和秋季的分布比较均匀，是该海域的常见种。

对比历史资料，20世纪80年代海岸带调查、90年代海岛调查及2006年“908”专项调查中，江苏近海浮游动物的优势种主要为真刺唇角水蚤、中华哲水蚤、双刺纺锤水蚤、强壮箭虫、浮游幼虫等，与2015年海州湾调查的结果相符，可见江苏近海浮游动物优势种变化不大。

值得注意的是，被囊类中的小齿海樽是典型的暖水性种类，在1958—1959年全国海洋综合调查中，该种仅出现于东海、南海海域，其分布范围在6月达到最北仅为32°N（中华人民共和国科学技术委员会海洋组海洋综合调查办公室，1964）。在1997—2000年的调查中该种同样仅出现于东海、南海海域，且丰度不高（王云龙等，2005）。此次调查发现，小齿海樽在夏、秋季出现，秋季成为最主要优势种，优势度高达0.319，这与近年来在北黄海及南黄海的调查结果相一致（王晓，2012；陈洪举等，2015）。有学者提出，小齿海樽夏季在南黄海的出现并非海流输送，主要是水温升高、暖水种分布范围扩大的结果（王荣等，2003），有学者将这种现象与全球气候变化关联起来（王晓，2012）。也有学者在对北黄海的调查中提出，小齿海樽的大量出现并成为浮游动物的优势种可能是温带水域的海洋生态系统对全球变暖的响应信号（陈洪举等，2015）。随着全球变暖的加剧，在全球范围内暖水种出现的北移现象需要引起各方面的注意。

（四）生物多样性

生物多样性最早由Dasmann（1968）提出，群落的多样性指数是衡量群落稳定性的一个重要尺度（刘东艳等，2003）。一般来说，结构复杂的群落，其稳定性也相对较好（沈国英等，2002）。2015海州湾海域浮游动物多样性指数（H'）季节变化较明显，夏季最高、冬季和春季较低。春季丰度最高，但生物多样性并不高，主要是因为春季中华哲水蚤作为唯一的优势种，以绝对优势超过其他各种浮游动物之和，中华哲水蚤直接控制整个浮游动物群落的变化，这种状态下结构较单一，群落不够稳定；冬季浮游动物的种类数四季最少，两种优势种所占的丰度百分比达到84.08%，结构简单；夏季两种优势种所占的丰度百分比为56.70%，种类数最多，物种比较丰富，互异性较好，结构较稳定。均匀度指数（J'）和丰富度指数（D）的变化情况与多样性指数（H'）基本相同，都是夏季高、春季和冬季低。海州湾海域夏季浮游动物生物多样性相对较好，但是整体水平不高(表2-9)。

表2-9　海州湾不同季节浮游动物生物多样性

生物多样性		春季	夏季	秋季	冬季
H'	平均	1.55	2.81	1.79	1.26
	范围	0.34～2.88	1.23～3.49	0.52～2.87	0.34～1.94
J'	平均	0.43	0.73	0.56	0.49
	范围	0.11～0.76	0.29～0.88	0.13～0.86	0.13～0.75
D	平均	1.90	3.21	1.99	0.96
	范围	0.73～3.18	1.91～4.47	1.29～2.70	0.64～1.47

(五) 季节变化对浮游动物的影响

海州湾位于黄海南部，受季风气候影响水温呈明显的季节变化，这也造成对水温敏感的浮游动物的分布呈较大的季节差异。浮游动物作为研究区海洋食物链中的基础环节之一，是鱼类和其他经济动物的重要饵料和食物来源（曹文清等，2006；张海景等，2010）。因此，温度在大尺度范围内影响浮游动物的时空分布，下行效应在小尺度范围内直接控制浮游动物的空间分布。

春季水温适宜桡足类的生长，其丰度占总丰度的92.97%（中华哲水蚤占88.51%），与东海赤潮高发区和南黄海辐射沙脊群春季浮游动物的调查结论一致（徐兆礼等，2003；于雯雯等，2014）。

夏季较高的水温不利于中华哲水蚤的生存（曹文清等，2006），高温导致中华哲水蚤这一春季区域优势种数量锐减（Wang et al，2003）。除受高温影响之外，有学者提出，鱼类的强烈摄食可能会造成浮游动物丰度的急剧下降（李建生等，2007）。海州湾渔场是鳀的主要产卵场和育肥场之一，每年5—6月大批鳀聚集在该海域产卵（朱德山和Iversen，1990），2～3龄的鳀均以中华哲水蚤的卵、幼体和成体为食，桡足类幼体与中华哲水蚤成体数量平均占整个饵料数量的50%以上（孟田湘，2003）。可见鱼类对中华哲水蚤巨大的捕食压力，是造成春季到夏季中华哲水蚤丰度锐减的另一个主要原因。在以上两个因素共同作用下，夏季浮游动物的丰度和生物量四季最低。苏北浅滩（田丰歌等，2011）、南黄海（李超伦等，2003；于雯雯等，2014）、吕泗渔场（于雯雯等，2013）、渤海长岛海域（韦章良等，2015）等的研究结论与此相一致。

秋季适宜的温度和充足的饵料使得适温适盐较宽的暖水性种类——小齿海樽大量出

现。其个体较大，含水量较高，对浮游动物总生物量的贡献较大，因此秋季浮游动物生物量在四季中的表现为最高。秋季桡足类丰度四季最低，除受温度影响外，小齿海樽与桡足类之间的捕食（Paffenhofer et al，1995）或摄食竞争（Lincandro et al，2006）也是主要原因。小齿海樽主要集中于海域北部近岸区，该区域春季是桡足类的高丰度区，与等温线叠加后发现，也是秋季的高温区（21.8 ℃）。可见温度和饵料是小齿海樽在该海域大量出现的主要影响要素。

冬季个体较大典型喜冷性（杨纪明等，1995）的强壮箭虫成为该海域的优势种。温度是影响强壮箭虫分布的一个重要因素，冬季低水温时强壮箭虫摄食强度最高（杨纪明等，1995），10.0～15.0 ℃是强壮箭虫最适宜的摄食温度（刘青等，2007）。有学者提出强壮箭虫可作为黄海北部冷水指示种（郑执中，1963），关于海州湾的其他调查中也同样得到强壮箭虫在冬、春季高于夏、秋季的结论（盖建军和倪金俤，2012）。此外，有学者研究发现，冬季桡足类在强壮箭虫的食物组成中占 98.2%，其中真刺唇角水蚤占 93.2%（杨纪明和李军，1995）。强壮箭虫摄食强度的高低与桡足类的季节分布一致，表现为摄食强度最高的冬季桡足类丰度较高，而强度最低的夏季桡足类丰度较低，尤其是冬季海州湾北部海域真刺唇角水蚤的低密度区与强壮箭虫的高密度区完全吻合，两者之间存在极显著的负相关。可以推测，强壮箭虫在形成一定的种群密度时对真刺唇角水蚤起到控制作用。

三、底栖生物

海洋底栖生物是以海洋沉积物底内、底表及以水中物体（包括生物体和非生物体）为依托而栖息的生物生态类群，是海洋生物中种类最多、生态关系最复杂的类群（李新正等，2010）。底栖生物活动能力较弱，迁移能力低，随季节波动不明显，对环境变化逃避能力弱，对水环境变化灵敏度高，大型底栖生物的种类组成和群落结构等变化可以更准确地反映出所处环境的长期、宏观变化（李新正等，2010）。关于海州海域大型底栖生物的研究已有一些报道。胡颢琰等（2000）于 20 世纪 90 年代对连云港、盐城和启东等海域进行过调查研究，高爱根等（2003）研究了江苏北部海域的大型底栖生物分布特征。

（一）种类组成

海州湾海域 2015 年 4 个季节调查，共鉴定大型底栖动物 123 种，隶属于 8 门（见附录三）。其中，节肢动物最多，为 32 种，占总种数的 26.02%；其次为软体动物和脊索动物，均为 27 种，各占总种数的 21.95%；棘皮动物和环节动物，均为 16 种，各占总种数的 13.01%；其他类群 5 种（星虫动物 2 种、腔肠动物 2 种、纽形动物 1 种），占总种数的 4.07%（表 2-10）。

表 2-10 海州湾不同季节大型底栖动物各类群数量及占比

丰度	冬季		春季		夏季		秋季		全年	
	S	S%	S	S%	S	S%	S	S%	S	S%
环节动物	7	11.11	7	9.86	4	7.14	1	1.82	16	13.01
棘皮动物	10	15.87	7	9.86	5	8.93	6	10.91	16	13.01
脊索动物	12	19.05	15	21.13	11	19.64	14	25.45	27	21.95
节肢动物	19	30.16	24	33.80	22	39.29	20	36.36	32	26.02
腔肠动物	2	3.17	0	0.00	2	3.57	0	0.00	2	1.63
软体动物	13	20.64	18	25.35	10	17.86	12	21.82	27	21.95
星虫动物	0	0.00	0	0.00	2	3.57	1	1.82	2	1.63
纽形动物	0	0.00	0	0.00	0	0.00	1	1.82	1	0.81
合计	63	100.00	71	100.00	56	100.00	55	100.00	123	100.00

注：S指种类数。

冬季调查共获得大型底栖动物 63 种，隶属于 6 门。其中，节肢动物最多（Arthopoda，19 种），占 30.16%；其次为软体动物（Mollusca，13 种），占 20.64%；脊索动物（Chordata，12 种），占 19.05%；棘皮动物（Echinodermata，10 种），占 15.87%；环节动物（Annelida，7 种），占 11.11%；腔肠动物（Coelenterata，2 种），占 3.17%。

春季调查共获得大型底栖动物 71 种，隶属于 5 门。其中，节肢动物最多（24 种），占 33.80%；其次为软体动物（18 种），占 25.35%；脊索动物（15 种），占 21.13%；棘皮动物（7 种），占 9.86%；环节动物（7 种），占 9.86%。

夏季调查共获得大型底栖动物 56 种，隶属于 7 门。其中，节肢动物最多（22 种），占 39.29%；其次为脊索动物（11 种），占 19.64%；软体动物（10 种），占 17.86%；棘皮动物（5 种），占 8.93%；环节动物（4 种），占 7.14%；腔肠动物和星虫动物各 2 种；均占 3.57%。

秋季调查共获得大型底栖动物 55 种，隶属于 7 门。其中，节肢动物最多（20 种），占 36.36%；其次为脊索动物（14 种），占 25.45%；软体动物（12 种），占 21.82%；棘皮动物（6 种），占 10.91%；环节动物、纽形动物、星虫动物（各 1 种），分别占 1.82%。

大型底栖动物种类组成具有一定的空间变化和季节变化，北部海域和南部海域出现的种类数存在显著差异（$P<0.05$）。从离岸远近来看，远近岸海域共有物种 6 门 50 种，物种组成及数量相差不大。从季节分布来看，春季大型底栖动物物种数最多，为 71 种；其次为冬季，63 种；夏季和秋季分别为 56 种和 55 种，4 个季节共有物种 4 门 20 种。2012—2015 年大型底栖动物的种类数为 118～153，基本保持稳定，年际差异不大（图 2-12）。

历史上对江苏沿海开展过几次大型的综合调查，分别以 20 世纪 80 年代的海岸带和海涂资源综合调查、90 年代的海岛资源综合调查为代表（江苏省海岸带和海涂资源综合调

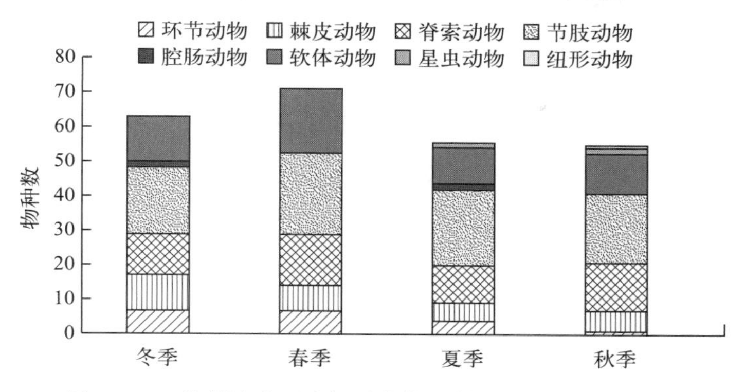

图 2-12　海州湾大型底栖动物物种数组成和季节变化

查报告，1986；江苏省海岛资源综合调查领导小组办公室，1996）。为了解大型底栖动物的现状，将 2015 年海州湾调查结果与历史资料进行对比发现，大型底栖动物的种类数略低于江苏近海的历史数据，而在类群组成上变化不大，仍以节肢动物、脊索动物、软体动物、棘皮动物等为主（表 2-11）。

表 2-11　海州湾大型底栖动物 4 个季节共有物种

门类	中文名	学名
节肢动物	艾氏牛角蟹	*Leptomithrax edwardsi*
节肢动物	葛氏长臂虾	*Palaemon gravieri*
节肢动物	沟纹拟盲蟹	*Typhlocarcinops canaliculata*
节肢动物	口虾蛄	*Oratosquilla oratoria*
节肢动物	日本鼓虾	*Alpheus japonicus*
节肢动物	三疣梭子蟹	*Portunus trituberculatus*
节肢动物	细螯虾	*Leptochela gracilis*
节肢动物	狭颚绒螯蟹	*Eriochier leptognathus*
节肢动物	疣背宽额虾	*Latreutes planirostris*
节肢动物	中国毛虾	*Acetes chinensis*
脊索动物	焦氏舌鳎	*Arelicus joyneri*
脊索动物	拉氏狼牙鰕虎鱼	*Odontamblyopus lacepedii*
脊索动物	矛尾鰕虎鱼	*Chaeturichthys stigmatias*
脊索动物	小头栉孔鰕虎鱼	*Ctenotrypauchen microcephalus*
软体动物	红带织纹螺	*Nassarius succinctus*
软体动物	假主棒螺	*Crassispira pseudoprinciplis*
软体动物	蓝无壳侧鳃	*Pleurbranchaea novaezealandiae*
棘皮动物	海胆	Echinoidea
棘皮动物	海星	Asteroidea
棘皮动物	马氏刺蛇尾	*Ophiothrix marenzelleri*

（二）丰度分布

2015 年海州湾冬季大型底栖动物的平均生物密度为 14.5 个/m^2。环节动物的平均生物密度最高，为 5.5 个/m^2；其次是棘皮动物为 3.0 个/m^2、腔肠动物为 2.0 个/m^2、节肢动物和软体动物均为 1.5 个/m^2、脊索动物为 1.0 个/m^2。2015 年海州湾冬季大型底栖动物的平均生物量为 7.57 g/m^2。软体动物的生物量最高，为 4.18 g/m^2；其次是棘皮动物为 1.29 g/m^2、腔肠动物为 0.93 g/m^2、脊索动物为 0.56 g/m^2、环节动物为 0.40 g/m^2、节肢动物为 0.20 g/m^2。2015 年冬季海州湾大型底栖动物生物密度及其生物量概况见图 2-13，具体生物密度及其占比见表 2-12。

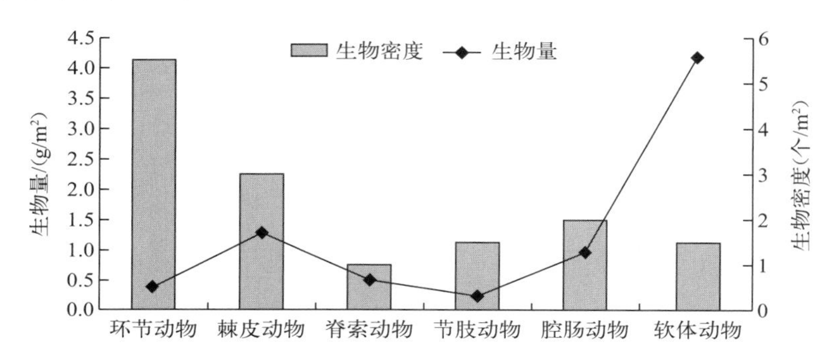

图 2-13 2015 年冬季海州湾大型底栖动物生物密度及其生物量概况

2015 年海州湾春季大型底栖动物的平均生物密度为 12.0 个/m^2。棘皮动物的平均生物密度最高，为 4.0 个/m^2；其次环节动物为 3.5 个/m^2；节肢动物、软体动物均为 2.0 个/m^2；脊索动物为 0.5 个/m^2。2015 年海州湾春季大型底栖动物的平均生物量为 18.04 g/m^2。脊索动物的生物量最高，为 6.53 g/m^2；其次是软体动物为 4.75 g/m^2、棘皮动物为 3.17 g/m^2、环节动物为 2.96 g/m^2、节肢动物为 0.63 g/m^2。2015 年春季海州湾大型底栖动物生物密度及其生物量概况见图 2-14，全年具体生物密度及其占比见表 2-12。

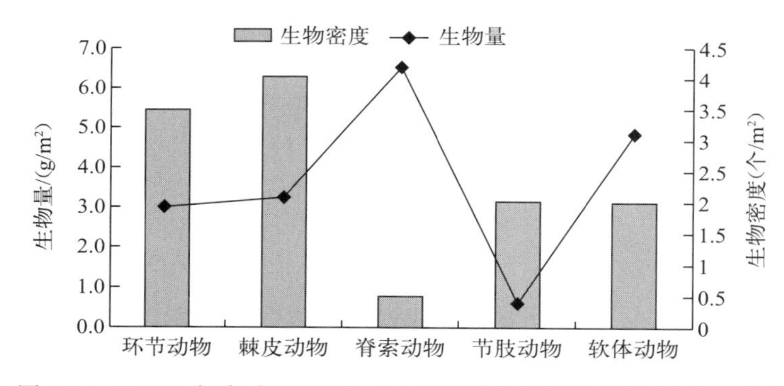

图 2-14 2015 年春季海州湾大型底栖动物生物密度及其生物量概况

2015 年海州湾夏季大型底栖动物的平均生物密度为 9.5 个/m^2。棘皮动物的平均生物密度最高，为 4.0 个/m^2；其次是环节动物为 2.0 个/m^2、节肢动物为 1.5 个/m^2、软体动物为 1.0 个/m²、腔肠动物和星虫动物均为 0.5 个/m²。2015 年海州湾夏季大型底栖动物的平均生物量为 8.53 g/m²。棘皮动物的生物量最高，为 5.25 g/m²；其次是软体动物为 1.83 g/m²、环节动物为0.76 g/m²、节肢动物为 0.43 g/m²、星虫动物为 0.23 g/m²、腔肠动物为 0.03 g/m²。2015 年夏季海州湾大型底栖动物生物密度及其生物量概况见图 2-15，具体生物密度及其占比见表 2-12。

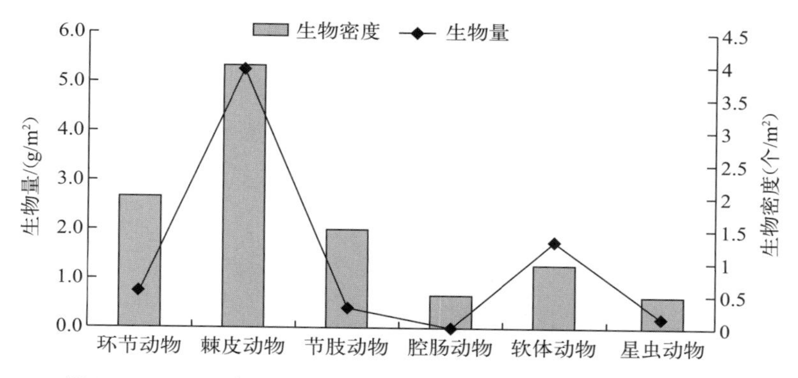

图 2-15　2015 年夏季海州湾大型底栖动物生物密度及其生物量

2015 年海州湾秋季大型底栖动物的平均生物密度为 16.0 个/m²。棘皮动物的平均生物密度最高，为 10.0 个/m²；其次是节肢动物为 3.0 个/m²，脊索动物为 1.0 个/m²，软体动物、环节动物、纽形动物和星虫动物均为 0.5 个/m²。2015 年海州湾秋季大型底栖动物的平均生物量为 18.53 g/m²。棘皮动物的生物量最高，为 14.55 g/m²；其次是脊索动物为 1.95 g/m²、纽形动物为 0.85 g/m²、节肢动物为 0.64 g/m²、星虫动物为 0.29 g/m²、软体动物为 0.24 g/m²、环节动物为 0.01 g/m²。2015 年秋季海州湾大型底栖动物生物密度及其生物量概况见图 2-16，具体生物密度及其占比见表 2-12。

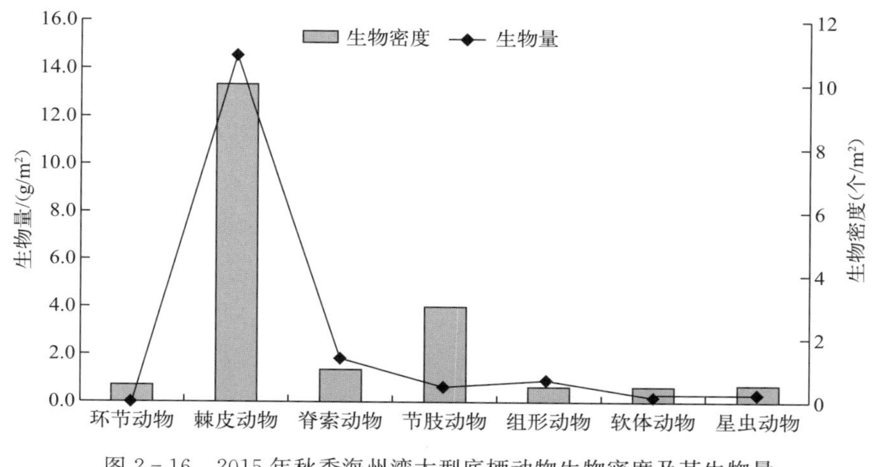

图 2-16　2015 年秋季海州湾大型底栖动物生物密度及其生物量

2015 年海州湾大型底栖动物生物密度呈现一定的空间变化，近岸海域和远岸海域的生物密度具有差异显著性（$P<0.05$），近岸海域小于远岸海域；北部海域和南部海域具有差

异显著性（$P<0.05$），北部海域高于南部海域。大型底栖动物生物量的变化趋势与生物密度类似，该现象可能与近岸海域受人为扰动较频繁、陆源排污、南北底质特点、沉积环境等因素有关（王文海等，1993）。对比近4年该海域大型底栖动物的调查结果发现，生物密度和生物量均呈现一定的波动性，生物密度为5.0～13.0个/m^2、生物量为5.31～23.63 g/m^2。

表2-12　2015年海州湾大型底栖动物生物密度及其占比

生物密度	冬季		春季		夏季		秋季		全年	
	A	A%	A	A%	A	A%	A	A%	A	A%
环节动物	5.5	37.93	3.5	29.17	2.0	21.05	0.5	3.13	2.9	22.12
棘皮动物	3.0	20.69	4.0	33.33	4.0	42.11	10.0	62.50	5.3	40.38
脊索动物	1.0	6.90	0.5	4.17	1.5	15.79	1.0	6.25	1.0	7.69
节肢动物	1.5	10.34	2.0	16.67	0.5	5.26	3.0	18.75	1.8	13.46
腔肠动物	2.0	13.79	2.0	16.67	1.0	10.53	0.0	0.00	1.3	9.62
软体动物	1.5	10.34	0.0	0.00	0.5	5.26	0.5	3.13	0.6	4.81
纽形动物	0.0	0.00	0.0	0.00	0.0	0.00	0.5	3.13	0.1	0.96
星虫动物	0.0	0.00	0.0	0.00	0.0	0.00	0.5	3.13	0.1	0.96
合计	14.5	100.00	12.0	100.00	9.5	100.00	16.0	100.00	13.0	100.00

注：A指生物密度。

（三）优势种

大型底栖生物优势种有3种，均属棘皮动物门，分别为马氏刺蛇尾（*Ophiothrix marenzelleri*）、浅水萨氏真蛇尾（*Ophiura sarsii*）和棘刺锚参（*Protankyra bidentata*）。各个季度优势种和数量有较大变化。对比相关海域的优势种发现（曲方圆等，2009），北黄海2007年仅有浅水萨氏真蛇尾优势种，其他优势种替换明显。说明海州湾具有独特的海域特征和自身特有的群落特性。

冬季大型底栖动物优势种为海葵（Anemonia）、马氏刺蛇尾、菲律宾蛤仔（*Ruditapes philippinarum*）、背蚓虫（*Notomastus latericeus*）和扁玉螺（*Glossaulax didyma*）。其中，海葵出现频率最高，为30.00%；其次为马氏刺蛇尾和背蚓虫，出现频率均为20.00%。菲律宾蛤仔和扁玉螺出现频率均为10.00%。

春季大型底栖动物优势种有浅水萨氏真蛇尾、拉氏狼牙鰕虎鱼（*Odontamblyopus lacepedii*）、多鳃齿吻沙蚕（*Nephtys polybranchia*）、蓝无壳侧鳃（*Pleurbranchaea novaezealandiae*）、福氏乳玉螺（*Polynices fortunei*）、琥珀刺沙蚕（*Neanthes succinea*）和海星（Asteroidea）。其中，浅水萨氏真蛇尾出现频率最高，为30.00%；其次是多鳃齿吻沙蚕，为20.00%；拉氏狼牙鰕虎鱼、蓝无壳侧鳃、福氏玉螺、琥珀刺沙蚕和海星的出现频率均为10.00%。

夏季大型底栖动物优势种有马氏刺蛇尾（*Ophiothrix marenzelleri*）、伶鼬榧螺（*Oliva mustelina*）、海星（Asteroidea）和角吻沙蚕（*Goniadidae* sp.）。其中，马氏刺蛇尾出现频率

最高，为30.00%；其次为海星，20.00%；伶鼬榧螺和角吻沙蚕的出现频率均为10.00%。

秋季大型底栖动物优势种有浅水萨氏真蛇尾、棘刺锚参和小头栉孔鰕虎鱼（*Ctenotrypauchen microcephalus*）。其中，蛇尾出现频率为20.00%，棘刺锚参、马氏刺蛇尾和小头栉孔鰕虎鱼的出现频率均为10.00%。

对比历史资料发现（江苏省海岸带和海涂资源综合调查报告，1986），20世纪80年代江苏近海采集的优势种有15种之多，包括软体动物、头足类、甲壳动物、环节动物等，优势种比较丰富，且有毛蚶、葛氏长臂虾、哈氏仿对虾、脊尾白虾、鹰爪糙对虾、三疣梭子蟹、日本蟳等经济种。2015年海州湾调查的大型底栖优势种以棘皮动物和环节动物为主，优势种种类变化明显，但仍以低盐暖水性种类为主（表2-13）。

表2-13　海州湾大型底栖动物优势种

类别	中文名	学名	优势度Y值				
			冬季	春季	夏季	秋季	周年
腔肠动物	海葵	Anemonia	0.078				
棘皮动物	马氏刺蛇尾	*Ophiothrix marenzelleri*	0.076		0.244		0.051
软体动物	菲律宾蛤仔	*Ruditapes philippinarum*	0.054				
环节动物	背蚓虫	*Notomastus latericeus*	0.039				
软体动物	扁玉螺	*Glossaulax didyma*	0.011				
棘皮动物	浅水萨氏真蛇尾	*Ophiura sarsii*		0.085		0.065	0.022
脊索动物	拉氏狼牙鰕虎鱼	*Odontamblyopus lacepedii*		0.040			
环节动物	多鳃齿吻沙蚕	*Nephtys polybranchia*		0.022			
软体动物	蓝无壳侧鳃	*Pleurbranchaea novaezealandiae*		0.018			
软体动物	福氏乳玉螺	*Polynices fortunei*		0.012			
环节动物	琥珀刺沙蚕	*Neanthes succinea*		0.011			
棘皮动物	海星	Asteroidea		0.010	0.027		
软体动物	伶鼬榧螺	*Oliva mustelina*			0.032		
环节动物	角吻沙蚕	*Goniadidae* sp.			0.012		
棘皮动物	棘刺锚参	*Protankyra bidentata*				0.063	0.012
脊索动物	小头栉孔鰕虎鱼	*Ctenotrypauchen microcephalus*				0.010	

（四）生物多样性

各季节丰富度指数（D）平均值为0.42～0.77。冬季丰富度指数（D）最高，为0.77；其次为春季，丰富度指数（D）为0.66；夏季和秋季的丰富度指数（D）差异不大，分别为0.51和0.42。各季节均匀度指数（J'）平均值为0.45～0.59。冬季和春季的均匀度指数（J'）均为0.59；其次为夏季，均匀度指数（J'）为0.48；秋季的均匀度指数（J'）为0.45。各季Shannon-Wiener多样性指数（H'）平均值为0.60～0.83；春季的Shannon-Wiener多样性指数（H'）最高，为0.83；其次为冬季，Shannon-Wiener多样性指数（H'）为0.73；夏季和秋季的Shannon-Wiener多样性指数（H'）差异不大，分别为0.63和0.60（表2-14）。

表 2-14 大型底栖动物的生物多样性

生物多样性		冬季	春季	夏季	秋季
H'	平均	0.73	0.83	0.63	0.60
	范围	0～2.37	0～2.32	0～1.92	0～1.92
J'	平均	0.59	0.59	0.48	0.45
	范围	0～1.00	0～1.00	0～1.00	0～1.00
D	平均	0.77	0.66	0.51	0.42
	范围	0～2.00	0～1.72	0～1.29	0～1.29

2015 年海州湾大型底栖动物多样性呈现一定的空间变化，近岸海域低于远岸海域、北部海域高于南部海域，该变化趋势与生物密度和生物量的变化趋势一致。大型底栖动物多样性指数季节差异不显著（$P>0.05$）。与江苏近海历史对比（江苏省海岸带和海涂资源综合调查报告，1986；江苏省海岛资源综合调查领导小组办公室，1996），大型底栖动物多样性略有下降。

（五）次级生产力

次级生产力是动物和异养微生物通过生长和繁殖而增加的生物量或储存的能量（Holme，1971；Castro 等，2007）。海洋大型底栖动物作为海洋生态系统中次级生产力的重要贡献者，在海洋生态学研究中的地位日益凸显。次级生产力是量化研究底栖动物的重要因子，对研究底栖动物在海洋生态系统食物链的地位，以及海洋的能力流动物质交换有重要意义（李新正等，2010；周进等，2008）。

2014—2015 年海州湾大型底栖动物年平均密度为 13.00 个/m^2，年平均生物量（去灰干重生物量，下同）为 2.37 g/m^2（ash free dry mass，AFDM），年平均次级生产力为每年 1.50 g/m^2（AFDM），P/B 值为 0.63。年平均次级生产力范围为每年 0.15～5.25 g/m^2（AFDM），P/B 值范围为 0.48～1.00（表 2-15）。

表 2-15 大型底栖动物年平均次级生产力和 P/B 值

监测站位	平均丰度（个/m^2）	平均生物量（g/m^2）（AFDM）	年平均次级生产力［g/(m^2·a)］（AFDM）	P/B
S1	8.75	4.41	2.14	0.48
S2	23.75	3.48	2.35	0.68
S3	6.25	0.44	0.36	0.82
S4	8.75	1.36	0.90	0.66
S5	21.25	0.71	0.70	1.00
S6	22.50	1.68	1.35	0.80
S7	3.75	0.60	0.39	0.65
S8	23.75	10.37	5.25	0.51
S9	2.50	0.19	0.15	0.79
S10	8.75	0.47	0.41	0.87
平均	13.00	2.37	1.50	0.63

2015年海州湾大型底栖动物平均密度最高在秋季，为16.00个/m²；最低在夏季，为9.50个/m²。平均生物量最高在秋季，为3.33 g/m²（AFDM）；最低在冬季，为1.36 g/m²（AFDM）。年平均次级生产力最高在秋季，为每年2.04 g/m²（AFDM）；最低在夏季，为每年1.00 g/m²（AFDM）。*P/B*值最高在冬季，为0.76；最低在春季，为0.57（表2-16）。

表2-16 不同季度大型底栖动物平均密度、平均生物量、平均次级生产力和*P/B*值

季度	平均密度（个/m²）	平均生物量（g/m²）（AFDM）	平均次级生产力[g/(m²·a)]（AFDM）	*P/B*
冬	14.50	1.36	1.03	0.76
春	12.00	3.25	1.85	0.57
夏	9.50	1.53	1.00	0.65
秋	16.00	3.33	2.04	0.61
平均	13.00	2.37	1.50	0.63

2015年海州湾大型底栖动物平均次级生产力和*P/B*值呈现一定的空间分布，近岸低于远岸，与苏北浅滩大型底栖动物的空间变化一致（范士亮等，2010）。温度、盐度、水深、溶氧、底质类型、水动力、食物网等环境因子是影响次级生产力的主要因素（龚志军等，2001）。海州湾是一个典型的开放型海湾（王颖，2014），近岸区域受陆源入海口的影响，污染物含量较高，盐度较远岸偏低，海洋沉积速率大于远岸，底质环境变化也较远岸频繁，某种程度上会限制某些大型底栖动物的栖息和索饵，而对栖息场所要求较低、对底质环境变化不敏感的底栖动物（如某些多毛类）才可在近岸长期定居。因此，近岸的大型底栖动物生物量较小，次级生产力也相对远岸低（吕小梅等，2008）。同时，海州湾区域底质分布规律是西南海域物质最细，东部及东北部较粗。南部大多为细粒物质沉积区，吸附能力强，污染物含量较高；北部底质较粗，污染物含量也相对较低（王文海等，1993；王颖，2014），且其距离岸滩较远，沉积环境相对稳定，较西南区域更适合大型底栖动物栖息，因此东北部区域大型底栖动物次级生产力高于西南近岸区域。

2015年海州湾大型底栖动物次级生产力的季节变化为秋季最高，春季其次，夏、冬两季较低；*P/B*值的季节变化顺序为：冬季>夏季>秋季>春季。秋、春季次级生产力高于夏、冬季。秋季采集的小头栉孔鰕虎鱼（*Ctenotrypauchen microcephalus*）、棘刺锚参（*Protankyra bidentata*）等，以及春季采集的拉氏狼牙鰕虎鱼（*Odontamblyopus lacepedii*）、蓝无壳侧鳃（*Pleurbranchaea novaezealandiae*）等，个体生物量均较大、丰度低，且仅在当季出现；冬季采集到背蚓虫（*Notomastus latericeus*）等多毛类，丰度较高，生物量小；夏季采集到的物种丰度都较低，如多毛类的欧文虫（*Owenia fusformis*）、梳鳃虫（*Terebellides stroemii*）、小健足虫（*Micropodaeke dubia*）、甲壳类里的绒毛细足蟹

(*Raphidopus ciliatus*)、四齿矶蟹（*Pugettia quadridens*）、沟纹拟盲蟹（*Typhlocarcinops canaliculata*）等，其个体都较小，且夏季 2 个站（S7、S9）未采集到样品。该站靠近灌河口近岸，受人为扰动的频率较高，对该区域大个体底栖动物的长期栖息有一定影响，因此夏季底栖动物的丰度和次级生产力都最低。1980—1983 年海州湾调查所得底栖动物生物量（张长宽，2013），以阿氏拖网（网口宽度 0.4 m×0.5 m，沿岸水域 0～5 m 平均拖速 2.04 km/h，近海水域 5～30 m 平均拖速 1.85 km/h）样品为计算依据，沿岸水域年平均生物量为 0.60 g/m^2（湿重生物量为 3.34 g/m^2）。生物量季节变化：夏季＞秋季＞春季＞冬季；丰度季节变化：冬季＞夏季＞春季＞秋季。该结果可能是采样手段、研究海域、调查时间的不同所致。再者，径流的季节变化对区域内污染物含量季节变化也有明显影响，从而影响次级生产力的分布。

第三节　渔业资源

一、鱼卵和仔稚鱼

影响海洋渔业资源变动的主要因素不仅要取决于捕捞强度和环境变化等这些外在条件，而且还取决于鱼类世代的强弱，而鱼类早期生活史（early life history of fishes，ELHF）阶段的补充状况是影响其世代强弱的关键因素。鱼类早期生活史阶段包含鱼卵、仔鱼和稚鱼 3 个发育时期，作为鱼类整个生活史中的一个重要的环节，早期生活史阶段存活率的高低直接关系世代强弱及年际补充量的大小。鱼类早期生活史阶段受到海洋生物过程、物理过程和化学过程等因素的综合影响（殷名称，1991）。在海洋生态系统中，鱼卵、仔稚鱼既是主要的被捕食者，仔稚鱼又是次级生产力的重要消费者。对鱼卵和仔稚鱼的生态调查是进行渔业资源评估、水域生态保护规划等研究的基础，对把握渔业资源变动状况具有十分重要的意义（詹秉义，1995）。

海州湾渔场为我国黄海中部传统渔场之一，同时也是小黄鱼、带鱼、真鲷、马面鲀等经济鱼类的产卵场之一。长期以来，由于受到海洋环境污染、过渡捕捞及气候变化的影响，海州湾渔业资源明显衰退，生物群落及资源结构发生变化，进而影响了鱼卵、仔稚鱼的组成（李增光，2013）。

2015 年 3 月、5 月、8 月和 10 月在海州湾及邻近水域进行了鱼类浮游生物样品采集。本节根据 2015 年调查数据，并结合历史资料，分析了海州湾鱼卵、仔稚鱼的种类组成，以及优势种、群落物种多样性、数量分布、季节变化、年际变化情况。

（一）种类组成

根据1981年3月至1982年2月的调查，海州湾海域浮性鱼卵及仔稚鱼种类较多，主要种类有日本鳀、鳓、银鲳等（任美锷，1986）。

1990年11月至1991年8月在江苏北部海域（海州湾）开展的四季度调查共网获鱼卵、仔稚鱼13种，主要种类有日本鳀、斑鰶和真鲷等（江苏省海岛资源综合调查领导小组办公室，1996）。

2011年5个航次（3月、5月、7月、9月和12月）在海州湾开展的产卵场调查，共采集到鱼卵37种，隶属于16科，以鲈形目的鱼卵为主；仔稚鱼12种，隶属于9科，以鲱形目的仔稚鱼为主（李增光，2013）。

2013年4—7月在海州湾进行了水平网调查，海州湾及其邻近海域共有鱼卵29种，隶属于8目15科21属，主要有鰤属（*Callionymus* spp.）、斑鰶（*Konosirus punctatus*）、赤鼻棱鳀（*Thryssa kammalensis*）、鲱科（Clupeidae sp.）、康氏侧带小公鱼（*Stolephorus commersonnii*）、蓝点马鲛（*Scomberomorus niphonius*）、皮氏叫姑鱼（*Johnius belengerii*）、日本鳀（*Engraulis japonicus*）等；仔稚鱼38种，隶属于9目18科24属，主要有赤鼻棱鳀、大银鱼（*Protosalanx chinensis*）、蓝点马鲛、皮氏叫姑鱼、日本鳀、鲮（*Liza haematocheilus*）、小黄鱼（*Larimichthys polyactis*）、鲬（*Platycephalus indicus*）等（胡海生，2015；刘鸿，2016）。

2013年4—7月在海州湾开展的垂直网调查中，共采集鱼卵21种（未定种3种），隶属于9科15属，主要种类有日本鳀、赤鼻棱鳀、康氏侧带小公鱼、皮氏叫姑鱼和鰤属；仔稚鱼22种（未定种1种），隶属于13科17属，主要种类有大银鱼、白姑鱼（*Argyrosomus argentatus*）、日本鳀、赤鼻棱鳀和皮氏叫姑鱼（刘鸿等，2016）。

2014年8月、10月和2015年3月、5月在连云港港徐圩港区开展的4个航次鱼卵、仔稚鱼调查中，共采集到鱼卵13种（未定种1种），隶属于8科12种，主要种类有鲱科、斑鰶、狗母鱼科、舌鳎属等；仔稚鱼24种，隶属于17科23种，主要种类有侧带小公鱼属、尖海龙、鰕虎鱼科、鳀科等。

2015年冬季（3月）、春季（5月）、夏季（8月）、秋季（10月）在海州湾开展了4个航次鱼卵、仔稚鱼调查，共采集到鱼卵22种，隶属于6目14科20属（见附录四）。其中，1种鉴定到属，主要种类有蓝点马鲛、日本鳀、赤鼻棱鳀、鰤属、棘头梅童鱼（*Collichthys lucidus*）、焦氏舌鳎（*Cynoglossus joyneri*）等；仔稚鱼17种，隶属于5目9科14属（见附录五），主要种类有蓝点马鲛、康氏侧带小公鱼等。采集到的鱼卵中鲈形目种类最多，共出现9种；另外，鲱形目有6种，鲽形目有4种，灯笼鱼目、鲉形目、鲻形目均为1种。采集到的仔稚鱼中鲈形目种类最多，共出现11种；另外，鲱形目有3种，刺鱼目、鲑形目、鲻形目均为1种。

2015年春季共采集到鱼卵15种。鲈形目种类最多，共出现6种；另外鲱形目有5种，鲽形目有2种，鲻形目有1种，鲉形目有1种。仔稚鱼10种，其中鲈形目有7种，鲱形目、刺鱼目、鲻形目各1种。

2015年夏季共采集到鱼卵5种。鲈形目2种，鲱形目、灯笼鱼目、鲽形目各1种。仔稚鱼5种，鲈形目、鲱形目均为2种，鲑形目1种。

2015年秋季共采集到3种，鲱形目、鲈形目、鲽形目各1种；仔稚鱼3种，鲱形目2种，鲑形目1种。

2015年冬季未采集到鱼卵；仔稚鱼3种，鲈形目2种，刺鱼目1种。

（二）数量分布及季节变化

1. 水平网鱼卵、仔稚鱼丰度

2015年海州湾海域鱼卵年平均丰度为每网28.9粒，范围为每网0～187粒；仔稚鱼年平均丰度为每网135.7尾，范围为每网0～5 215尾。

各季节丰度变化明显，鱼卵春季平均丰度为每网85粒，范围为每网0～187粒；夏季平均丰度为每网28.5粒，范围为每网3～174粒；秋季平均丰度为每网2.1粒，范围为每网0～16粒；冬季未发现鱼卵。仔稚鱼春季平均丰度为每网14.8尾，范围为每网0～120尾；夏季平均丰度为每网5.7尾，范围为每网0～44尾；秋季平均丰度为每网0.6尾，范围为每网0～4尾；冬季平均丰度为每网521.7尾，范围为每网0～5 215尾。

鱼卵空间分布方面，近岸海域年平均丰度每网28.7粒，其中春季每网104.5粒、夏季每网10粒、秋季每网0.2粒、冬季每网0；外侧海域6个站位年平均丰度每网29.1粒，其中春季每网72.0粒、夏季每网40.8粒、秋季每网3.3粒、冬季每网0。外侧海域丰度稍高于近岸海域，差别不大。北部海域年平均丰度每网30.3粒，其中春季每网106粒、夏季每网11.5粒、秋季每网3.5粒、冬季每网0；南部海域年平均丰度每网26.9粒，其中春季每网53.5粒、夏季每网54.0粒、秋季和冬季每网均为0。北部海域水平网鱼卵丰度稍高于南部海域。

仔稚鱼空间分布方面，近岸海域年平均丰度每网12.4尾，其中春季每网34.0尾、夏季每网14.0尾、秋季每网1.0尾、冬季每网0.5尾；外侧海域年平均丰度每网219.9尾，其中春季每网2.0尾、夏季每网0.2尾、秋季每网0.3尾、冬季每网869.2尾。北部海域年平均丰度每网0.5尾，其中春季每网1.2尾、夏季每网0.3尾、秋季每网0.3尾、冬季为每网0.3尾；南部海域年平均丰度每网338.4尾，其中春季每网35.3尾、夏季每网13.8尾、秋季每网1尾、冬季为每网1 303.8尾。由于冬季航次在南部外侧海域采集到大量锦鳚科仔鱼，因此外侧海域水平网仔稚鱼的丰度远高于近岸海域，南部海域远高于北部海域。

鱼卵、仔稚鱼的分布具有复杂而特征显著的时空分布（李增光，2013），其分布不仅受种类本身特性的支配，而且也受环境因子的控制，其中主要与温度、盐度及海流有密切关系（郑元甲等，2013）。水温是影响鱼卵、仔稚鱼分布的重要环境因子之一，适宜的水温能为亲鱼创造良好的产卵环境，通过影响其性腺发育和成熟及生殖洄游等，进而影响鱼卵、仔稚鱼的空间分布。

2015年海州湾海域水平网鱼卵、仔稚鱼数量丰度季节和空间分布分别见表2－17。

表2－17　2015年海州湾海域水平网鱼卵、仔鱼丰度季节和空间分布

空间分布	鱼卵（每网粒）				仔稚鱼（每网尾）			
	春季	夏季	秋季	冬季	春季	夏季	秋季	冬季
北部	106.0	11.5	3.5	0.0	1.2	0.3	0.3	0.3
南部	53.5	54.0	0.0	0.0	35.3	13.8	1.0	1 303.8
近岸	104.5	10.0	0.3	0.0	34.0	14.0	1.0	0.5
外侧	72.0	40.8	3.3	0.0	2.0	0.2	0.3	869.2
季节平均	85.0	28.5	2.1	0.0	14.8	5.7	0.6	521.7

2. 垂直网鱼卵、仔稚鱼密度

2013年海州湾海域垂直网鱼卵和仔稚鱼最大平均密度均出现在5月下旬，分别为13.94个/m^3和1.41个/m^3；最小密度均出现在4月上旬，分别为0.50个/m^3和0.11个/m^3（刘鸿，2016）。

2014—2015年，连云港港徐圩港区垂直网鱼卵密度春季为0.99个/m^3、夏季为0.21个/m^3、秋季为0.01个/m^3、冬季为0；仔稚鱼密度春季为0.28个/m^3、夏季和秋季均为0.07个/m^3、冬季为0.05个/m^3。

2015年海州湾海域鱼卵年平均密度0.08个/m^3，范围为0～1.08个/m^3；仔稚鱼年平均密度0.22个/m^3，范围为0～1.85个/m^3。

各季节密度变化明显。鱼卵春季为0～0.35个/m^3（平均密度0.08个/m^3），夏季为0～1.08个/m^3（平均密度0.21个/m^3），秋季为0～0.17个/m^3（平均密度0.02个/m^3），冬季为0。仔稚鱼年平均密度为0.22个/m^3，范围为0～1.85个/m^3。其中，春季为0～1.85个/m^3（平均密度0.29个/m^3），夏季为0～1.55个/m^3（平均密度0.32个/m^3），秋季为0～0.36个/m^3（平均密度0.04个/m^3），冬季为0～1.30个/m^3（平均密度0.22个/m^3）。

鱼卵空间分布方面，近岸海域年平均密度为0.07个/m^3，其中春季为0.09个/m^3、夏季为0.17个/m^3、秋季和冬季均为0；外侧海域年平均密度为0.09个/m^3，其中春季为0.08个/m^3、夏季为0.24个/m^3、秋季为0.03个/m^3、冬季为0。总体来看，外侧海域垂直网鱼卵密度稍高于近岸海域。北部海域年平均密度为0.05个/m^3，其中春季为

0.10 个/m^3、夏季为 0.06 个/m^3、秋季为 0.03 个/m^3、冬季为 0；南部海域年平均密度为 0.13 个/m^3，其中春季为 0.06 个/m^3、夏季为 0.44 个/m^3、秋冬两季均为 0。南部海域外侧海域垂直网鱼卵密度稍高于北部海域。

仔稚鱼空间分布方面，近岸海域年平均密度为 0.31 个/m^3，其中春季为 0.55 个/m^3、夏季为 0.39 个/m^3、秋季为 0.09 个/m^3、冬季为 0.22 个/m^3；外侧海域年平均密度为 0.15 个/m^3，其中春季为 0.12 个/m^3、夏季为 0.28 个/m^3、秋季为 0、冬季为 0.22 个/m^3。总体来看，近岸海域垂直网仔稚鱼密度稍高于外侧海域。北部海域年平均密度为 0.20 个/m^3，其中春季为 0.43 个/m^3、夏季为 0.30 个/m^3、秋季为 0、冬季为 0.06 个/m^3；南部海域年平均密度为 0.25 个/m^3，其中春季为 0.08 个/m^3、夏季为 0.36 个/m^3、秋季为 0.09 个/m^3、冬季为 0.46 个/m^3。南部海域垂直网仔稚鱼密度稍高于北部海域。

2015 年海州湾海域垂直网鱼卵、仔稚鱼密度空间和季节分布分别见表 2－18。

表 2－18　2015 年海州湾海域垂直网鱼卵、仔稚鱼密度空间和季节分布

空间分布	鱼卵（个/m^3）				仔稚鱼（个/m^3）			
	春季	夏季	秋季	冬季	春季	夏季	秋季	冬季
北部	0.10	0.06	0.03	0.00	0.43	0.30	0.00	0.06
南部	0.06	0.44	0.00	0.00	0.08	0.36	0.09	0.46
近岸	0.09	0.17	0.00	0.00	0.55	0.39	0.09	0.22
外侧	0.08	0.24	0.03	0.00	0.12	0.28	0.00	0.22
季节年均	0.08	0.21	0.02	0.00	0.29	0.32	0.04	0.22

（三）优势种

2013 年海州湾海域鱼卵优势种为鳚属、斑鰶、赤鼻棱鳀、鲱科、康氏侧带小公鱼、蓝点马鲛、皮氏叫姑鱼、日本鳀、鰕虎鱼科及鲬，仔稚鱼优势种为赤鼻棱鳀、大银鱼、蓝点马鲛、皮氏叫姑鱼、日本鳀、鮻、小黄鱼、鲬及云纹锦鳚（刘鸿，2016）。

2014—2015 年连云港港徐圩港区海域鱼卵优势种为舌鳎属、狗母鱼科、鲱科、斑鰶和棱鮻，仔稚鱼优势种为侧带小公鱼属、尖海龙、鮻、鰕虎鱼科和鳀科。

2015 年海州湾海域水平网调查中的鱼卵优势种，春季为蓝点马鲛、赤鼻棱鳀、鳚属、日本鳀和小黄鱼，夏季为焦氏舌鳎、多鳞鱚、长蛇鲻和小带鱼，秋季为中国花鲈，且各季节无重叠优势种（表 2－19）。仔稚鱼优势种，春季为蓝点马鲛，夏季为康氏侧带小公鱼和凤鲚，秋季为康氏侧带小公鱼和日本鳀，冬季为锦鳚科（表 2－20）。

表 2-19　2015 年海州湾海域水平网鱼卵优势种

季节	种名	出现次数	出现频率（%）	密度（粒/网）	密度比（%）	优势度（Y）
春	蓝点马鲛	7	70.00	17.2	20.24	0.14
春	赤鼻棱鳀	4	40.00	18.2	21.41	0.09
春	鲔属（未鉴定到种）	4	40.00	15.2	17.88	0.07
春	日本鳀	3	30.00	12.9	15.18	0.05
春	小黄鱼	5	50.00	6.2	7.29	0.04
夏	焦氏舌鳎	6	60.00	18.4	64.56	0.39
夏	多鳞鱚	7	70.00	4.9	17.19	0.12
夏	长蛇鲻	5	50.00	3.2	11.23	0.06
夏	小带鱼	6	60.00	1.9	6.67	0.04
秋	中国花鲈	3	30.00	1.9	90.48	0.27

表 2-20　2015 年海州湾海域水平网仔稚鱼优势种

季节	种名	出现次数	出现频率（%）	丰度（尾/网）	丰度比（%）	优势度（Y）
春	蓝点马鲛	2	20.00	12.1	81.76	0.16
夏	康氏侧带小公鱼	4	40.00	3.4	59.65	0.24
夏	凤鲚	2	20.00	1.5	26.32	0.05
秋	康氏侧带小公鱼	1	10.00	0.4	66.67	0.07
秋	日本鳀	1	10.00	0.2	33.33	0.03
冬	锦鳚科（未鉴定到种）	1	10.00	475.6	91.16	0.09

2015 年海州湾海域垂直网调查中的鱼卵优势种，春季为赤鼻棱鳀、棘头梅童鱼和日本鳀，夏季为焦氏舌鳎、多鳞鱚，秋季为中国花鲈（表 2-21）。仔稚鱼优势种，春季为皮氏叫姑鱼、鲛和鰕虎鱼科，夏季为棘头梅童鱼和普氏缰鰕虎鱼，秋季为大银鱼，冬季为锦鳚科（表 2-22）。

表 2-21　2015 年海州湾海域垂直网鱼卵优势种

季节	种名	出现次数	出现频率（%）	密度（个/m^3）	密度比（%）	优势度（Y）
春	赤鼻棱鳀	1	10.00	0.03	41.17	0.04
春	棘头梅童鱼	1	10.00	0.03	29.70	0.03
春	日本鳀	1	10.00	0.02	29.12	0.03
夏	多鳞鱚	1	10.00	0.05	25.44	0.03
夏	焦氏舌鳎	2	20.00	0.12	58.11	0.12
秋	中国花鲈	1	10.00	0.02	100.00	0.10

表 2-22　2015 年海州湾海域垂直网仔稚鱼优势种

季节	种名	出现次数	出现频率（%）	密度（个/m³）	密度比（%）	优势度（Y）
春	皮氏叫姑鱼	2	20.00	0.11	38.00	0.08
春	鲮	2	20.00	0.06	19.00	0.04
春	鰕虎鱼科（未鉴定到种）	1	10.00	0.06	21.00	0.02
夏	棘头梅童鱼	3	30.00	0.14	43.00	0.13
夏	普氏缰鰕虎鱼	1	10.00	0.16	48.00	0.05
秋	大银鱼	1	10.00	0.04	100.00	0.10
冬	锦鳚科（未鉴定到种）	1	10.00	0.22	100.00	0.10

（四）生物多样性

2015 年海州湾海域鱼卵及仔稚鱼的多样性指数分别见表 2-23 至表 2-26。从中可看出 Shannon-Wiener 多样性指数（H'）、均匀度指数（J'）和丰富度指数（D）有较明显的季节变化，春季和夏季较高，秋季和冬季偏低。这是由于春季和初夏季节为海州湾鱼类产卵的主要季节，出现的鱼卵和仔稚鱼的种类及数量较秋季和冬季多。总体来看，春季和夏季调查海域生物多样性相对较高，其他两个季节种类结构较简单，生物多样性水平较低。

表 2-23　2015 年海州湾海域水平网鱼卵生物多样性

生物多样性	春季	夏季	秋季	冬季
H'	1.34	0.96	0.09	0
J'	0.58	0.75	0.09	0
D	0.79	0.42	0.06	0

表 2-24　2015 年海州湾海域水平网仔稚鱼生物多样性

生物多样性	春季	夏季	秋季	冬季
H'	0.48	0.29	0	0.04
J'	0.28	0.16	0	0.03
D	0.39	0.28	0	0.02

表 2-25　2015 年海州湾海域垂直网鱼卵生物多样性

生物多样性	春季	夏季	秋季	冬季
H'	0	0.10	0	0
J'	0	0.10	0	0
D	0	0	0	0

表 2-26　2015 年海州湾海域垂直网仔稚鱼生物多样性

生物多样性	春季	夏季	秋季	冬季
H'	0.28	0.08	0	0
J'	0.19	0.08	0	0
D	0.24	0.15	0	0

二、渔业资源

近年来，由于受到过度捕捞、海洋环境污染、海洋工程等人类活动、气候变化等诸多因素的影响，海州湾的生态环境、游泳动物组成及结构都发生了较大的变化。

2014—2015 年（2014 年 2 月、8 月、10 月和 2015 年 5 月），在海州湾南部及其邻近海域进行了四季 4 个航次的渔业资源底拖网调查。调查船为 30 kW 的单拖渔船，调查网具网口高 1.6 m、网口宽 12 m、囊网网目 20 mm。全部渔获物带回实验室分析处理，渔业生物学具体测定参照《海洋调查规范 第 6 部分：海洋生物调查》(GB/T 12763.6—2007)。在渔业资源类群分析过程中，为了简化处理，本节中将口虾蛄（*Oratosquilla oratoria*）归为虾类。本书中虾类包括十足目和口足目的口虾蛄，未将口虾蛄单独列为其他类群。本节根据 2015 年调查数据，并结合历史资料，分析了海州湾渔业资源的种类组成、优势种、群落物种多样性、数量分布、季节变化及年际变化情况。

（一）种类组成

根据 2011—2012 年在海州湾海域张网作业的渔业生物资源调查，海州湾共有游泳动物种类 101 种，其中鱼类 63 种、虾类 19 种、蟹类 14 种、头足类 5 种（唐衍力等，2014）。2013—2015 年在海州湾海域张网作业的渔业生物资源调查显示，海州湾共有游泳动物种类 98 种，其中鱼类 64 种、虾类 20 种、蟹类 8 种、头足类 6 种（唐衍力等 2017）。这两项调查主要集中在海州湾北部海域即山东近岸海域，并且采用张网作业的调查方式。20 世纪 90 年代的海岛资源调查显示，海州湾共有游泳生物 108 种，其中鱼类81种、甲壳类21种、头足类6种。2014—2015年在海州湾海域进行的底拖网季度调查，共捕获游泳动物种类93种，其中鱼类63种、虾类17种、蟹类8种、头足类5种（见附录六）。本项调查主要集中在海州湾南部海域即江苏海域。从总数来看，最近几年海州湾游泳动物种类数相差不大。但是仔细分析比较，由于作业方式、调查区域的区别和互补可知，海州湾实际游泳动物总数较这3项调查都要有所增加。与海岛资源调查相比，鱼类种数的下降造成了总种数的减少，同时甲壳类种数又有少许增加，头足类种数基本保持不变。

2014—2015年海州湾南部海域游泳动物种类组成具有明显的季节变化。从种类数来看，春季和秋季的游泳动物类最多，均为60种；夏季相对较少，为55种；冬季极为稀少，仅为15种。鱼类种数在春、夏、秋3个季节的变化不大，在冬季急剧下降，秋季（40种）＞春季（35种）＝夏季（35种）＞冬季（15种）。虾类种数同样在春、夏、秋3个季节的变化不大，冬季急剧减少，春季（14种）＞夏季（13种）＝秋季（13种）＞冬季（3种）。蟹类、头足类种数的季节差异较小。蟹类种数呈现从春季至冬季依次减少的规律，春季（7种）＞夏季（5种）＞秋季（4种）＞冬季（2种）；头足类种数各季节保持平稳，春季（4种）＞秋季（3种）＝冬季（3种）＞夏季（2种）。在各季节中，均以鱼类种数最多，其次为虾类，蟹类或头足类种数最少（表2-27）。

表2-27　调查海域渔业资源种类数

类别	春季	夏季	秋季	冬季	全年
鱼类	35	35	40	15	63
虾类	14	13	13	3	17
蟹类	7	5	4	2	8
头足类	4	2	3	3	5
总计	60	55	60	23	93

（二）生物量和数量分布

2014—2015年四季海州湾渔业资源年平均重量密度为17.04 kg/h，平均数量密度为1 670尾/h；20世纪80年代四季渔业资源年平均重量密度为36.82 kg/h，平均数量密度为5 291尾/h（江苏省海岛资源综合调查领导小组办公室，1996），各季节生物量、数量分布见表2-28。总量及各季节同比，除冬季外，其余各季节生物量、数量20世纪80年代均高于2014年，表明海州湾游泳动物资源明显下降。造成冬季较低可能是由于调查时间的不同，2014年较20世纪80年代早1个月。此时水温还较高，游泳动物还有部分栖息在海州湾内（表2-28）。

表 2-28　生物量和数量季节分布

时间	重量密度指数（kg/h）				数量密度指数（尾/h）			
	春季	夏季	秋季	冬季	春季	夏季	秋季	冬季
2014—2015 年	16.59	19.43	21.31	10.84	1 199	1 344	1 855	2 283
20 世纪 80 年代	40.28	73.46	24.31	4.59	6 677	8 014	5 645	56

对比近四年海州湾海域监测结果发现，游泳动物重量密度和数量密度有一定的波动性。其中，重量密度，2014 年（81.07 kg/h）＞2012 年（27.31 kg/h）＞2015 年（17.04 kg/h）＞2013 年（16.80 kg/h）；数量密度，2014 年（6 881 尾/h）＞2015 年（1 670 尾/h）＞2012 年（1 473 尾/h）＞2013 年（1 423 尾/h）。

2014—2015 年海州湾渔业资源各类群内的重量密度和数量密度变化趋势一致。类群间，除鱼类表现为从春季至夏季上升、夏季至秋季下降、秋季至冬季上升往复的变化趋势外，虾类、蟹类和头足类均呈现春季至秋季的持续上升、秋季至冬季转而下降的趋势（表 2-29）。

表 2-29　调查海域各类群重量、数量密度指数

类群	重量密度指数（kg/h）				数量密度指数（尾/h）			
	春季	夏季	秋季	冬季	春季	夏季	秋季	冬季
鱼类	14.35	15.41	6.89	10.57	948	1 052	675	2 211
虾类	1.34	1.52	8.82	0.06	203	207	961	17
蟹类	0.60	1.98	4.10	0.14	10	25	96	54
头足类	0.29	0.52	1.49	0.078	38	60	123	2

（三）现存相对资源密度和资源量

2014—2015 年各季节平均资源量，夏季（1 073.47 kg/km^2）＞秋季（672.74 kg/km^2）＞春季（602.68 kg/km^2）＞冬季（340.58 kg/km^2）；各季节平均资源密度，冬季（72 991 尾/km^2）＞夏季（69 917 尾/km^2）＞秋季（62 495 尾/km^2）＞春季（46 201 尾/km^2）。对比近四年该海域监测结果，游泳动物资源量和资源密度也有一定的波动性。资源量方面，2013 年（2 440.05 kg/km^2）＞2011 年（698.10 kg/km^2）＞2014 年（672.37 kg/km^2）＞2012 年（440.38 kg/km^2）；与资源量变化趋势相对应，资源密度方面，2013 年（211 065 尾/km^2）＞2014 年（62 901 尾/km^2）＞2011 年（40 198 尾/km^2）＞2012 年（36 591 尾/km^2）。

2014—2015 年鱼类资源量，春季为 542.09 kg/km^2、夏季为 914.80 kg/km^2、秋季鱼类为 275.43 kg/km^2、冬季为 333.75 kg/km^2。鱼类资源密度，春季为 39 344 尾/km^2、夏季为

58 196 尾/km²、秋季为 28 934 尾/km²、冬季为 71 154 尾/km²。

2014—2015 年虾类资源量，春季为 37.25 kg/km²、夏季为 59.95 kg/km²、秋季为 265.70 kg/km²、冬季为 1.47 kg/km²。秋季资源量最高，夏季次之，冬季最低。2009 年虾类资源量春季最高，冬季次之，夏季最低，资源量分别为 91.16 kg/km²、35.84 kg/km²、8.27 kg/km²（赵蒙蒙等，2012）。2014—2015 年虾类资源密度，春季为 5 546 尾/km²、夏季为 8 178 尾/km²、秋季为 28 337 尾/km²、冬季为 444 尾/km²。各季节资源密度变化趋势与资源量保持一致。2009 年虾类资源密度，春季为 100 450 尾/km²、夏季为 6 540 尾/km²、冬季为 28 240 尾/km²（赵蒙蒙和徐兆礼，2012）。相同季节资源量、资源密度都相差较大，主要是因为 2009 年虾类只考虑了十足目，并未将口虾蛄归为虾类。

2014—2015 年蟹类资源量，春季为 15.29 kg/km²、夏季为 76.87 kg/km²、秋季为 88.02 kg/km²、冬季为 3.47 kg/km²。秋季资源量最高，夏季次之，冬季最低，变化趋势和虾类一致。2009 年蟹类资源量，春季为 36.15 kg/km²、秋季为 53.85 kg/km²、冬季为 44.91 kg/km²（金施等，2013）。除去未调查的夏季，与 2014—2015 年相比，2009 年仅有秋季资源量较高，其他季节均低。2014—2015 年调查显示蟹类资源密度，春季为 277 尾/km²、夏季为 971 尾/km²、秋季为 1 520 尾/km²、冬季为 1 344 尾/km²。2009 年蟹类资源密度，春季为 6 300 尾/km²、秋季为 3 130 尾/km²、冬季为 3 588 尾/km²（无夏季资料；金施等，2013）。2014—2015 年各季节资源密度同比远低于 2009 年水平。

2014—2015 年头足类资源量，春季为 8.05 kg/km²、夏季为 21.86 kg/km²、秋季为 43.62 kg/km²、冬季为 1.90 kg/km²。2014—2015 年资源密度，春季为 1 035 尾/km²、夏季为 2 572 尾/km²、秋季为 3 703 尾/km²、冬季为 49 尾/km²。

调查海域各类群渔业资源量见表 2-30。

表 2-30 调查海域各类群渔业资源量

类群	资源量（kg/km²）				资源密度（尾/km²）			
	春季	夏季	秋季	冬季	春季	夏季	秋季	冬季
鱼类	542.09	914.80	275.43	333.75	39 344	58 196	28 934	71 154
虾类	37.25	59.95	265.70	1.47	5 546	8 178	28 337	444
蟹类	15.29	76.87	88.02	3.47	277	971	1 520	1 344
头足类	8.05	21.86	43.62	1.90	1 035	2 572	3 703	49

（四）生物多样性

2014—2015 年海州湾南部海域渔业生物群落全年 Shannon-Wiener 多样性指数为 2.04，均匀度指数为 0.54，Margalef 物种丰富度指数为 1.22。物种多样性指数、均匀度指数和丰富度指数变化趋势一致，均为春季到夏季呈增高趋势，夏季至秋季、秋季至冬季均有所下降，且冬季各指数均低于全年平均。渔业生物群落各项指标见表 2－31。

表 2－31　渔业生物群落各项指标

生物多样性		春季	夏季	秋季	冬季
H'	平均	1.85	2.57	2.40	1.33
	范围	0.90～2.97	1.44～3.20	1.38～3.34	0.13～2.02
J'	平均	0.45	0.65	0.61	0.44
	范围	0.27～0.80	0.38～0.89	0.38～0.82	0.07～0.71
D	平均	1.27	1.96	1.10	0.56
	范围	0.62～2.21	1.55～2.29	0.50～1.69	0.17～0.76

（五）优势种

2014—2015 年海州湾南部海域春季优势种为青鳞小沙丁鱼、赤鼻棱鳀、斑鰶、口虾蛄和鲅，占总重量的 75.77%、占总尾数的 73.00%；夏季优势种为银鲳、小黄鱼、口虾蛄、斑鰶和拉氏狼牙鰕虎鱼，占总重量的 66.98%、占总尾数的 73.45%；秋季优势种为口虾蛄，占总重量的 40.41%、占总尾数的 33.53%；冬季优势种为大银鱼和中国花鲈，占总重量的 83.48%、占总尾数的 95.32%。并未出现四季共有优势种。

海州湾各类群的优势种组成也出现明显的季节变化。2014 年海州湾南部海域春季共出现鱼类 35 种，其中优势种 4 种，分别为青鳞小沙丁鱼、赤鼻棱鳀、斑鰶和鲅，占鱼类总重量的 79.08%、占鱼类总尾数的 81.65%；夏季共出现鱼类 35 种，其中优势种 4 种，分别为银鲳、小黄鱼、斑鰶和拉氏狼牙鰕虎鱼，占鱼类总重量的 75.04%、占鱼类总尾数的 76.79%；秋季共出现鱼类 40 种，其中优势种 3 种，分别为黄鲫、小黄鱼和银鲳，占鱼类总重量的 35.00%、占鱼类总尾数的 50.63%；冬季共出现鱼类 15 种，其中优势种 2 种，分别为大银鱼和中国花鲈，占鱼类总重量的 85.63%、占鱼类总尾数的 98.45%。

2014—2015 年海州湾南部海域春季共出现虾类 14 种，其中优势种 2 种，分别为口虾蛄和戴氏赤虾，占虾类总重量的 94.38%、占虾类总尾数的 75.26%；夏季共出现虾类 13 种，其中优势种 1 种，为口虾蛄，虾类总重量的 95.42%、占虾类总尾数的 86.82%；秋季共出现虾类 13 种，其中优势种 2 种，分别为口虾蛄和鹰爪糙对虾，占虾类总重量的 97.97%、占虾类总尾数的 86.58%；冬季共出现虾类 3 种，其中优势种 2 种，分别为葛氏长臂虾和脊尾白虾，占虾类总重量的 81.82%、占虾类总尾数的 96.95%。

2014—2015 年海州湾南部海域春季共出现蟹类 7 种，其中优势种 1 种，为三疣梭子蟹，占蟹类总重量的 79.47%、占蟹类总尾数的 27.63%；夏季共出现蟹类 5 种，其中优势种 2 种，分别为三疣梭子蟹和日本蟳，占蟹类总重量的 98.59%、占蟹类总尾数的 89.32%；秋季共出现蟹类 4 种，其中优势种 2 种，分别为三疣梭子蟹和日本蟳，占蟹类总重量的 99.85%、占蟹类总尾数的 97.54%；冬季共出现蟹类 2 种，其中优势种 1 种，为狭颚绒螯蟹，占蟹类总重量的 85.64%、占蟹类总尾数的 99.20%。

2014—2015 年海州湾南部海域春季共出现头足类 4 种，其中优势种 1 种，为剑尖枪乌贼，占头足类总重量的 72.38%、占头足类总尾数的 89.14%；夏季共出现头足类 2 种，其中优势种 1 种，为剑尖枪乌贼，占头足类总重量的 99.35%、占头足类总尾数的 99.91%；秋季共出现头足类 3 种，其中优势种 2 种，分别为剑尖枪乌贼和短蛸，占头足类总重量的 68.73%、占头足类总尾数的 95.78%；冬季共出现头足类 3 种，其中优势种 1 种，为短蛸，占头足类总重量的 79.04%、占头足类总尾数的 45.61%。

第三章 海州湾生态环境及生物资源机遇与挑战

第一节　海州湾海域主要区划与规划

一、海州湾连云港海域海洋功能区划概况

（一）江苏省海洋功能区划（2011—2020年）

《江苏省海洋功能区划（2011—2020年）》规划中，连云港海域规划范围为绣针河口至灌河口岸段以东海域。

该海域重点依托连云港港发展港口航运业，集聚布局滨海工业、城镇、农渔业、旅游休闲娱乐和特殊利用区等功能区。区域内连云港港是江苏省沿海最大的港口，将逐步建成区域性中心港口；海州湾渔场是江苏的重要渔场之一，是江苏省海洋捕捞和海水养殖的重要场所；以连云新城建设为重点，打造一个融港口、产业、商务、居住生活等多重功能于一体的极具活力的产业发展及配套服务新城区；利用滨海优良景观条件，发展特色旅游，建成江苏省沿海最重要的旅游基地；加强区域内海州湾生态系统与自然遗迹海洋特别保护区、海州湾中国对虾种质资源保护区等生态保护目标的建设与管理；区划期内，要统筹、科学用海，加强监管，切实保护海洋生态环境，实现海洋资源的可持续利用。

连云港海域涉及的海洋功能区概况如下：

1. 农渔业区

农渔业区是指适于拓展农业发展空间和开发海洋生物资源，可供农业围垦、渔港和育苗场等渔业基础设施建设，海水增养殖和捕捞生产，以及重要渔业品种养护的海域，包括农业围垦区、渔业基础设施区、养殖区、增殖区、捕捞区和水产种质资源保护区。

《江苏省海洋功能区划（2011—2020年）》规划中，农渔业区功能区有：赣榆连云、埒子口、灌河口3个功能区。

海域使用及海洋环境保护要求：

农业围垦要控制规模、有序推进，科学确定围垦区域的功能定位和开发利用方向，严格按照围填海计划和自然淤涨情况科学安排用海。渔港建设应合理布局，节约集约利用岸线和海域空间。确保传统养殖用海稳定，支持集约化海水养殖。加强海洋水产种质资源保护，严格控制重要水产种质资源产卵场、索饵场、越冬场及洄游通道内各类用海活动，禁止建闸、筑坝及妨碍鱼类洄游的其他活动。控制近海捕捞强度，加大渔业资源增殖放流力度。防止海水养殖污染，防范外来物种侵害，保持海洋生态系统结构与功能

的稳定。

农业围垦区、渔业基础设施区、养殖区、增殖区执行不劣于二类海水水质标准、一类海洋沉积物质量标准和海洋生物质量标准；渔港区执行不劣于现状的海水水质标准、海洋沉积物质量标准和海洋生物质量标准；捕捞区、水产种质资源保护区执行不劣于一类海水水质标准、一类海洋沉积物质量标准和海洋生物质量标准。

2. 港口航运区

港口航运区是指适于开发利用港口航运资源，可供港口、航道和锚地建设的海域，包括港口区、航道区和锚地区。

《江苏省海洋功能区划（2011—2020年）》规划中，港口航运功能区有：赣榆、石桥、连云港、徐圩、灌河口5个功能区。

海域使用及海洋环境保护要求：

深化港口岸线资源整合，优化港口布局，合理控制港口建设规模和节奏，重点安排连云港港等主要港口的用海。堆场、码头等港口基础设施及临港配套设施建设围填海应集约高效利用岸线和海域空间。维护沿海主要港口、航运水道和锚地水域功能，保障航运安全。港口的岸线利用、集疏运体系等要与临港城市的城市总体规划做好衔接。港口建设应减少对海洋水动力环境、岸滩及海底地形地貌的影响，防止海岸侵蚀。

港口区执行不劣于四类海水水质标准、不劣于三类海洋沉积物质量标准和海洋生物质量标准；航道、锚地和邻近水生野生动植物保护区、水产种质资源保护区等海洋生态敏感区的港口区执行不劣于现状海水水质标准、海洋沉积物质量标准和海洋生物质量标准。

3. 工业与城镇用海区

工业与城镇用海区是指适于发展临海工业与滨海城镇的海域，包括工业用海区和城镇用海区。

《江苏省海洋功能区划（2011—2020年）》规划中，工业与城镇用海功能区有：柘汪临港、海头、赣榆新城，以及三洋港、连云港新城、徐圩港区、天生港区、燕尾港工业与城镇用海区。

海域使用及海洋环境保护要求：

工业和城镇建设围填海应做好与土地利用总体规划、城乡规划、河口防洪与综合整治规划等的衔接，突出节约集约用海原则，合理控制规模，优化空间布局，提高海域空间资源的整体使用效能；优先安排沿海地区发展规划确定的建设用海；重点安排国家产业政策鼓励类产业用海，鼓励海水综合利用，严格限制高耗能、高污染和资源消耗型工业项目用海；在适宜的海域，采取离岸、人工岛式围填海，减少对海洋水动力环境、岸滩及海底地形地貌的影响，防止海岸侵蚀；工业用海区应落实环境保护措施，严格实行污水达标排放，避免工业生产造成海洋环境污染；城镇用海区应保障社会公益项目用海，维护公众亲海需求，加强自然岸线和海岸景观的保护，营造宜居的海岸生态环境。

工业与城镇用海区执行不劣于三类海水水质标准、不劣于二类海洋沉积物质量标准和海洋生物质量标准。

4. 旅游休闲娱乐区

旅游休闲娱乐区是指适于开发利用滨海和海上旅游资源，可供旅游景区开发和海上文体娱乐活动场所建设的海域。包括风景旅游区和文体休闲娱乐区。

《江苏省海洋功能区划（2011—2020 年）》规划中，旅游休闲娱乐功能区有：海州湾、墟沟、连岛、灌河口旅游休闲娱乐区。

海域使用及海洋环境保护要求：

旅游休闲娱乐区开发建设要合理控制规模，优化空间布局；严格落实生态环境保护措施，保护海岸自然景观和沙滩资源，避免旅游活动对海洋生态环境造成影响；保障旅游休闲娱乐区用海，禁止非公益性设施占用公共旅游资源；开展海域海岸带整治修复，形成新的旅游休闲娱乐区。

旅游休闲娱乐区执行不劣于二类海水水质标准、一类海洋沉积物质量标准和海洋生物质量标准。

5. 海洋保护区

海洋保护区是指专供海洋资源、环境和生态保护的海域，包括海洋自然保护区、海洋特别保护区。

《江苏省海洋功能区划（2011—2020 年）》规划中，海洋保护区有：临洪河口湿地保护区、秦山岛海蚀和海积地貌保护区、海州湾生态系统与自然遗迹海洋特别保护区、前三岛鸟类特别保护区、达山岛领海基点特别保护区。

海域使用及海洋环境保护要求：

加强现有海洋保护区管理，严格限制保护区内影响干扰保护对象的用海活动，维持、恢复、改善海洋生态环境和生物多样性，保护自然景观；加强海洋特别保护区管理；进一步增加海洋保护区面积；促进海洋生态保护与周边海域开发利用的协调发展。

海洋自然保护区执行一类海水水质标准、海洋沉积物质量标准和海洋生物质量标准；海洋特别保护区执行各使用功能相应的海水水质标准、海洋沉积物质量标准和海洋生物质量标准。

6. 特殊利用区

特殊利用区是指供军事及其他特殊用途排他使用的海域，包括军事区，以及用于海底管线铺设、路桥建设、污水达标排放、倾倒等的其他特殊利用区。

《江苏省海洋功能区划（2011—2020 年）》规划中，海岸特殊利用区有：田湾核电厂，近海特殊利用区有赣榆港、连云港港①、连云港南、连云港港②、连云港港③、灌河口特殊利用区。

海域使用及海洋环境保护要求：

根据滨海工业发展需要，在科学论证的基础上，可安排临港企业达标污水深海排放区域排污区、倾倒区执行不劣于第四类海水水质标准、不劣于第三类海洋沉积物质量标准和不劣于第四类海洋生物质量标准。

以上六类功能区域基本概括了连云港海州湾海域功能区的划分。从区域看，海岸基本功能区农渔业区规划面积最大，有 30 192.00 hm^2；港口航运区稍少，有 25 647.00 hm^2；工业与城镇用海区第三位，有 8 324.00 hm^2；田湾核电特殊利用区第四，有 6 307.00 hm^2。近海功能区以农渔业区为主，有 408 150.00 hm^2；其次为前三岛外侧保留区，有 50 900.00 hm^2；海州湾生态系统与自然遗迹海洋特殊保护区列第三位；港口航运区、特殊利用区面积较小。

（二）连云港市海域开发使用现状概况

海州湾区域对海洋的使用有几种类型，即渔业用海、交通运输用海、造地工程用海、旅游娱乐用海、工业用海、军事用海、其他用海等。

1. 渔业用海

（1）*围海养殖*　连云港市海域范围内围海养殖确权用海项目包括：连云港市海水池塘健康养殖科研示范基地、连云港市渔业技术指导站海水育苗养殖示范基地、灌云县水产渔业技术指导站、灌云县海峰养殖场等。

（2）*开放式养殖*　至 2017 年统计数据，连云港市海域范围内开放式养殖确权用海 241 宗，海域使用总面积约 51 448.00 hm^2。其中，连云区海域范围内开放式养殖 54 宗，海域使用总面积约 16 906.00 hm^2；赣榆区海域范围内开放式养殖 156 宗，海域使用总面积约26 105.00 hm^2；灌云县海域范围内开放式养殖 31 宗，海域使用总面积约 8 437.00 hm^2。主要开放式养殖项目包括：连云港市渔业技术指导站贝类增养殖、浅海插杆式紫菜养殖、连云港鸿林水产养殖有限公司海珍品养殖等。

（3）*渔港用海*　全市沿岸正在使用和获批的大小渔港 14 个，分别是赣榆柘汪渔港扩建工程、青口渔港、兴庄河渔港、东林子渔港、石羊渔港、柘汪渔港、三洋港渔港、海头渔港、木套渔港、韩口渔港、连岛中心渔港、高公岛一级渔港、燕尾港一级渔港、堆沟渔港。确权发证用海 1 宗，即连云港市高公岛一级渔港建设项目，填海造地 3.14 hm^2，港池用海 30.93 hm^2。

2. 交通运输用海

至 2017 年统计数据，交通运输用海确权 112 宗，海域使用总面积约 3 669.16 hm^2。其中，连云区海域范围内交通运输用海 102 宗，海域使用总面积约 3 223.00 hm^2；赣榆区海域范围内交通运输用海 9 宗，海域使用总面积约 426.00 hm^2；灌云县海域范围内交通运输用海 1 宗（灌云县海滨大道建设工程项目），海域使用总面积约 20.16 hm^2。交通运输用海主要分布在大堤作业区、旗台作业区、墟沟港区、庙岭港区、徐圩港区和赣榆港区。

3. 造地工程用海

（1）海域使用现状　造地工程用海确权 50 宗，均为城镇建设填海造地用海，海域使用总面积约 1 563.36 hm^2。其中，连云区海域范围内造地工程用海 46 宗，海域使用总面积约 1 396.56 hm^2，分别为连云港市海滨新区用海总体规划 44 宗用海、连岛白沙填海工程、连岛白沙国际综合娱乐城二期填海造地工程；赣榆区海域范围内造地工程用海 4 宗，海域使用总面积约 166.80 hm^2，分别为赣榆县滨海新城围海造陆工程琴岛天籁项目、赣榆县滨海新城围海造陆工程金湾国际项目、赣榆县滨海新城围海造陆工程旭日项目、赣榆县滨海新城半岛花园项目。

（2）连云港围填海造地发展过程及趋势分析　据解研秋（2006）的研究，1985—2005 年，工农业用地造成滩涂湿地面积减少 2.50×10^4 hm^2，占 1985 年沿海滩涂面积的 30%。2006—2008 年，连云港市围填海造地用海共有 200 宗，累计面积 4.74×10^4 hm^2，主要用于工业、港口和城镇建设。2010—2012 年，连云港重点实施赣榆县柘柱、城东、连云新城、徐圩港区和灌云县燕尾港港区、埒子口垦区共 6 项滩涂围垦工程，新筑海堤 79.40 km，新增土地面积 0.61×10^4 hm^2。

根据《江苏沿海滩涂围垦开发利用规划纲要（2008—2020 年）》，拟进行的围垦有 4 项：绣针河口—柘汪河口围垦工程，匡围面积 1.00×10^3 hm^2，新建海堤 9.5 km；兴庄河口—中临洪口围垦工程，匡围面积 1.67×10^3 hm^2，新建海堤 11.0 km；临洪口—西墅围垦工程，匡围面积 2.33×10^3 hm^2，新建海堤 10.6 km；徐圩港区围垦工程，匡围面积 4.67×10^3 hm^2，新建海堤 54.0 km。其中，绣针河口—柘汪河口围垦工程匡围形成的区域主要用于绿色城镇，徐圩港区围垦工程匡围形成的区域主要用于临港产业综合开发区，兴庄河口—临洪口、临洪口—西墅围垦工程匡围形成的区域主要用于综合开发区。

4. 旅游娱乐用海

旅游娱乐用海确权 3 宗，均分布在连云区所辖海域范围内，海域使用总面积约 32.01 hm^2。分别为金海滩项目，海域使用面积约 2.59 hm^2；大沙湾游乐园浴场（连岛浴场），海域使用面积约 21.72 hm^2；苏马湾生态园浴场，海域使用总面积约 7.70 hm^2。

5. 工业用海

（1）电力工业用海　电力工业用海确权 3 宗，均分布在连云区所辖海域范围内，海域使用总面积约 789.85 hm^2。分别为田湾核电站取水明渠延伸工程，海域使用面积约 76.84 hm^2；田湾核电温排水，海域使用面积约 681.38 hm^2；田湾核电站航道，海域使用总面积约 31.63 hm^2。

（2）船舶工业用海　船舶工业用海确权 1 宗，用海项目为张禄林修船厂，位于灌云县所辖海域范围内，海域使用面积约 0.99 hm^2。

（3）其他工业用海　其他工业用海确权 4 宗，均分布在灌云县所辖海域范围内，海域使用总面积约 256.00 hm^2。分别为江苏丰厚钢管有限公司钢管仓储项目，海域使用面积约 3.04 hm^2；燕尾港区散货码头仓库堆场填海工程项目，海域使用面积约 46.37 hm^2；燕尾港区管桩预制厂填海工程项目，海域使用总面积约 48.27 hm^2；江苏筑福实业投资有限公司盐业用海项目，海域使用总面积约 158.26 hm^2。

6. 军事用海

军事用海确权 3 宗，海域使用总面积约 11.13 hm^2。

7. 其他用海

其他用海确权 5 宗，均分布在灌云县所辖海域范围内，海域使用总面积约 1.42 hm^2，均为水产品收购项目。

二、相关区域和行业发展规划

(一)《江苏省“十三五”海洋经济发展规划》

1. 空间布局

根据海域自然条件和海洋经济发展需要，合理确定区内重要海域的基本功能。在《江苏省“十三五”海洋经济发展规划》中，连云港海域基本功能为：重点依托连云港港、海州湾渔场、海州湾海洋牧场、连云新城、海州湾生态系统与自然遗迹海洋特别保护区、海州湾中国对虾种质资源保护区和滨海优良景观条件，形成航运、滨海工业、城镇、农渔业、旅游休闲娱乐等基本功能。

培育沿东陇海线海洋经济成长轴。支持连云港建设区域性国际枢纽港，推进连云港港口建设，加速连云港海港功能沿陇海线向内陆延伸，推动海洋产业的内陆经济支撑带向中亚延伸，将连云港建成我国沿海新型临港产业基地。

推动连云港市“一带一路”交汇点核心区先导区建设。依托连云港市重点园区，加快实施石油化工、精品钢、装备制造、节能环保、新能源等一批涉海龙头型、基地型产业项目，充分发挥徐圩港区对涉海产业的支撑作用。

2. 重点任务及重点工程

优化发展临海重化工业。坚持“调整存量、提升增量、优化总量、突出特色”导向，以连云港徐圩石化产业基地等为主要承载地，推动苏南及沿江地区绿色先进的重化工项目向沿海地区转移升级。积极打造若干临港大型绿色化工基地，以外进油气资源为主要原料，形成包括清洁油品、基础化学品、三大合成材料、化工新材料等在内的多元化临海化工产业链群。推进连云港徐圩新区石化产业基地建设，重点建设 5 000 万 t 级炼化一体化、PTA、甲醇制烯烃等重大石化项目，打造世界一流石化基地。

连云港市重点推动连岛海滨旅游度假区、海州湾国家海洋公园建设，保护性利用秦山岛、竹岛、羊山岛、开山岛、前三岛，积极发展海岛旅游，延伸辐射陆域纵深和近岸海域、海岛、渔村，构建“山、海、城、港”互融互动的滨海旅游新格局，打造“一带一路”交汇点的重要旅游节点。

港口航道重点工程。连云港港 30 万 t 级航道二期工程、赣榆港区 15 万 t 级航道建设及防波堤二期工程。

（二）《连云港港总体规划》

《连云港港总体规划》（以下简称《规划》）于 2008 年获得交通部和江苏省省政府的联合批复。按该《规划》，连云港港将形成由连云、赣榆、徐圩、前三岛、灌河 5 个港区组成的总体发展格局。结合连云港港将逐步发展成为集装箱运输干线港、区域性中心港口等目标定位。

1. 规划中港口定位

连云港港是我国综合运输体系的重要枢纽和沿海主要港口；是国家实施“一带一路”发展战略，促进国际、国内区域合作发展的重要依托；是陇海铁路沿线、兰新铁路沿线等中西部地区扩大对外开放、参与国际经济技术合作和交流的重要战略资源；是江苏省及连云港市振兴、接纳产业转移、调整产业结构、发展外向型经济、实现工业化的重要支撑。

连云港港是我国沿海集装箱运输支线港，应加快发展成为集装箱运输干线港，并在服务于长江三角洲北部地区和渤海湾南部地区沿海经济带的发展及带动中西部纵深腹地经济协调发展中，逐步发展成为区域性中心港口。

2. 岸线利用及吞吐量预测

连云港市沿海岸线北起苏鲁交界的绣针河口，南至灌河口，岸线全长约 176.5 km。其中，港口规划岸线长约 100.7 km。港口岸线包括连云港港湾内连云港港区和南、北两翼新港区，灌河内及部分河口处港口岸线，分别为：连云港港区 23.7 km、徐圩港区 26.8 km、灌河港区 29.9 km、赣榆港区 20.3 km。目前，连云港市岸线利用以港口、养殖、工业、城市生活和海滨旅游为主，有少部分科研、军事、污水达标排放等特殊利用岸线。

根据预测，连云港港 2020 年及 2030 年货物吞吐量将分别为 35 000 万 t 和 52 500 万 t。

3. 规划方案

（1）连云港港区　以集装箱和大宗散货运输为主，兼顾客运和通用散杂货运输，主要包括墟沟、庙岭、马腰、旗台、大堤 5 个作业区。

（2）徐圩港区　以干散货、液体散货和散杂货运输为主，适度发展集装箱运输，逐步发展成为腹地经济和后方临港工业服务的综合性港区。

（3）赣榆港区　主要为后方临港产业和周边市、县地区经济发展提供货物运输服务，适时承接连云港港区部分货类功能转移。港区以干散货、散杂货、液体散货和 LNG 等货类运输为主。

(4) 灌河港区　主要为地方经济发展服务，努力拓展河海联运功能。港区以散杂货运输为主，兼顾修造船功能。

(5) 前三岛港区　作为连云港港未来发展的预留港区，该港区以石油运输为主。

4. 港口建设情况

至2014年年底，连云港港口共有生产性泊位63个。其中，万吨级以上泊位60个，总能力达到1.4亿t。分别为：连云港港区生产性泊位48个，其中万吨级以上泊位47个；徐圩港区生产性泊位5个，万吨级以上泊位5个；灌河港区生产性泊位6个，万吨级以上泊位4个；赣榆港区生产性泊位4个，万吨级以上泊位4个。

连云港港进港航道现由主航道、庙岭航道、墟沟航道和马腰支航道组成。其中，主航道和庙岭航道为15万t级单向航道，墟沟航道为2.5万t级单向航道，马腰支航道为3.5万t级单向航道。赣榆港区和连云港港区共用一条外航道，其中连云港港区航道规划满足25万t级以上散货船乘潮通航要求，赣榆港区航道规划为30万t级油船乘潮单向通航。

连云港港现有7块锚地，分布于连云港港区航道南北两侧，北侧4块、南侧3块，具体尺度及锚泊船型见表3-1。

表3-1　赣榆港区航道设计尺度汇总

序号	名称	形状	尺度	适用船舶
1	一号锚地	矩形	2n mile×2n mile	1万t级以下船舶
2	二号锚地	矩形	2n mile×3n mile	1万t级船舶
3	三号锚地	矩形	2n mile×3n mile	2万～5万t级船舶
4	四号锚地	矩形	2n mile×3n mile	7万～10万t级船舶
5	五号锚地	矩形	上底3n mile	10万～12万t级船舶
6	危险品船舶锚地	矩形	2n mile×3n mile	危险品船舶
7	六号锚地	矩形	14.1km^2	15万～25万t级船舶

第二节　海州湾区域海洋开发活动对海洋生态环境及资源的影响分析

近年来由于海域环境污染与海洋过度开发，海州湾近岸海域生态系统已处于亚健康状态（刘晴等，2013；Li et al，2014）。海州湾赤潮发生面积和频次呈上升趋势（杨志远和徐虹，2012）；海洋开发，如滩涂围垦、航道建设使海州湾的近岸盐沼湿地快速退化（Li et al，2010）。近岸环境污染和栖息地的丧失对于以海州湾为育幼场所的中国对虾及其他重要生物资源的补充群体具有非常不利的影响（苏纪兰和唐启升，2002），继而影响整个海州湾渔业资源群落结构。

海洋开发给海州湾渔业生态系统施加了强大胁迫压力，如果区域生态环境持续恶化，将会出现海洋生态、经济与社会非协调发展的趋势（黄苇等，2012），对于海州湾重要生物资源的保护和恢复将会形成极大的制约。如何加强海州湾中国对虾等重要渔业资源的保护，以应对越来越强的区域海洋开发活动，是急需解决的问题。

为此，需要对影响海州湾生态环境和生物资源的来源、机理和影响程度予以分析，然后有效评估海洋开发活动对重要生物资源的潜在影响，提出海州湾中国对虾等重要生物资源的多元化保护与管理对策。

一、港口开发

（一）生物资源影响关键因子

港口开发具有规模大、占地多、配套设施多的特点，因而对环境的影响往往是陆域、海域、空中立体式的，有可能对建港区域甚至是一个地区的环境质量造成影响。该影响具有复杂性、不可逆性。既有港口泊位、防波堤建造对大尺度海洋水文、泥沙和冲淤环境的改变，又有港区、航道区、锚地中各类污染（包括悬浮物、油类、化学品、粉尘污染）等。在发生风险溢油事故情况下，影响范围有可能波及整个海州湾海洋生态系统，包括近岸海洋保护区、湿地生态系统等重要环境敏感目标。诸类环境条件变化的驱动对栖息在附近海域的生物资源造成一定的胁迫压力，继而导致生物群落结构、种群特征发生改变。

（二）影响分析

1. 海洋水文、泥沙冲淤环境改变对生态环境及资源影响分析

航道开挖及防波堤、导流堤建设对海域水文动力、泥沙冲淤环境有较大的影响。随着生态环境条件的改变，海洋生态环境和生物资源也会受到影响，并随之发生变化。

海洋水文、泥沙冲淤环境改变对海洋底栖生物群落有显著影响。根据叶属峰等（2002）的研究，长江口深水航道工程实施后，底栖生物种类减少和生物量下降趋势明显，这与该区域底质沉积环境受到强烈干扰相关。

2. 环境污染对生态环境及资源影响分析

（1）悬浮物的影响　港口开发中悬浮物影响主要在施工阶段，如港池、航道疏浚，一般采用大型耙吸船进行开挖。根据相关工程研究资料，挖泥作业中心悬浮物浓度为700～1 000 mg/L，施工区域形成高浓度悬沙的水团，并在海流作用下沿潮流方向稀释扩散。从水生生态学角度来看，悬浮物的增多会对水生生物产生诸多负面影响。

悬浮物对浮游植物的生长具有显著影响。悬浮物含量高时，会降低海水的透光率，从而对浮游植物的光合作用速率产生直接的影响。如果悬浮物在一段时间内持续存在，

则浮游植物的生长会受到影响，从而降低海洋生态系统的初级生产力。悬浮物含量超过1 000 mg/L时，对浮游植物的生长具有非常显著的抑制作用。

悬浮物对浮游动物也具有非常显著的影响。过量的悬浮物使浮游动物的消化系统堵塞，从而对浮游动物的生长和繁殖产生直接影响。当悬浮物含量高于300 mg/L时，这种影响变得特别显著。由于浮游动物通常不具备很强的游泳能力，因此无法快速逃避悬浮物的影响，在高含量悬浮物影响区，会大部分或全部死亡。

底栖生物群落结构的稳定性依赖于沉积物的环境状况，同时也影响其所处环境，从生态系统角度审视，底栖生物是海区鱼类的重要饵料来源，在食物链中起着承上启下的作用。在某些地区，底栖生物可成为人类重要的食品来源。底栖生物量的降低往往被作为海区生态健康状况的指示指标。疏浚工程破坏了底栖生物赖以栖息的生境，工程疏浚区域范围内底栖生物全部损失。

水中悬浮物含量过高时，会使鱼类的鳃腺积聚泥沙微粒，严重损害鳃部的滤水和呼吸功能，甚至导致鱼类窒息死亡。通常认为，悬浮物的含量在200 mg/L以下且影响较短期时，不会导致鱼类直接死亡。同时，港口疏浚作业悬浮物扩散还会对渔业捕捞产生一定影响。鱼类等水生生物都比较容易适应水环境的缓慢变化，但对骤变环境的反应则是敏感的。施工作业引起悬浮物含量变化，并由此造成水体混浊度的变化，其过程呈跳跃式和脉冲状，这必然引起鱼类等其他游泳生物行动的改变，鱼类将避开混浊区，产生“驱散效应”。

虽然在施工期间会对浮游动植物、底栖生物，以及鱼卵、仔鱼产生一定的损失，但是损失时间仅限于施工期间。在施工结束后，浮游动物、浮游植物、底栖生物，以及鱼卵、仔鱼会较快恢复，生物多样性和生物密度将会逐渐恢复正常和平衡。

（2）溢油风险

1）溢油事故案例分析　1973—2006年，我国沿海共发生大小船舶溢油事故2 635起。其中，溢油50 t以上的重大船舶溢油事故共69起，总溢油量37.077 t，平均每年发生2起，平均每起污染事故溢油量537 t。

我国未发生过万吨级以上的特大船舶溢油事故，但特大溢油事故险情不断。除69次溢油50 t以上的重大溢油事故外，1999—2006年我国沿海还发生了7起潜在重特大溢油事故。例如，2001年装载26万t原油的“沙米敦”号进青岛港时船底发生裂纹；2002年在台湾海峡装载24万t原油的“俄尔普斯·亚洲”号因主机故障遭遇台风遇险；2004年在福建湄洲湾两艘装载原油12万t的“海角”号和“骏马输送者”号发生碰撞；2005年装载12万t原油的“阿提哥”号在大连港附近触礁搁浅。

2006年全国沿海发生船舶污染事故124起，总溢油量1 216 t。其中，50 t以上的石油和化学品污染事故5起，包括：

2006年3月21日，中国籍“华辰27”与“新华油18”在台州水域雾航过程中发生碰撞，导致“华辰 27”左舷二号舱破损，溢出 187 t 石脑油。事故发生后，海事部门通过堵漏、围控和回收等措施，基本清除了水面溢油，并成功过驳破损船舶所剩货油。

2006 年 4 月 22 日，英国籍“现代独立”轮于舟山马峙锚地永跃船厂进坞过程中与船坞发生触碰，造成左舷破损，并导致第三燃油舱 477 t 燃油（重油）外溢。事故发生后，海事部门立即采取清除措施，共组织回收了油污水 407.75 t。

2006 年 6 月 27 日，浙江神通海运公司“浙黄机 701”轮（装载浓硫酸 480 t）在上海南汇大治河口附近违章航行进入避航区，导致船舶触碰水下障碍物迅速沉没，部分装载浓硫酸发生泄漏。事故发生后，海事部门立即采取措施，经过将近 4 d 的应急抢险和处置，沉船于 7 月 1 日凌晨被打捞起浮，残留的硫酸得到了及时处置，避免了水域污染。

2006 年 6 月 26 日，中国船舶燃料油供应总公司青岛分公司所属的中国籍燃料油供给船“青油 3”轮与韩国籍客滚船“SEWON 1”轮在青岛港团岛口水域发生碰撞，造成“青油 3”轮右舷船壳破损，85 t 重柴油漏入海中。事故发生后，海事部门立即采取措施，调动青岛辖区全部清污力量展开清污行动，海上和岸边油污基本得到清除。

对我国近年内发生的 452 起较大溢油事故调查分析表明，溢油事故的主要原因是船舶突遇恶劣天气，风大、流急、浪高，加之轮机失控，因此造成船舶触礁和搁浅，引发溢油事故。特别是在河口、港湾、沿海等近岸水域，由于海底地形复杂多变，船舶溢油事故发生的频率较外海大得多。在 452 起较大溢油事故中，因碰撞和搁浅而导致的船舶溢油事故比例高达 55.3%，绝大部分都发生在近岸海域，相应的溢油量占总溢油量的 43.6%。

2）溢油事故对生态环境的影响

① 对鱼虾贝类的影响　海洋油污染对幼鱼和鱼卵的危害很大。油膜和油块能粘住大量鱼卵和幼鱼，海水中石油浓度为 0.01 mg/L 时，在这种污染海区中生活 24 h 以上的鱼贝就会沾上油，因此把该数值视为鱼贝体着臭的“临界浓度”。海水石油浓度为 0.10 mg/L 时，所有孵出的幼鱼都有缺陷，并只能活 1～2 d。对海虾的幼体来说，其“半致死浓度”（即 24 h 内杀死半数的极限浓度）均为 1.00 mg/L，这种毒性限度随不同生物种属而异。

② 对底栖生物的危害　在底栖生物中，棘皮动物对水质的任何污染都十分敏感。另外，石油不仅会堵塞软体动物的出入水管，而且微生物在分解和氧化石油时会消耗底层水中大量氧气，使软体动物窒息死亡。

③ 对浮游生物的影响　浮游生物是海域生态环境的基础，是一切水产生物，包括游泳生物、底栖生物等海洋生物赖以生存的基本条件。浮游生物对石油污染极为敏感，许多浮游生物皆会因溢油危害而食物链遭到破坏。特别是由于浮游生物缺乏运动能力，且身体多生毛、刺，因此更易为石油所附着和易受其污染。一些海洋浮游植物的石油急性中毒致死浓度范围为 0.10～10.00 mg/L，一般为 1.00 mg/L；浮游动物为 0.10～15.00 mg/L。因此，当溢油事故发生后，对影响区内所有的浮游动、植物的损害无疑十分严重。这主

要是由于油膜会随潮流漂逸，并会在很大程度上受到风力、风向的制约和影响。另外，一般浮游植物的生命周期仅 5.7 d，在油膜覆盖下一般不超过 2～5 d 即因细胞溶化、分解而死亡。同样，浮游动物也会在其毒性和缺氧条件下大量死亡。

大型海藻，如褐藻等表面有一层藻胶膜，其能防油类的污染。而小型藻类没有这种防油性能，易受污染而大量死亡。燃料油对海藻幼苗的毒性更大，能影响海藻幼苗的光合作用，进而妨碍浮游植物繁殖，有可能改变或破坏海洋正常的生态环境。

④ 对海滨环境的影响　海面上的浮油一旦漂到海岸或海滩，便堆积在高潮线附近、岩石坑里或洼地里，涂在岸边的礁石表面，黏裹在卵石、碎片和沙子上。若油的黏性小，则还能渗入海滩上层的沙子里，形成厚厚的油—沙混合层，恶化海岸自然环境。

二、围填海开发

科学合理的围填海工程对于缓解沿海地区人地矛盾、推动社会经济发展，具有十分重要的现实意义，可产生显著的经济效益和社会效益。然而，围填海开发活动对生物资源的影响不容忽视，如渔业资源衰退，水动力环境改变，鱼、虾、贝的产卵场和栖息场所遭受破坏，海岸与海底的自然平衡被打破而导致海洋环境退化等。

围填海开发活动已经对现有的自然资源和环境造成了一定的影响，国内外学者从不同角度开展了围填海开发活动对海洋资源影响评估研究。

国际方面，Lee et al（1999）分析了韩国西海岸的瑞山湾围填海开发活动的基本概况，结果显示围填海开发活动极大地改变了低潮滩的沉积过程。Kang（1999）研究了韩国灵山河口木浦沿海围填海开发活动，发现潮汐壅水减小、潮差扩大。Guo and Jiao（2007）研究表明，围填海开发活动加大了新增土地的盐渍化风险，加重了海岸侵蚀，削弱了海岸防灾减灾能力。Healy and Hickey（2002）研究了围填海开发活动对浮游生物生态系统的影响，表明围填海工程减弱了河口、海湾的潮流动力，降低了附近海区浮游植物、浮游动物生物多样性，引起了优势物种和群落结构的变化。底栖生物在很大程度上也受到了围填海工程的影响。18 世纪晚期到 19 世纪大规模的围填海开发活动，导致了日本西南部海域 Mishou 湾、河口三角洲生态系统功能降低。日本九州岛西部 Isahaya 湾围填海工程使得堤内水域中土著的底栖双壳类动物大量死亡（Sato and Azuma，2002）。Lu et al（2002）对新加坡 Sungei Punggol 河口海岸围填海开发活动对大型底栖生物群落结构影响进行了分析，结果表明在围填海工程邻近区域，底栖动物种类和丰度都显著降低，而在远离围填海工程区域则均显著增加，说明围填海开发活动对底栖生物群落结构产生了很大的破坏。国外学者对围填海开发活动对地形地貌和湿地景观影响研究大多运用 3 S 技术和数值模拟的方法，研究内容主要包括围填海开发活动对地形地貌和景观影像的影响。围填海开发活动改变了海岸线形态，使海岸线由自然演化形态变为人工修筑堤坝形态，同时为了节省围填海成本，对天然港湾进行截湾取直，导致海岸线缩短，形态平直（Heuvel Hillen，1995）。围填海开发活动改变了海底地形，采用海底泥沙吹填，严重改变了海底地貌形态，破坏了海底环境平衡状态。不适当的吹填区域选择还可能改变海域水动力环境，引起新的海底、海岸侵蚀或淤积（Peng et al，2005）。围填海开发活动导致了近海海岛、沙坝、泻湖等自然地貌形态消失，新建的人工岛造成海岸地貌维持系统的调整和海岸景观的剧变（Kondo，1995）。

国内方面，许多学者研究了围填海开发活动对海洋生物资源的影响。于杰等（2016）分别用1989年、1994年、2004年和2014年的陆地卫星遥感资料，采用遥感影像解译手段、GIS数字化和叠加分析等方法，分析珠江口南沙湿地围填海开发进程，并通过对2002—2003年和2013—2014年两个时期10个航次的现场调查资料对比分析，研究围填海对南沙周围水域生物的影响。结果表明：①4个年份（1989年、1994年、2004年和2014年）南沙湿地海岸线长度分别为213.6 km、230.0 km、232.5 km和248.6 km。1989—1994年、1994—2004年和2004—2014年海岸线长度年增加幅度分别为3.28 km/a、0.25 km/a和1.61 km/a，海岸线向海推进最大距离分别为4 900 m、1 700 m和7 700 m。②1989—2014年南沙湿地因围填海增加面积约46.3 km^2，增加幅度最大的阶段为1989—1994年，增加面积占总增加面积的40.60%；其次是2004—2014年，增加面积占总增加面积的34.99%；1994—2004年围填海占用的滩涂面积最小（24.41%），南沙万顷沙和龙穴岛的围填海活动最为剧烈。③近10年来，南沙湿地浮游动物、大型底栖动物、潮间带生物、鱼类和头足类等生物资源种类分别减少了60.34%、73.21%、26.67%、79.78%和50.00%，栖息密度分别减少了58.49%、12.38%、79.96%、78.78%和66.79%，生物量分别减少了82.16%、73.23%、15.83%、70.49%和62.43%，甲壳类的种类数和栖息密度分别减少了13.33%和69.85%（但生物量增加了114.20%）。④浮游动物多性指数增加了10.24%，大型底栖动物、潮间带生物、鱼类、甲壳类和头足类等多样性指数分别减少了71.10%、91.82%、18.18%、66.90%和73.68%，优势种更替显著。可见，南沙湿地围填海不仅改变了海岸线的类型和长度，占用了湿地资源，同时也对周边水域的海洋生物产生了不利影响。胡聪等（2014）分析了曹妃甸围填海工程对海洋资源影响，对比了2004年以前和2010年后的数据。结果显示，围填海工程前底栖生物密度为24.8 g/m^3，围填海工程后生物密度为21.7 g/m^3，底栖生物量变化率为13.7%；围填海工程前后潮间带生物密度分别为146.4 g/m^3和70.2 g /m^3，变化率为52%；围填海工程前后生物物种多样性指数分别为2.1和1.9，变化率为9.52%。王勇智等（2013）年分析了罗源湾围填海的海洋环境影响后认为，罗源湾内大量截弯取直和顺岸平推式的围填海工程导致罗源湾内海洋环境质量和海域空间资源日趋衰退，纳潮量减小、环境容量降低、水交换时间延长、海水环境质量下降、生物多样性减少和渔业资源萎缩等，使罗源湾资源环境与海洋经济的可持续发展面临巨大压力。而且，按照罗源湾港区规划和海洋功能区划，未来

10年还要开展围填海工程，届时罗源湾的资源环境将面临更大压力。

综上所述，围填海对海洋生物资源的影响是通过改变岸线形态，改变了围填海附近海域水文动力和地形地貌冲淤环境条件，海域纳潮量减少，环境容量下降，产卵场被压缩或破坏，逐渐对生物资源产生不利影响，综合表现为物种丰富度、生物多样性、丰度和生物量的变化。

三、陆源排污

（一）陆源排污现状

“908”专项调查了江苏省陆域污染源向海排污的情况，其中连云港海域主要陆源入海河流、排污河有：绣针河口、龙王河口、沙旺河口、临洪河口、排淡河口、烧香河、滨海闸、翻身河口、灌河河口等，主要工厂企业排污口有连云港堆沟化工园区排污口、连云港渔业公司排污口、连云港碱厂排污口、连云港港口股份集团有限公司排污口、灌云临港产业排污口等。

陆源向海洋输送的主要污染物有COD、氨氮、磷酸盐、悬浮物、石油类、挥发酚、汞、铅、六价铬和氰化物。大量生活和工业污水的排放入海对排污口邻近海域产生了严重影响。“908”专项调查结果显示，排污口邻近海域海水质量均为劣四类，生态环境质量全部处于极差状态。

（二）陆源排污对海洋生态及资源的影响机理

1. 海域富营养化的影响

（1）*浮游植物对海水富营养化的敏感性分析*　海水中营养盐过量会导致海域富营养化，继而为海区内赤潮和绿潮的发生提供基础条件。

以浒苔为例，浒苔高密度聚集会明显抑制硅藻生长，导致硅藻细胞丰富度显著降低。浒苔组织内存在的克生物质，对单细胞的硅藻能产生明显的克生作用。在5—7月江苏浒苔暴发期，由于浒苔的繁殖增长速度优于其他藻类，因此抑制了原本环境中优势物种的生存。江苏绿潮暴发会在发生期内导致本土浮游植物优势种建群种种类减少，数量下降甚至出现短期消亡。绿潮暴发期间，浒苔抢占其他物种生态位，改变原始环境浮游植物的群落结构，使其物种多样性下降，优势种单一，破坏群落结构的稳定性，并引发连锁反应，威胁在食物链上与浮游植物相关的其他物种的生存，如部分浮游动物及以浮游生物为食的鱼类、甲壳类等。从而改变海洋生态环境的物质循环和能量流动，使生态系统发生紊乱。并且在单一生境下，一旦浒苔发生病变或大面积腐败将不利于采取有效隔离、控制措施，危害程度不可小觑。

（2）*富营养化为“浒苔”等绿潮暴发提供营养物质基础*　李鸿妹（2012）研究了营

养盐与黄海浒苔暴发的关系时发现，营养盐对有害绿潮暴发起重要的物质支撑作用。2012年春季苏北浅滩溶解无机氮（dissolved inorganic nitrogen，DIN）平均浓度为1985年的3倍之多，近30年DIN浓度增加趋势明显，且与浒苔生物量呈现明显的正相关（$r=0.84$，$P<0.01$），说明N营养盐可能是支撑浒苔在苏北浅滩生长繁殖的重要营养物质。调查海区的N/P比值也增加了10倍之多（由1984年的6.14增加至2012年的71.72）。计算表明近10年，射阳河、灌河及江苏省海洋生物养殖向苏北浅滩输送的N、P营养盐通量呈现递增趋势，造成了苏北浅滩海水的富营养化。此外，2010年及2012年苏北浅滩绿潮区表层海水DIN水平比非绿潮区分别高出22.70%及51.33%。对比非绿潮区，绿潮区具有更适宜浒苔生长的温度、更丰富的营养盐及高的N/P值，为浒苔在绿潮区的生长繁殖提供了适宜条件。

2. 电厂取排水对海洋生态的影响

电厂温排水排放造成的水温升高通常被称为“热污染”，目前美国已把热污染列为水体的八大污染之一。热污染的主要发生源为电力行业，其次是各种工业的含热废水。

电厂通常选址在江河、海湾，最主要目的是利用便利的取水条件，取水用于汽轮机等产热设备的冷却，然后将冷却水排回取水水域。冷却水的温度一般比正常水体高8～10 ℃，甚至更高。由于冷却水排放的连续性，因而会在排放水域形成一个持续的高温区。

对水生生态系统的生物环境而言，水体温度的升高意味着压力胁迫。众所周知，生物对生态因子一般有一定的耐受适应范围，如果某一因子变化超出了该范围，那么生物体或整个生态系统就会对此变化产生反应，而重新适应的过程则相当漫长，在此过程中生物或系统将付出惨重代价。

同时，电厂运行需要大量的冷却水水源，取水过程对水生生态系统产生的卷载效应会对生物有大量伤害。

综述有关文献，电厂运行对水生生态系统的影响主要表现为温排水增温效应、余氯的毒性效应和大量取水产生的卷载效应。

（1）水温和余氯对海洋生物的影响分析　中国水产科学研究院东海水产研究所采用静水毒性试验法，模拟研究了电厂温排水对黑棘鲷（*Acanthopagrus schlegelii*）胚胎发育的影响。试验水温为16～18 ℃、22 ℃、26 ℃和30 ℃，ρ（余氯）为0.025 mg/L、0.050 mg/L、0.100 mg/L、0.200 mg/L、0.400 mg/L和0.800 mg/L；同时，以过滤海水为对照组，每组设3个平行，取黑棘鲷受精卵进行试验，共观测30 h。结果表明，16～18 ℃温度下对照组黑棘鲷无胚胎孵化；而在其他3个温度条件下，对照组黑棘鲷的胚胎均已破膜并发育至前期仔鱼阶段。其中，22 ℃温度下对照组黑棘鲷的孵化率最高，为（93.0±2.0）%，而26 ℃和30 ℃温度下对照组黑棘鲷的孵化率分别为（81.9±2.0）%和（52.8±10.6）%。随着ρ的升高，黑棘鲷的胚胎孵化率下降。当ρ高于0.400 mg/L时，各组黑棘鲷孵化率均低于50%；当ρ为0.800 mg/L时，各组黑棘鲷的孵化率均低于10%，而

30 ℃组则没有黑棘鲷胚胎孵化。回归分析结果显示，黑棘鲷胚胎孵化抑制率与水温和 ρ 呈显著正相关（R=0.90，P<0.05），表明这两种因子对黑棘鲷胚胎孵化抑制具有协同毒性效应。经计算，30 h 时 22 ℃、26 ℃和 30 ℃下，ρ 对黑棘鲷胚胎发育的半数影响浓度（half effect concentration at 30 h，30 h - EC_{50}）分别为（0.243±0.062）mg/L、（0.432±0.031）mg/L 和（0.261±0.046）mg/L，最低可观察效应浓度（lowest observed effect concentration，LOEC）分别为 0.025 mg/L、0.200 mg/L 和 0.050 mg/L，26 ℃和 30 ℃下无可观察效应浓度（no observed effect concentration，NOEC）分别为 0.100 mg/L 和 0.025 mg/L。

冷却水排放以一定的流速排入水域，对水环境造成热冲击，并使水体增温，从而对水生生物产生效应，这一类效应被称为热冲击增温效应。热冲击增温对生物的效应涉及生态系统生物环境的各个组分，包括海藻、浮游生物、底栖生物、幼鱼、成鱼类等。

水体增温虽可对海藻、浮游植物生物量起促进作用，但高水温使其群落结构发生变化，优势种单一，生物多样性降低，耐污种增加，从而与水体富营养化有直接的联系。水温的增高可使浮游动物群落多样性指数增大，但在高温下（超过 30 ℃时）则使多样性指数减小，群落结构简单，功能下降。

在强增温区底栖动物无法生存，鱼类会因水温升高而回避该区域。水温升高虽然会使鱼类的产卵期提前，但孵化率在早春很低，热冲击是造成孵化率低的主要原因。

根据长江下游渔业生态环境监测中心的研究，鳗对热冲击的忍受能力较差，在 17～22 ℃水温范围内，其游动正常。温度超过 22 ℃，鳗苗游动逐渐加快，并时上时下游动。水温达 30 ℃时，鳗苗游动异常，在水中上下窜动，然后出现痉挛性抽搐，苗体僵直死亡。鱼类对水温的变化较为敏感，在天然水域中遇到温度差异较大的跃温层时，鱼类必然会产生回避行为，游往能够适应的温度区域中。不同鱼类品种产生回避反应时的温升也不同，如鳗苗在起始水温为 17 ℃、温升为 3 ℃时，回避率达 62.5%。

另外，温排水还会改变水体的某种理化特性，如溶解氧含量、离子含量等。当水温升高时，大量的气体从水中逃逸，而这些气体（如 CO_2）是水生生物必不可少的养料。水温从 0 ℃升高到 40 ℃，与 DO 含量呈负相关。值得引起注意的是，水温升高引起水体分层，在底层的溶解氧含量相当低，造成氧亏损，从而对底栖生物、鱼类等造成危害。另外，水温升高还会加速底泥中有机物的生物降解，造成耗氧量增多，这更加重了水体缺氧。水温升高能增加水中有毒物质的毒性，当热污染与有毒物质同时存在时，其对水生生物的毒性大大增强。有人研究了 Cu、Ca、Pb 3 种金属离子对鲢受精卵的毒性，认为金属对鲢受精卵的毒性随水温升高而增强，表现为孵化率降低、畸形胎苗增多等。水温增至 30 ℃时，Cu、Zn、Cd 3 种金属离子对浮游动物和底栖动物的毒性增加 2～4 倍。此外，水温升高提高了水生生物对有害物质的富集能力，认为随温度升高，贝壳类水生生物体内核素（铯、钴、碘、锌）的积累量增大。我国的研究也表明，水温对小球藻吸收钴、铯放射性同位素的影响随温度升高而升高。

（2）取排水的卷载效应　卷载效应是指电厂取、排水过程对水中能通过滤网系统而进入冷凝器的小型浮游生物、卵、大型生物及鱼类幼体等所造成的伤害。其实卷载效应也包括前面讲的热冲击增温效应，只不过此处为瞬时高温冲击（热效应）。此外，卷载效应还包括机械损伤（机械效应，包括压力变化），以及为防止管道被生物附着而使用余氯试剂杀灭造成的化学危害。这三者是卷载效应的全部内容，其中以机械损伤为最主要的危害因素。

盛连喜等（1994）在20世纪90年代开始进行卷载效应方面的生物学效应研究，结果表明当电厂冷却系统内流速＞2.0 m/s、滤网孔径为8 mm时，对体长7～17 mm和20～34 mm的仔虾致死率分别为28.3％～53.3％和28.6％～56.9％，对体长20～40 mm的梭幼鱼致死率为63.4％～78.8％。卷载的致死率与生物的密度、体长和形态特征有关。被电厂卷载的浮游藻类受损率为12.0％～27.1％，浮游动物数量损伤率为31.0％～90.0％；受损伤最重的类群是桡足类和无节幼虫；而受损后恢复速度最快的是原生生物，最慢的是桡足类。

Karås（1992）对瑞典西部几个核电站冷却系统的卷载效应进行了研究，结果表明在加氯情况下，进入冷却系统的浮游动物因机械损伤及温升引起的死亡率可达60％。在法国格拉夫林核电站的观察表明，经过机械损伤热冲击造成的死亡率浮游动物在10％以下，其中敏感群达20％；底栖鱼类的卵为50％，幼鱼为100％；对撞击较敏感的鲱死亡最大，为100％；而耐抗力较强的比目鱼、鳗、鲈为0～20％，海虾为30％～70％。

综上所述，电厂取、排水过程产生卷载效应，对生物的损伤影响不可忽视。

四、海洋捕捞

随着人口的增加，人们对水产品的需求将超过目前的供应量，除非进行有效的管理，否则需求的增加将不可避免地继续增加捕捞力量。很多重要的渔业资源已经处于充分或过度开发状态，进一步加大开发强度很可能使这些种群崩溃，因而导致整个生态系统的结构与功能发生改变。目前在世界范围内普遍出现优质高营养层次的底层鱼类资源相继衰退现象，渔获量大幅度下降，一些种类栖息地消失，渔获个体愈来愈小，性成熟提前；而较低营养层次的无脊椎和食浮游生物的中上层鱼类资源产量呈上升趋势，但这种开发并不是可持续的，产量最终会出现停滞或下降。

影响渔业生态系统的主要因素包括海洋捕捞、环境变化、群落中种内及种间的竞争捕食与被捕食等，其中以海洋捕捞对生态系统的影响最为快速和深远。下面以渤海秋汛对虾渔业的兴衰为例说明捕捞对渔业生态系统的影响。

20世纪60年代初至80年代中期是渤海秋汛对虾渔业的兴盛时期，机帆船和机轮双拖网兼捕损害了大量带鱼、小黄鱼等洄游性底层经济鱼类的幼鱼，致使带鱼等早在80年代初就在渤海基本“绝迹”(邓景耀，2000)。为了保护渤海渔业资源，虽然1988年禁止在渤海拖网作业，渤海秋汛对虾渔业变为单一的虾流网渔业，但这并未遏制渤海鱼类资源衰退的速度。流网原本是一种专捕性和选择性较强的渔具，有利于资源保护。然而，进入90年代以来，虾流网经过“改进”成为具有多功能的、可以捕捞多种鱼虾类的“三重流网”或“多重流网”，在一定程度上其捕捞或损害渔业生物资源的性能超过了底拖网。作业时间各提前和推后一个多月，“巡捕”和“追捕”产卵和越冬群体（金显仕和邓景耀，2000)。由于这种半流动的作业方式，渔获物组成多样化，成本较低，因此促进了该种渔业的发展，投产的船数大增，从而加快了资源衰退的速度。也是这期间应运兴起的捕捞花鲈鱼苗，用于养殖和大量出口的“特种”作业，严重地损害了花鲈资源。90年代以来在渤海兴起的口虾蛄渔业，年产量高达数万吨，已经取代秋汛对虾渔业成为渤海渔业生产的重要支柱，因而口虾蛄的资源量显著减少，正面临着因过度捕捞资源衰退的威胁。

由于渤海的渔业资源多属洄游的种类，在黄海、渤海进行季节性洄游，因此黄海、渤海作为一个大海洋生态系，黄海渔业资源的兴衰直接影响渔业资源的数量分布，反过来渔业资源的兴衰又影响黄海、渤海渔业资源的补充。从我国北方拥有的捕捞力量增长情况来看，近40年来，渔船功率增加了近40倍，捕捞强度增大无疑是导致生物量减少的一个重要因素。过度捕捞和环境退化迫使生态系统已失去恢复力和完整性，生态系统的稳定性变差。

第三节　海洋开发对生态环境和生物资源影响预测评价

一、水文动力和泥沙冲淤环境变化及其影响

（一）对水文动力影响

1. 赣榆港区防波堤建设

赣榆港区防波堤总长6 350 m，其中引堤段长4 147 m、护岸段长803 m、防波堤长1 400 m。

在涨潮阶段，外海潮流以SW方向向岸流动。当工程建成后，外海潮流在防波堤东侧水域内将改变流路方向，由原来的SW方向改为SSW方向。当水流绕过防波堤堤头后，流速方向变为NNW方向向岸流去。此时与工程前相比，防波堤堤头处水流流速大小有增大趋势。流速增大的水域集中在防波堤西南方向，流速最大增量约为0.37 m/s，位于流速对比特征点C8处。在防波堤东侧及西侧水域内，由于防波堤的阻挡，该水域内产

生壅水现象，因而水流流速均小于工程前的水流流速。涨潮阶段防波堤东侧水流流速减小较明显，最大减小量约为 0.2 m/s。在落潮阶段，潮水沿着防波堤走向向外海流出，水流的流向原来的 NE 方向变为 SSE 方向。当水流绕过防波堤堤头后，部分水流有绕流现象，流速方向变为 NNE 方向，而其他水域内水流流速方向的改变量不大。在落潮过程中，水流流速大小的变化也集中在防波堤堤头及防波堤东侧水域内，流速变化量最大的位置由涨急时刻的 C8 位置向东移动，流速增大的水域偏向于防波堤东侧，最大增量约为 0.2 m/s。水流流向的最大改变量达到 62°，出现在防波堤西侧水域内；而在东侧水域中，流速方向的改变较小。在整个潮周期内，航道内流速大小及方向的变化均不明显。

项目建成后，海州湾北侧水域的水流基本流态发生了变化，尤其是防波堤周围海域内水流的流态发生了较大改变。工程对水流的影响仅在工程 5 km 半径水域内发生，而在距离本工程 5 km 以外的水域，包括海州湾南侧水域、海州湾外海海域，工程建设基本不会改变其水动力条件。

2. 连云港西大堤建设

连云港西大堤建设阻断了海州湾底部与连岛南部海域通过连云港海峡的水沙交换，对周边海域的水动力环境影响较大（江苏 908 专项办公室，2012）。张存勇（2015）研究了西大堤建造前后水动力的变化发现，港湾内潮位减小与港内纳潮量减少有关，绕连岛余流有所减弱，港内余流增强，并在口门内出现顺时针涡流，港湾内水体半交换时间延长。

（二）对地形地貌和冲淤环境影响

连云港近岸海域属于开敞海湾，岸线类型较多。科研人员对该海域的物质来源、沉积物分布、沉积环境及水动力等作了大量研究，对连云港近岸海域的沉积物粒径趋势也作了较详细的分析（张存勇，2015）。航道清淤抛泥可使海底地形产生巨大变化，造成抛泥区地形高于周边地区。而抛泥区弃置之后，失去了大量泥沙来源，其隆起地形又会逐渐"削平"，同时悬浮物扩散对航道回淤及周边水域淤积也会产生重要影响（张华等，2012）。随着连云港港口的持续开发，新开港区的建设对该区域的水动力及沉积环境有不可忽视的影响。

刘红等（2015）分析了海州湾海域的港口建设工程，包括连云港西大堤、灌河口双导堤和徐圩港区等对连云港海域地形地貌和冲淤环境的影响，结果如下：

1. 连云港西大堤

连云港西大堤的封堵使湾内由于水沙条件改变而海床变化明显，堤外 2 m 以内的局部浅滩呈现微淤态势，连云港东口门外海滩仍处于自然冲淤相对平衡、局部地区略有冲刷的状态。

连云港港区东扩工程实施后，扩大了连云港港区深水港的面积。连云港港东口门东移5～7 km，羊窝头—旗台嘴形成环抱式港区，口门外航道W弯段被围，东口门海峡东西向流与东北向流的回流区不复存在，避开了破波带的直接影响。回淤明显减小，旗台嘴南部区域形成新的回流淤积区。

从1980—1983年和2001—2003年所测水下地形图的对比看，20年来除航道附近外，连云港海域−5 m以深的海床冲淤现状仍处于“基本平衡”的状态，连岛东侧−5 m线附近的局部淤积区为连云港航道开挖的抛泥区。−5 m以浅的区域以淤积为主，特别是西大堤外侧的淤积幅度和范围较大，西大堤内侧浅滩也普遍淤积。西大堤外侧的最大淤积幅度达2 m，淤积区主要在西大堤以北约5 km范围内。临洪河口附近岸滩淤积严重，淤积泥沙主要为弱动力条件下落淤的细颗粒泥沙，潮滩松软易陷，难以开展生产活动，近岸滩涂养殖海域的使用潜力受到限制。连岛东侧近岸也因西大堤建设后成为连云港南北两翼泥沙交换的主要途径而发生局部淤积，对海滨浴场产生一定的影响。

2. 灌河口双导堤

根据2007—2011年靠近灌河口西导堤的北侧“南固9”断面地形对比分析可知，2007—2009年该断面上3～5 km段大致冲淤平衡，2009—2011年该段平均淤积1.7 m；2007—2009年该断面上7～15 km段平均冲刷0.1 m，而2009—2011年平均冲刷达到1.5 m。上述分析表明，灌河口双导堤建成后，工程区附近流场和海床地形已发生变化，具体为导堤头部区域冲刷，根部发生淤积，大范围海床演变的影响有限。

3. 徐圩港区

从灌河口等深线的变化分析可知，1960—1980年灌河口外沙体5 m等深线外推了约5 km，10 m等深线向西北偏西方向移动了6.2 km，年平均310 m。1980—2005年沙体5 m等深线向西北方向移动了2.5 km，年平均约100 m；10 m等深线向西北偏北方向移动了1.5 km左右，年平均约58 m，移动速度远比1960—1980年小，说明沙体移动速度明显减缓，位置趋于稳定。

2005—2010年灌河口沙嘴5 m和10 m等深线基本保持稳定，进一步说明沙体是稳定的。该地区基本呈现冲淤平衡状态。

由于徐圩港区的建设仍处于起步阶段，因此徐圩海域的地形演变暂未发生明显变化。随着大规模建设，徐圩港区对连云港该海域海床演变的影响会逐步显现。建议后续继续加强对本海区大面积水沙和地形跟踪监测，研究水动力、泥沙、底质、海床和岸滩稳定性的变化及其对航道的潜在影响。

综上所述，近岸大型工程建成后对沿岸地形带来的影响仅限于5 m等深线以内的区域，冲淤幅度较大；5 m等深线以外的区域基本处在工程影响范围之外，海床冲淤幅度较小。

（三）水文动力和冲淤变化对海洋生物资源的影响预测

海州湾水动力和冲淤环境的改变对底栖生物群落产生了一定影响。据张存勇（2015）

研究，西大堤建成后，底栖生物群落种类减少，种类组成亦发生变化，总的趋势为甲壳动物减少、多毛类种类增多、底栖生物群落多样性降低。根据连云港各港口建设对水文动力的影响范围，水文动力和冲淤环境变化对海洋生物的影响应局限在港口 5 km 范围内，受影响区沉积物类型多为粉沙、沙质粉沙，局部区域泥沙粒径有进一步细化趋势。沉积物粒径细化有利于多毛类的生存，个体较大的软体动物、棘皮动物等由于沉积物环境改变则易于消失。

（四）港口施工增量对悬浮物的影响

港口施工对海洋环境主要影响因素为航道疏浚产生的悬浮物，赣榆港区 10 万 t 级航道一期工程外侧，航道采用 5 000 m^3/h 耙吸船进行开挖，耙吸式挖泥船作业时作业中心悬浮物浓度为 700～1 000 mg/L。

根据悬浮物稀释扩散数值模拟成果，港口施工对高浓度悬浮物（≥100 mg/L）的影响范围较小，单点预测最大影响面积为 2.7 hm^2，对水环境的影响范围仅限于航道两侧，在施工完成后对悬浮物的影响也将消失。

在整个潮周期内大于 150 mg/L 施工悬浮物主要在施工位置处（图 3－1），最大影响包

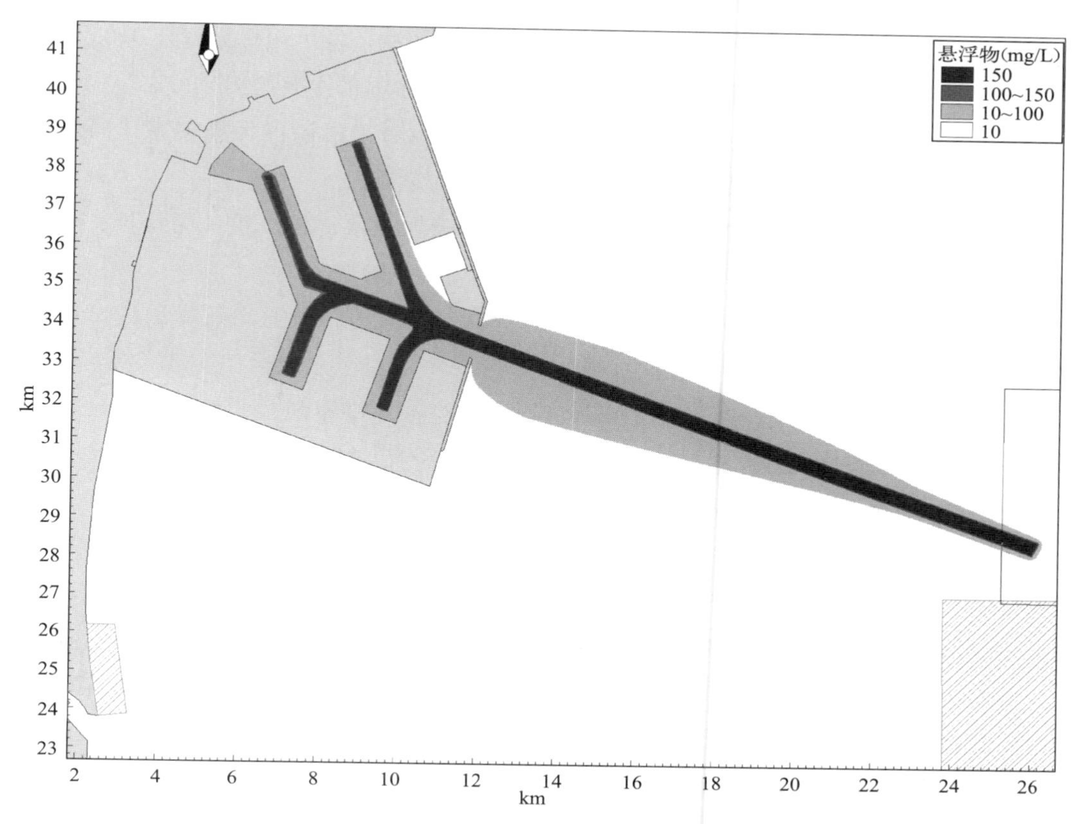

图 3－1　疏浚区悬浮泥沙最大影响范围包络线图

络面积约为 1 004.4 hm^2，浓度大于 10 mg/L 悬浮物最大影响包络面积约为 1 193.6 hm^2，浓度大于 10 mg/L 的悬浮物最大影响包络面积约为 3 886.1 hm^2。

由上述分析可知，港口开发引起的悬浮物含量增加多发生在施工期，对海洋生态的影响范围局限于施工区域，主要影响对象为浮游生物、鱼卵、仔稚鱼和幼鱼、虾蟹类幼体。施工结束后，增量悬浮物的生态影响不复存在。

（五）港区溢油风险

1. 历史海域风险事故统计分析

船舶溢油事故分为海难性事故与操作性事故。海难性事故一旦发生，往往会造成较大规模的溢油事故；而发生操作性事故时，事故原因和数量都具有很大的随机性。2003—2014 年连云港水域船舶溢油事故的特点如下：

（1）海域内船舶溢油污染事故的数量总体呈下降趋势。

（2）操作性事故的发生频率高于海难性事故的发生频率。2003—2014 年共发生 47 次船舶溢油事故。其中，海难性事故 15 次，占总事故数的 31%；操作性事故 32 次，占总事故数的 69%。

辖区 47 次污染事故中，在连云港港区周边发生的船舶污染事故共计 32 次。其中，操作性事故 31 次，发生频率为每年 2.6 次；海难性事故 1 次，发生频率为每年 0.08 次。

（3）碰撞、沉没、操作不当及船舶故障是发生溢油事故的主要原因。

（4）海难性事故的溢油污染损害远高于操作性事故带来的溢油污染损害。操作性溢油事故的溢油量一般在 1 t 以下，而海难性事故的溢油量较大。

（5）连云港地区船舶及港口码头设备的老化和破损现象比较严重，船龄长、吨位小的船舶介入散货及油品运输行业，成为溢油事故重要的风险源。

（6）自联防体系的 25 万 t 级矿石接卸码头与一座 10 万 t 级通用散货泊位试运行以来，至今尚未发生过船舶污染事故。

另外，2003—2014 年，连云港海域海难性船舶溢油污染事故最大溢油量为 15 t。事故发生于 2009 年 4 月 8 日，中国籍油船“利华 6”轮与巴拿马籍集装箱船舶“长果”轮在黄海中部，距连云港 160 n mile 处发生碰撞事故，事故造成“利华 6”轮右舷燃油舱损坏，约 15 t 燃油溢出，造成一定的海洋污染。操作性船舶溢油污染事故最大溢油量为 1 t，事故发生于 2007 年 9 月 9 日，停靠在连云港港 30 号泊位的“辉泓 1”轮加重油时，因船员未按规定值守，发生满溢，约 1 t 重油从油舱通气孔外溢入海。

根据 2003—2014 年连云港水域船舶溢油事故统计，操作性溢油事故多发生在码头前沿，而海难性事故多发生于远海，但也有少量海难性事故发生在近岸港口锚地。根据 2003—2014 年连云港水域船舶溢油事故情况统计，连云港港区 12 年内共发生溢油事故 47 次，平均每年发生溢油事故约 4 次。

2. 环境风险事故识别

一般港口船舶溢油事故按事故发生地点，可分为船舶运输过程事故风险和码头装卸过程事故风险两类。

船舶运输过程事故可分为航行事故和船舶本身（完整性）事故。航行事故包括碰撞、触礁、搁浅等，船舶本身事故包括船舶火灾、结构损坏、设施故障等。可能导致船舶燃油泄漏的直接原因或间接原因有船舶与船舶相互碰撞、船舶碰撞码头、船舶搁浅、船舶火灾爆炸、恶劣风浪条件下船舶翻沉或结构断裂。上述事故往往导致船舶燃油泄漏事故。

码头区域的管线、输油臂、阀门及船舶等，在生产过程中均有可能发生油品泄漏事故。另外，泄漏事故又与油气扩散、火灾爆炸及中毒等事故紧密联系。

（1）大部分泄漏发生于港口或原油码头日常操作中，如装卸原油、油轮加油等。

（2）大部分因为误操作导致的溢油量都很小，泄漏量小于 7 t 的此类泄漏事故占误操作导致泄漏总数的 90%。

（3）大部分事故类的泄漏，如碰撞或搁浅所产生的泄漏量很大，超过 700 t 的泄漏事故占此类泄漏事故总数的 84%以上。

3. 溢油风险事故分析

以赣榆港区为例，到 2020 年港区散货船以 15 万 t 级左右船型为主，原油、原料油将主要以 10 万～15 万 t级船型为主；到 2030 年，散货船以 15 万～20 万 t 级船型为主，原油、原料油将主要以 10 万～20 万 t 级船型为主。当散货船发生风险事故时，以燃料油舱泄漏的计算源强，经核算单舱最大燃料油泄漏量不超过 2 000 t。根据对 10 万～20 万 t 原油船的研究，大型运油船舱位约为 15 个，船舶吨位越高，单舱容量越大。由此可知，15 万 t原油船单舱最大装载量约 1 万 t，20 万 t 原油船单舱最大装载量约 1.4 万 t。

基于最不利情况下（溢油源强 1.4 万 t）的数值模拟计算结果表明，一旦赣榆港区发生大规模溢油事故，海州湾生态系统与自然遗迹海洋特别保护区、海州湾中国对虾种质资源保护区、海州湾旅游休闲娱乐区等保护目标的水体都有可能受到严重影响（表 3－2 和表 3－3）。

表 3－2　溢油风险影响范围

溢油位置	风况	潮期	油膜最大漂移距离（km）	油膜扫海面积（km^2）
规划港区口门处	夏季 SE 向 4.7m/s	涨潮期	9.2	40.0
		落潮期	10.8	32.7
	冬季 NNE 向 7.6m/s	涨潮期	16.9	70.9
		落潮期	20.2	90.2
	不利 W 向 10.7m/s	涨潮期	29.4	142.9

表 3-3 溢油风险分析表

溢油位置	风况	潮期	对水环境的影响区域
规划港区口门处	夏季 SE 向 4.7 m/s	涨潮期	油品泄漏后部分油膜开始时向港池内漂移，6 h 后在潮流与风的共同作用下抵达赣榆二港池内部；部分油膜在 SE 向风作用下沿着赣榆防波堤 A 堤向近岸漂移，18 h 抵达近岸区域，在此后过程中油膜均在赣榆港区东侧近岸区域“振荡”漂移
		落潮期	油膜在落潮流和风的共同作用下直接向东北侧漂移，14 h 抵达赣榆东侧近岸区域。在此后过程中，油膜均在赣榆港区东侧近岸区域“振荡”漂移
	冬季 NNE 向 7.6 m/s	涨潮期	油膜在落潮流和风的共同作用下直接向西南侧漂移，26 h 抵达赣榆港区南侧近岸区域；同时，对海州湾旅游休闲娱乐区产生直接影响
		落潮期	油膜开始时刻向北漂移，6 h 抵达防波堤东北侧，6 h 后潮流由落潮转为涨潮。油膜将有部分从赣榆港区口门进入港区内部，部分油膜将沿着赣榆 C 防波堤向西南侧漂移。约 37 h 后在涨潮流和风的共同作用下油膜将首次抵达南侧近岸区域，同时对海州湾旅游休闲娱乐区产生直接影响
	不利 NW 向 10.7 m/s	落潮期	油膜在涨潮流和不利风 NW 向风的共同作用下向 SE 向漂移，约 14 h 大部分油膜将抵达海州湾中国对虾种质资源保护区内，15 h 后会抵达保护区的核心区，对核心区的持续影响时间为 6 h。之后油膜将漂至海州湾生态系统与自然遗迹海洋特别保护区，在持续影响 4 h 后油膜将继续向外海漂移，并漂出本次风险评价范围之外

二、近岸海域富营养化对海洋环境的影响

（一）江苏省近岸海域富营养化分布格局

姜晟等（2012）对近年来江苏省近岸海域富营养化现状进行了评价及成因分析后认为，无机氮和活性磷酸盐是江苏省近岸海区的首要污染物，而造成江苏省近岸海域水体富营养化的主要因素来源于入海河流和直排海污染源的氮磷输入。从海区大尺度分布分析来看（丁言者，2014），磷酸盐与无机氮为历年江苏省近岸海域主要污染物，无机氮含量总体稳定，磷酸盐浓度呈上升趋势，且增幅显著，营养盐类污染则表现出“南重北轻”的现象，污染最为频繁的海域分布在盐城与南通近岸海域交界处、遥望港闸至团结闸近岸海域及启东市东侧近岸海域。对江苏省近岸海域多年水质资料的对比分析研究结果如下：

（1）*无机氮、磷酸盐为江苏近岸海域的主要污染物*　江苏省近岸海域总体表现出春季至秋季耗氧类污染减轻、营养盐类污染加重的特征。连云港近岸主要为混合型污染海域，南通近岸为营养盐类污染海域，盐城近岸则表现为由混合型污染向营养盐类污染过度的状态。江苏省沿海三市近岸海域现状营养结构各不相同，连云港近岸海域由春季的“磷限制”为主逐渐转变为秋季的富营养状态占优；盐城海域均表现为富营养状态占优，秋季小部分区域表现出“氮限制”特征；南通海域由春季至秋季呈现“复合型营养状态—富营养状态为主—氮限制状态占优”的变化趋势。

（2）*磷酸盐与无机氮为历年江苏省近岸海域主要污染物* 无机氮含量总体稳定，磷酸盐浓度呈上升趋势，且增幅显著。江苏省近岸海域耗氧类污染“北重南轻”，主要污染区位于连云港赣榆县近岸、灌河口至废黄河口近岸海域；营养盐类污染则表现出“南重北轻”的现象。污染最为频繁的海域分布在盐城与南通近岸海域交界处、遥望港闸至团结闸近岸海域及启东市东侧近岸海域。连云港、南通近岸海域富营养化指数（eutrophication index，EI值）呈上升趋势。盐城海域富营养化状况近两年总体有所好转。多年来，富营养化频发的区域主要分布于盐城东台河口至南通小洋口港近岸及泰运河河口（如东闸）至大洋港近岸海域。“十一五”前期，江苏沿海三市N/P均偏高（与Redfield值相比），以P限制性富营养化为主。近几年间，盐城与南通海域N/P呈下降趋势，盐城海域N/P降至正常水平。南通海域N/P出现低值，表现出N限制性富营养化特征。

（3）*赣榆县近岸及连云港港区、徐圩港区为海州湾的重污染区* 渔业用海、交通运输用海对该区域水环境造成了严重影响，加之半开阔海湾的地形特征降低了污染物的扩散能力，因此海州湾成为江苏省近岸海域污染较为严重的区域。灌河口南侧及中山河口为废黄河三角洲区域的重污染区。灌河、中山河排污、灌河口化工园区排污及中山河口外侧滩涂排污倾倒用海对该区域水环境造成了严重影响。翻身河口及扁担港口海域在海洋强动力的作用下，污染不显著。

（二）江苏近岸绿潮的时空分布特征

近年来，盐城以北的黄海海域在5—7月曾多次监测到浒苔的聚集和暴发，分布范围大致在盐城以北、连云港以东、青岛、日照以南海域，范围从几十平方千米到几百平方千米，已引起了政府部门和社会各界的广泛关注。根据国家海洋环境监测中心对江苏沿岸海域的卫星遥感监测结果显示，2014年4月30日在江苏盐城和南通交界海域发现带状浒苔分布，覆盖面积为34 km^2。浒苔在2014年5月增殖速度最快，2014年5月21—27日浒苔覆盖面积发生激增，由350 km^2 增大至2 200 km^2，主要分布于盐城滨海沿岸海域，并逐渐覆盖连云港、日照海域。2014年6—7月，浒苔分布面积持续扩大，覆盖面积趋于稳定，在800～1 000 km^2 浮动。6月10日浒苔分布面积为17 000 km^2，6月30日分布面积约为38 000 km^2。2014年6月浒苔主要分布在盐城至青岛海域。7月1—14日，南黄海浒苔分布面积和范围进一步扩大，并于7月14日达到全年最大值，在南通至威海海域均有分布。8月以来浒苔密度逐步降低，覆盖面积和分布面积逐渐减少。

（三）绿潮对渔业生产的危害

从对浒苔发生过程的监测结果看，江苏近岸浒苔的发生中心在盐城和南通交界海区，该区域营养盐含量要高于连云港海区。从海洋浮游植物对富营养化的敏感性分析结论来看，该区域比连云港港区更具备形成绿潮（如浒苔）的营养物质基础。连云港港区是浒苔高发后向北迁移的必经海区，而连云港沿岸污水的排放为浒苔提供了一定的营养补充。因此，陆源排污增加了对海区绿潮灾害的发生概率。

绿潮暴发对海洋生物具有一定影响。由 2014 年江苏省浒苔监测结果可知，在时间上浒苔发生、增长、暴发期与江苏省主要经济鱼类产卵期及浮游动物数量高峰期重叠并呈现一致趋势，均发生在每年的 4—8 月。由此推断，浒苔暴发会威胁江苏省沿海海洋浮游生物的生存空间，尤其是在绿潮覆盖海域，短期内浮游动物的生态环境遭受剧烈变化。物种组成和数量一旦发生变化并骤减，将直接影响渔业生产的饵料来源，进而会在绿潮发生期内对渔业经济生产造成干扰和损害。

浒苔营养价值较高，富含多种氨基酸，属优质蛋白，一旦堆积腐烂会生成大量毒素并侵入海洋环境中。主要表现为：①其死亡腐烂时释放有毒有害气体，造成大气环境污染，不利于人们在海边生产、生活、旅游。②浒苔大面积堆放，腐败变质亦造成滨海景观污染，沙滩岩石等旅游景观被腐蚀后，外观颜色改变。浒苔堆积物腐败变质后如不及时清理，有毒有害物质将进入海水中危害海洋动植物及人类健康。

三、田湾核电取排水对海洋生态环境的影响

江苏省田湾核电站采用直流循环海水冷却方式。以一期工程为例，一期工程 2 台核电机组运行取冷却水量约 102.0 m^3/s，年取水量约 2.6×10^9 m^3。

核电站对海域环境的影响主要为温排水及取水过程的卷载效应。中国水产科学研究院东海水产研究所评估研究田湾核电站取排水对周围海域天然渔业资源的损害（2009 年），认为电厂取排水对渔业资源有如下影响：

核电站温排水排放以一定的流速排入水域，对于水环境造成热冲击，并使水体增温。由于带有余氯，因此对水生生物产生效应。成鱼具有回避能力，在短期暴露安全温度范围内，温排水不会对其构成影响。但没有回避能力的胚胎、仔鱼，其在余氯含量大于 0.02 mg/L 的温排水扩散范围内会受到明显影响。

据对核电站一期温排水的数值模拟结果，当排入海中的余氯浓度为 1.00 mg/L 时，余氯浓度为 0.10 mg/L 等值线全潮平均面积为0.36 km^2，余氯浓度为 0.01 mg/L 等值线全潮平均面积为 2.10～3.06 km^2。

从长期来看，在温排水混合区，海水升温和余氯的双重作用将对一定范围海区渔业生物胚胎、仔鱼等产生长期的不利影响；结合取排水口附近海域 1 周年调查数据，估算了取水卷载、海水温升、余氯毒性的多重因素对渔业生物胚胎、仔鱼、幼体的影响，即鱼卵年损失量为 1.27×10^9 个，仔鱼年损失量为 1.25×10^9 尾，幼鱼年受损量为 2.22×10^9 尾，幼虾年损失量为 6.38×10^6 尾，幼蟹年损失量为 2.18×10^5尾。

第四节　主要经济品种对海洋开发的响应

根据《江苏近海海洋综合调查与评价总报告》，江苏近岸海域中鱼卵多出现于春季和夏季，秋季和冬季鱼卵和仔稚鱼数量较少。近年来中国水产科学研究院东海水产研究所在海州湾的调查结果显示，在5月、8月航次采集到大量鱼卵、仔鱼样本，在7月航次采集到大量的蟹类蚤状幼体样本和焦河篮蛤幼体。由此可见，春、夏季是海州湾鱼类、虾蟹类的主要产卵期。海州湾各海洋开发活动对生物资源胚胎和幼体主要影响因子为悬浮物、溢油、电厂取排水和卷载效应，主要影响季节为春、夏季。

根据连云港渔业生产统计资料，海洋捕捞产量靠前的经济品种有梭子蟹、毛虾、虾蛄、鲳、小黄鱼、带鱼、梅童鱼等，毛蚶、杂色蛤、乌贼也有一定的产量。

一、鱼类

1. 小黄鱼

小黄鱼遍布于东海、黄海、渤海，曾经是中、日、朝三国的主要捕捞对象，年产量最高26.8万t（1967年），占全海区海洋渔业总产量（1953—1960年平均值）的16%左右。

根据黄海、渤海渔业资源调查与区划，从渔场地理分布、鱼群生物学及鱼群行动迹象等分析，海州湾小黄鱼群体属黄海中部越冬场的鱼群，与吕四渔场地理族、渤海地理族和东海地理族相比，属微不足道小族。

小黄鱼在海州湾产卵场和吕四渔场产卵场的产卵期为每年4—5月，底温为11～14℃。长期的海域捕捞扰动和对小黄鱼资源的过度利用，已经对小黄鱼生殖习性产生了较大的影响，其产卵期的水温和盐度适应范围扩大，水深范围也较以往向深海海域扩展，在125°00′00″E以外的外海海域已经存在小黄鱼产卵场。另外，环境变化已经对小黄鱼产卵群体生物学特征产生了影响，表现形式有性成熟提早和繁殖力提高等。

中国水产科学研究院东海水产研究所2014—2015年在海州湾的调查发现，夏季（2015年8月）分布于10 m以浅海域的小黄鱼主体为幼鱼。2014年11月和2015年5月在调查区的小黄鱼亦为幼鱼，主要分布在10 m水深等深线外侧，但丰度不高，在秋季以后，小黄鱼洄游至外海越冬。由季节和空间分布规律可知，海州湾为小黄鱼幼鱼的索饵场，主要利用季节为夏季，而近岸10 m水深海域为其重要栖息地。

根据海州湾各海洋开发活动对生物资源影响范围及效应分析，对小黄鱼主要影响因素为溢油风险和海洋捕捞，主要影响季节为夏季，围填海和航道疏浚产生的悬浮物和电厂取排水的卷载效应对小黄鱼的影响较小。

2. 银鲳

银鲳可分为黄海、渤海和东海种群。5—7 月为产卵期，在黄海，主要产卵场有海州湾和吕四渔场，吕四渔场是其最大的产卵场，但在吕四渔场产卵的为东海银鲳种群。7—11 月为索饵季节，索饵场与产卵场基本重叠。到秋末，随着水温的下降，在沿岸索饵的银鲳向黄海中南部集群，南下越冬洄游。

根据中国水产科学研究院东海水产研究所 2014—2015 年的调查，海州湾为银鲳幼鱼的重要育幼场和索饵场，主要利用季节为夏季和秋季，在冬季银鲳洄游至外海越冬。

根据海州湾各海洋开发活动对生物资源的影响范围及效应分析，对银鲳主要影响因素为溢油风险和海洋捕捞，主要影响季节为夏季，围填海和航道疏浚产生的悬浮物和电厂取排水的卷载效应对银鲳的影响较小。

3. 带鱼

由于地理位置和生态环境的差异，遍布于东海、黄海、渤海、南海的带鱼形成了不同的群系或亚群系，海州湾的带鱼是黄海、渤海群带鱼。

渤海和海州湾海域是中国黄海、渤海群带鱼主要产卵场，每年 4—9 月，向北产卵洄游的带鱼沿途在海州湾渔场、石岛渔场、渤海各个渔场产卵。海州湾带鱼产卵群体自大沙渔场向西北方向洄游进入海州湾产卵场，于 5 月下旬至 6 月产卵，产卵后在海州湾东部和青岛外海索饵。

根据中国水产科学研究院东海水产研究所 2014—2015 年的调查，5 月、8 月、11 月航次均捕获带鱼，以 5 月航次带鱼肛长最长（23.5～33.0 cm），主要分布于海州湾底部；8 月和 11 月带鱼个体偏小，主要为幼鱼，索饵区域在 10 m 水深以外海域。

海州湾海洋开发活动中对带鱼影响较大的为溢油风险和捕捞生产活动，其余因素对其动态影响不大。

4. 棘头梅童鱼

属近海底栖性小型鱼类，主要分布在黄海和东海。在黄海、渤海区，棘头梅童鱼不作长距离的洄游，只进行短距离的浅水-深水间洄游，每年 3 月底即开始向沿岸浅水区洄游，5 月底至 7 月中旬为产卵期，产卵后仍在原海区索饵直至 12 月底先后返回越冬场越冬。

根据中国水产科学研究院东海水产研究所 2014—2015 年的调查，棘头梅童鱼在海州湾的索饵区在 10 m 等深线外的海域。海州湾海洋开发活动中对其影响较大的为溢油风险和捕捞生产活动，其余因素对其动态影响不大。

二、虾蟹类

1. 口虾蛄

口虾蛄属于节肢动物门、甲壳纲、软甲亚纲、口足目、虾蛄科、口虾蛄属，俗称虾爬子、螳螂虾、虾虎、琵琶虾、虾拔弹等，广泛分布于我国沿海、日本沿海及菲律宾，生活在水深 5～60 m，是口足目的优势种。

从口虾蛄在海州湾的时空分布格局看，口虾蛄繁殖盛期为春、夏季，主要分布在10 m水深以浅海域且幼体比例较高。因此，口虾蛄极易受海洋开发活动的影响，悬浮物、油类、取排水、海洋排污均对其有一定的影响。

2. 毛虾

毛虾是生活在近岸浅海的一种小型虾类。在中国沿岸海域，目前发现并有文献记载的有中国毛虾、日本毛虾、普通毛虾、毛红虾、锯齿毛虾 5 种。

毛虾的自由泳能力很弱，其迁徙分为被动型移动和主动性移动。被动型移动是指毛虾群体因外界环境的变动，即由水文、气象条件等自然条件的变动影响而产生的水平移动。在大风或大潮汛到来时，毛虾常会大量集中，增加群体的密度，形成良好的捕捞场所。主动移动指由毛虾的生活习性和生理需求所形成的移动现象。在春季沿岸浅水区水温较深水区上升得快，毛虾会从深水越冬场所向沿岸浅水移动进行繁殖；秋季浅水区水温较深水区下降迅速，毛虾会向深水区移动，准备越冬。

海州湾沿岸毛虾捕捞盛期为 6 月初至 7 月中旬。据《东海区渔业资源调查与区划》描述，中国毛虾在海州湾的产卵场是灌河口外侧的开山岛附近及埒子口到废黄河口一带。临洪河口曾是毛虾渔场，但由于淡水输入的减少，现已形成不了渔场。

综上所述，由于毛虾自由泳能力很弱，因此海州湾开发活动对其种群动态有影响的因子较多，悬浮物、油类、取排水、海洋排污均对其有一定的影响。

3. 三疣梭子蟹

三疣梭子蟹是海产经济甲壳动物，在我国沿海都有分布，也分布于日本、朝鲜、菲律宾等。我国东海、黄海主要分布在吕四渔场、大沙渔场、长江口渔场和舟山渔场 20～50 m 水深区域，渔期 9—12 月，以捕捞梭子蟹索饵、交配群体为主。

据《东海区渔业资源调查与区划》，春季随着天气转暖，水温回升，性成熟个体自南向北，从越冬海区向近岸浅海、河口、港湾作产卵洄游。3—4 月在福建沿岸海区、港湾10～20 m 水深，4—5 月在浙江中南部沿岸海域，5—6 月在舟山、长江口渔场 30 m 以浅海区，形成梭子蟹的产卵期和产卵场，此时也是当地渔业春、夏季的生产汛期。产卵场底质以沙质和泥沙质为主，水色混浊，透明度较低，底层水温一般为 14.5～21.3 ℃，盐度为 15.8～30.1。6—8 月孵出的幼蟹分布在沿岸浅海育肥，生长迅速，沿岸海区定置张网常有捕获，秋后个体逐渐长大，向深水海区移动，成为当地流刺网的捕捞对象。8—9月近海水温继续上升，外海高盐水向北推进，产卵后的索饵群体和部分当年生的较大个体，北移至长江口渔场、吕四渔场、大沙渔场，中心渔场底层水温 20～25 ℃，盐度 30～33。10 月以后，随着北方冷空气南下，沿岸水温逐渐下降，索饵群体开始自北向南、自内侧浅水区向外深水区作越冬洄游，并与分散在沿岸海区索饵的群体相混合。10—12 月在长江口、舟山渔场的佘山、花鸟、嵊山、浪岗一带海区为流刺网所捕获，并成为冬季带鱼汛生产的兼捕对象。

梭子蟹对水温的要求比对盐度的要求要严格，适温下限为 12 ℃。当水温降至 10 ℃时，即进入休眠状态，水温是支配梭子蟹洄游分布的主要原因之一。梭子蟹除了产卵阶段和幼体发育阶段要求较低的盐度外，在索饵和越冬阶段一般要求在盐度 30～34.5 的范围内。

根据中国水产科学研究院东海水产研究所 2014—2015 年的调查，除 2015 年 2 月航次未捕获三疣梭子蟹外，其余航次均有样本捕获，但丰度不高。海州湾不是梭子蟹的主要渔场及产卵场，因此海州湾海洋开发活动不会对本海区三疣梭子蟹种群动态产生大的影响。

4. 中国对虾

中国对虾属对虾科 Panaeidae，是一种暖水性、一年生、长距离洄游的大型虾类。历史上，对虾产量高，经济价值大，是黄海、渤海虾流网、底拖网的主要捕捞对象。规模巨大的渤海秋汛对虾渔业是北方省市渔业生产的重要支柱。

（1）*分布洄游*　对虾主要分布在黄海、渤海区，东海、南海也有零星分布。在对虾一年的生命周期中，要经过一次往返长约十万米的洄游。这是黄海、渤海对虾区别于世界其他虾类的一个重要特点。据黄海、渤海区渔业资源调查与区划，每年的 3 月上中旬，随着水温上升，雌虾性腺迅速发育，分散栖息在越冬场的对虾开始集结，游离越冬场开始生殖洄游。主群沿黄海中部 6 ℃等温线推移而集群北山，洄游途中在山东半岛东南分出一支游向海州湾、胶州湾和山东半岛南岸的青海—乳山渔场等近岸产卵场。山东半岛南岸的产卵群体，其产卵场主要是靖海湾、五垒湾、乳山湾、丁字湾，以及胶州湾和海州湾等河口附近海区，于 5 月上旬产卵；当年的幼虾于 8 月初体长达 80 mm 左右时，则由近岸向水深 10～20 m 处移动，索饵虾群较为密集，形成秋汛的主要渔场，是沿岸定置网具和虾流网的重要捕捞对象；10 月中下旬开始交尾，并逐渐外泛到深水区分散索饵；12月虾群则游向越冬场越冬。

海州湾是中国对虾洄游群体的一个分支。根据中国水产科学研究院东海水产研究所在海州湾开展的中国对虾春季生殖洄游期和秋季越冬洄游期时空分布调查（社会调查及拖网调查），中国对虾进出海州湾的方向基本为沿着 10 m 等深线的方向进出秦山岛—连岛—灌河口连线海域，表明 10 m 等深线海域为中国对虾进出海州湾的重要洄游通道。

夏季为中国对虾在海州湾近海的重要索饵期。根据中国水产科学研究院东海水产研究所 2015 年 8 月对中国对虾的调查结果，中国对虾在连岛以北 20 m 以浅的海域丰度较高，分布的中心区域为人工鱼礁区，可推断该区域为中国对虾在海州湾的主要索饵区域。

（2）*资源量变动* 历史上，中国对虾渔业分为秋汛、冬汛和春汛，我国渔船主要在秋汛和春汛作业，日本拖网渔船在黄海冬汛和春汛作业。1961年前，我国以春汛捕捞为主，自1962年改为秋汛捕捞为主，秋汛渔获量占春、秋总产量的90%以上。20世纪80年代后，由于补充型捕捞过度，中国对虾的产卵已在较低水平波动。中国对虾养殖业的发展对对虾亲体的需求剧增，使得在黄海、渤海近岸产卵场几乎捕捞不到亲虾（叶昌臣，2005），导致中国对虾资源加速衰退。

（3）*中国对虾增殖放流对中国对虾资源恢复的作用* 为了保护中国对虾的自然资源，同时恢复其产量，中国对虾的增殖放流工作逐渐展开。我国自1984年开始中国对虾的增殖放流，尤其是2006年国务院颁发《中国水生生物资源养护行动纲要》以来，中国对虾增殖放流数量逐年增加，到2014年仅山东省放流中国对虾虾苗的数量就达到了27.1亿尾。

对虾的增殖放流对海区对虾资源的修复起到了一定效果。据乔凤勤等（2012）研究，山东半岛南部中国对虾自然资源量极低，资源的补充主要依赖于增殖放流。2010年自然群体相对资源量为每小时每网2.10尾，增殖放流10 d前后相对资源量为每小时每网219.56尾，放流群体占混合群体的99.04%。2011年自然群体相对资源量为每小时每网1.22尾，增殖放流10 d前后相对资源量为每小时每网21.52尾，放流群体占混合群体的94.33%。

近年来，分子标记技术应用到了对虾增殖放流效果评价工作中。蔡珊珊（2015）利用8个微卫星引物分别对2012年123尾亲虾和174尾回捕对虾进行了分析，结果显示174尾回捕对虾中，90尾个体在8个微卫星位点上与雌性亲虾一致。对2013年39尾亲虾和85尾回捕对虾进行分析的结果显示，85尾回捕对虾中，20尾回捕对虾为放流虾苗，占回捕对虾总数的23.3%。根据亲虾和放流虾苗的对应关系，推测放流虾苗来源，10尾放流虾苗为昌邑海捕亲虾的后代，8尾为昌邑养殖越冬亲虾的后代，2尾为无棣亲虾的后代；2013年的回捕对虾中，存在6尾2012年亲虾的子二代。

中国对虾不同世代间遗传多样性比较分析结果显示，中国对虾群体遗传多样性水平较高；中国对虾群体的近交现象都比较严重；3个世代4个群体间不存在显著的遗传分化。

使用微卫星对中国对虾样品分析的结果显示，放流的虾苗在秋季的回捕对虾中占有相当大的比例，证明中国对虾增殖放流效果显著；并且在翌年的亲虾中也检测到了放流的虾苗，证明增殖放流对资源的补充是持续的。但是中国对虾群体近交现象严重，可能对自然海域的对虾资源带来遗传风险。

中国水产科学研究院东海水产研究所对不同时期海区捕获的对虾，以及增殖放流对虾进行了遗传多样性分析，结果表明采集四批次中国对虾遗传多态性均较高，具有一定的选择潜力；4个群体间遗传无显著分化，说明中国对虾人工增殖放流对现有海州湾中国对虾群体的遗传多样性不会产生不利影响，可很好地维持在海州湾产卵和索饵的中国对虾群体的遗传多样性和遗传结构。

其他海区的研究经验表明，中国对虾增殖放流可以作为海区对虾资源的有效补充，海州湾中国对虾增殖放流效果亦非常显著。据《中国海洋报》报道，“2013 年 9 月 16 日，随着东海渔区休渔期全面结束，江苏省连云港市在册数千艘渔船全面开渔。在当日回港渔船的渔获中，20 多年不见的中国对虾再次跳进船舱。此次洄游，也是海州湾中国对虾国家级水产种质资源保护区成立以来，形成的中国对虾首次渔汛”。由此可见，增殖放流手段促进了海州湾中国对虾资源的初步恢复。

三、头足类

日本枪乌贼属于一年生、浅海洄游性小型头足类，在我国仅分布于黄海、渤海近海。日本枪乌贼在食物链中占据重要地位，是底拖网渔业及某些定置网渔业的主要捕捞对象之一，是营养价值较高的一种海产品。日本枪乌贼在每年 3 月中下旬开始进行生殖洄游，一部分于 5 月上旬到达海州湾产卵，亲体产完卵后死亡，幼体在海州湾内生长发育；9 月以后随着水温的下降，群体向深水移动；12 月进入黄海中部 34°00′00″—37°00′00″N、122°00′00″—124°00′00″E 的深水海域进行越冬。

根据中国水产科学研究院东海水产研究所 2014—2015 年的调查结果，在海州湾所采集的日本枪乌贼几乎全部为幼体，5 月日本枪乌贼平均体长略高于其他航次。该季节为日本枪乌贼在海州湾的产卵期，有部分成体被捕获，但比例极小。日本枪乌贼高丰度区在 10 m等深线外侧海域，

海州湾海洋开发活动中对其影响较大的为溢油风险和捕捞生产活动，其余因素对其种群动态影响不大。

第五节　海洋开发对海州湾重要生物资源承载力的影响

一、海州湾生物资源承载力现状

（一）海州湾渔业生态足迹

1. 海州湾渔业生态足迹计算方法

通过对多种海域生态承载力量化方法的比较分析，生态足迹法可以简单、形象地量化渔业资源的供需状况，从而更好地定量分析海州湾重要生物资源对海洋开发活动的承载力。

渔业生态足迹法量化的出发点是：在给定的人口和经济条件下，通过将消耗的渔业资源（本文研究的重要生物资源主要指渔业资源）和产生的废弃物所带来的影响转化成全球统一的生物生产性面积，与自然生态环境所能提供的生产性面积判断人类对自然环境产生的压力是否在可承载范围之内。对渔业生态足迹进行计算需要满足的理论基础和假设是（王若凡，2008；宋亚洲等，2010）：①可以跟踪沿海城市在生产和消费过程中消耗的渔业资源、能源及其产生的污染物；②消耗的渔业资源、能源及排放的废弃物可以转化成为相应生产和占用海洋服务功能的生态生产性海域面积；③占用的海域面积能够折算成标准公顷（全球公顷），1全球公顷的生物生产能力等于当年全球土地（含渔业水域）的平均生产力；④用全球公顷表示的海域面积可以表达海域提供的各种生态服务功能；⑤提供各种生态功能的海域面积可具有非排他性；⑥自然供应的近岸海域承载力可以和近岸渔业生态足迹直接进行比较；⑦供给的面积（生态承载力）可以低于需求的渔业水域面积（渔业生态足迹），表现为生态赤字；⑧上年结余的水产品的生态足迹按照当年的标准计算。

渔业生态足迹的计算公式：

$$S=C/Y \tag{1}$$

$$MEF=Sf \tag{2}$$

式中，C为年海洋渔获总量（kg）；Y为海洋捕捞水域的初级生产力（kg/hm^2）；S为捕捞水产品所需要的渔业水域面积（hm^2）；f为渔业水域的均衡因子；MEF为渔业生态足迹（hm^2）。

生态承载力（ecological capacity，EC）计算：

$$EC=(1-12\%)\ S'\times y\times f \tag{3}$$

式中，S'为渔业水域实际供给面积（hm^2）；y为渔业水域的产量因子。按照世界环境与发展委员会（WCED）的报告——《我们共同的未来》，出于渔业生态安全考虑，减去12%系为生物多样性保留的水域面积（如各级渔业生态保护区、水产种质资源保护区等）（吴隆杰，2006）；EC为生态承载力（hm^2）。

计算所需的年海洋渔获总量主要来自《江苏省农村统计年鉴》，连云港近海捕捞的有关资料，采用渔业生态足迹模型换算中全球一致的渔业水域均衡因子和产量因子，进行渔业生态足迹和生态承载力的计算与分析。需要说明的是，根据Wackernagel and Ress（1998）的计算数据，为了将人类消费的资源和能源折算成全球统一的、具有同等生态生产力的全球面积，便于进行不同区域的比较天然水域的初级生产力取自全球平均水域初级生产力（表3-4）。

将计算出来的渔业生态足迹与该地区的生态承载力进行比较，从而判断该地区的渔业发展是否处于生态可以支持的能力范围之内。通常运用生态赤字（ecological deficit，ED）作为比较的标准，生态赤字计算公式为：

$$ED=EC-MEF \tag{4}$$

式中，ED 为生态赤字（hm^2）。

表 3-4　渔业生态足迹参数值

参数	数值
均衡因子（f）	0.35
产量因子（y）	1
初级生产力（Y，kg/hm^2）	29

当生态赤字为正时，说明生态承载力有一定比例的富余可以承载未来的渔业生态足迹增长，该区域渔业资源是可持续利用的。当生态赤字为负时，说明该区域的生态承载力已经不能支持当地的渔业生态足迹，亦即区域渔业处于生态超载状态，区域渔业资源处于不可持续利用状态。当生态赤字为零时，区域渔业资源处于可持续利用和不可持续利用状态的临界点。在计算足够精确的情况下，一般不出现这种情况。

2. 海州湾渔业生态足迹

根据 2006—2015 年《江苏省农村统计年鉴》，统计连云港市近海海洋捕捞产量资料作为年海洋渔获量，用于分析连云港海州湾海域海洋捕捞产业发展现状和渔业生态足迹现状。利用式（1）和式（2）对连云港海州湾海域近几年的渔业生态足迹进行计算（具体结果见表 3-5），连云港海州湾海域十年来平均渔业生态足迹为 $1.849\,1\times10^6$ hm^2。

表 3-5　海州湾海域主要年份渔业生态足迹

年份	年海洋渔获量（t）	渔业生态足迹（$\times10^6$ hm^2）
2006	151 223	1.825 1
2007	148 411	1.791 2
2008	149 700	1.806 7
2009	147 964	1.785 8
2010	150 842	1.820 5
2011	153 266	1.849 8
2012	154 470	1.864 3
2013	158 225	1.909 6
2014	158 068	1.907 7
2015	159 922	1.930 1
平均	153 209	1.849 1

2006 年连云港海洋捕捞产量为 15 万 t 左右，伴随着捕捞力量的逐渐投入，渔业生态足迹虽然在个别年份略有下降，但整体呈增加趋势（图 3-2）。十年间渔业生态足迹增长了将近 6 个百分点，在 2015 年达到峰值 $1.930\,1\times10^6$ hm^2。说明对海州湾生物资源的利用程度持续加剧，已经远远超出了海州湾生态系统的可承载范围，渔业生态足迹与海域生态承载力的矛盾还将激化，海域生态系统衰退，人海关系危险。

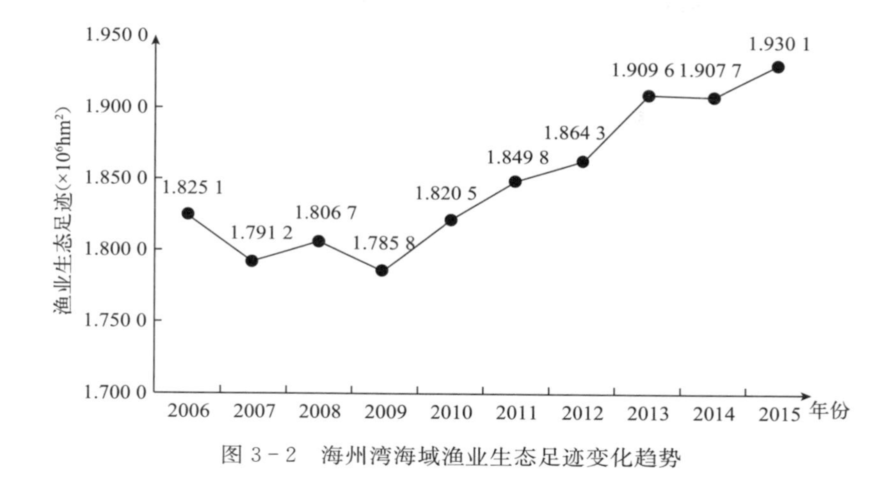

图 3－2　海州湾海域渔业生态足迹变化趋势

（二）海州湾渔业生态承载力及生态赤字计算

根据陈晓英等（2014）对海州湾海岸线的研究及《连云港市海洋功能区划（2013—2020）》的相关资料，笔者统计了因围填海、港口建设海州湾的面积变化，并以此为基础计算了海州湾渔业生态承载力。经计算，海州湾平均渔业生态承载力为 0.231 9×10^6 hm^2，平均生态赤字为 1.617 2×10^6 hm^2，渔业生态足迹几乎是生态承载力的 8 倍。

从生态赤字的趋势看，海州湾海域渔业资源消费一直表现为较高水平的生态赤字，并有逐渐升高的趋势。海州湾面积的变化直接影响了生态承载力中的水域实际供给面积，结合生态承载力计算公式（3）和生态赤字计算公式（4），计算结果见表 3－6。海域面积的减少导致海州湾生态承载力逐渐降低，而渔业生态足迹随捕捞力量的投入变得越来越大。从生态足迹变动方向分析，围填海、港口建设等进一步扩大了海州湾的生态赤字，并维持在较高水平上，加重了海州湾的不可持续发展程度。这个趋势将伴随着围填海、港口开发活动的持续还将进一步加剧（图 3－3）。

表 3－6　海州湾海域主要年份渔业生态足迹

年份	海洋渔获量 (t)	海湾面积 (km^2)	渔业生态足迹 (×10^6 hm^2)	生态承载力 (×10^6 hm^2)	生态赤字 (×10^6 hm^2)
2006	151 223	7 543.39	1.825 1	0.232 3	－1.592 8
2007	148 411	7 541.90	1.791 2	0.232 3	－1.558 9
2008	149 700	7 540.41	1.806 7	0.232 2	－1.574 5
2009	147 964	7 538.92	1.785 8	0.232 2	－1.553 6
2010	150 842	7 537.43	1.820 5	0.232 2	－1.588 4
2011	153 266	7 530.29	1.849 8	0.231 9	－1.617 8
2012	154 470	7 523.14	1.864 3	0.231 7	－1.632 6
2013	158 225	7 516.00	1.909 6	0.231 5	－1.678 1
2014	158 068	7 508.86	1.907 7	0.231 3	－1.676 4
2015	159 922	7 501.71	1.930 1	0.231 1	－1.699 0
平均	153 209	7 528.21	1.849 1	0.231 9	－1.617 2

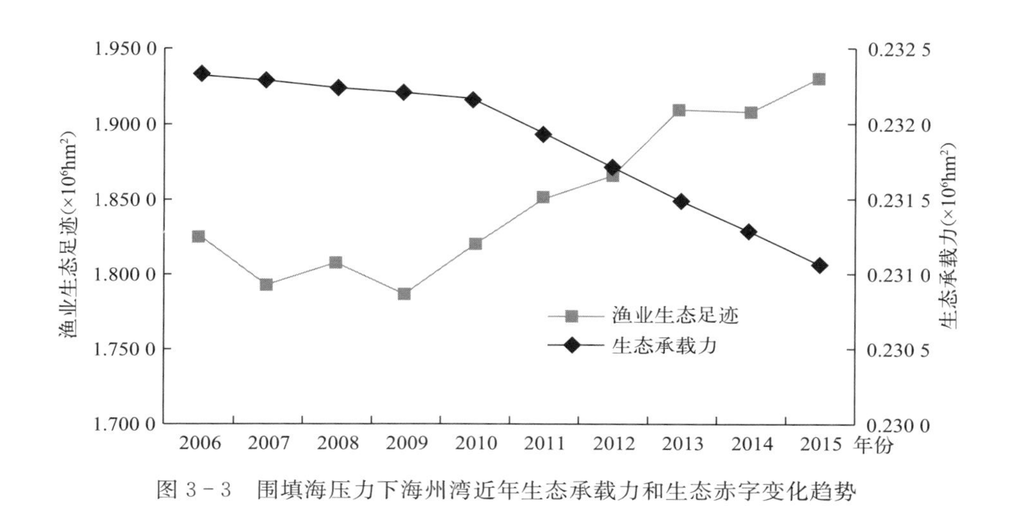

图 3-3　围填海压力下海州湾近年生态承载力和生态赤字变化趋势

二、海洋捕捞对海州湾生物资源承载力的影响——基于STELLA的海州湾生态足迹模拟

（一）基于 STELLA 的渔业生态足迹模型构建

海洋生态系统内部存在着各子系统和各要素之间的多重反馈和动态的复杂关系，理清这些关系是研究海域生态承载力的关键。系统动力学是一种以反馈控制理论为基础，集控制论、系统论于一体的计算机仿真技术，也是研究复杂社会经济动态系统的定量方法（王其藩，1994），可提供不同情景的预测仿真分析，为管理提供策略建议，适合海洋生物资源对海洋开发活动承载力的分析研究。

系统动力学模型以系统观和方法论作为指导思想，系统目标是着眼于实际应用情况，从变化和发展的角度去解决系统问题，将系统分解结合贯穿于系统建模、模拟与测试的整个流程。在构造模型过程中，抓主要矛盾，简化实际系统的本质特征，合理确定系统边界和定义系统变量。模型的一致性和有效性检验是在长期的实践中不断修改和完善的，从而适应系统的实际变化和目标（方景清，2011）。与采用其他量化方法研究海域生态相比，系统动力学方法有自己的独特优势，主要表现在：

（1）*形象性和直观性*　系统动力学模型拥有规范、定量的计算机书写语言，根据子系统和内部各要素建立因果关系图，输入初始变量并采用历史数据对模型进行检验，调整参数来找出系统的灵敏参量，通过 STELLA 软件可以将系统运行结果以曲线图形输出，让决策执行者和政策实施者可以直观、形象地认识系统的运行过程，便于提出改进意见，成为真正的“战略和策略实验室”（狄乾斌，2007）。

（2）闭环性和复杂性　系统动力学模型子系统和内部各要素变量多且关系复杂，通过数学模型和结构模型可以处理高阶非线性问题及长期动态趋势。建立封闭完整的环路结构，有利于充分表达系统特征。

（3）适应性　构建要素关系之间的多重反馈系统，对历史数据要求不高，适应处理有限数据和精度不高的复杂海域生态承载力问题，开展预警研究，有重要的现实意义。

系统动力学建模过程渗透着认识和解决问题的思维，具体步骤有（张波等，2010）：①任务调研、确定目标、划分边界；②定义变量、绘制因果反馈图；③建立方程、构建模型；④仿真模拟、调试模型；⑤模型应用与评估。

（二）基于 STELLA 的渔业生态足迹模型框架

将系统动力学方法加入到海域生态承载力的研究方法之中，结合渔业生态足迹方法，完善和丰富了生物资源对捕捞活动的承载力分析的研究。应用 STELLA（Isee Systems 公司，9.1.3 版本）软件作为系统动力学模型构建平台，模型结合渔业生态足迹原理，遵循系统动力学建模的基本步骤进行建模，构造了海州湾简单的渔业生态足迹动态模型。模型仅考虑海洋捕捞作为海州湾近岸渔业生态系统的胁迫压力，模拟捕捞对渔业资源造成的衰退影响，以及渔业生态足迹的变化，从而对海州湾海域渔业生态足迹的动态变化进行预测研究，以期为恢复和养护海州湾渔业资源提出对策，更为海州湾海洋经济可持续发展的协调管理和综合决策机制提供有力保障。

该模型包含 4 个模块：①饵料（浮游植物）（bait）模块；②渔业资源（fishery）模块；③生态承载力（ecological capacity，EC）模块；④渔业生态足迹（marine ecological footprint，MEF）模块。各模块间相互关系见图 3-4。

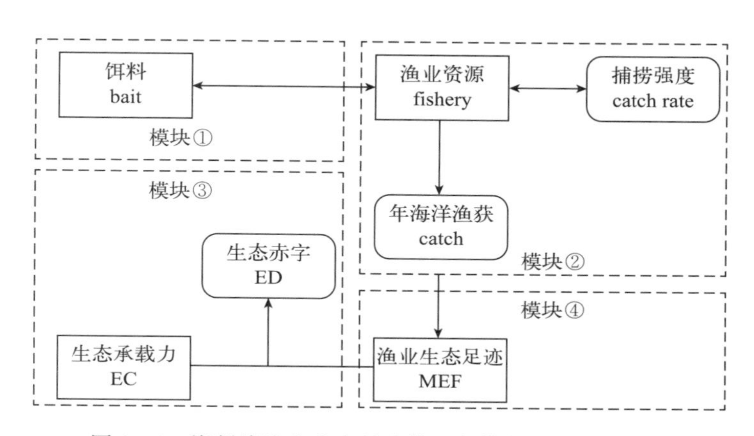

图 3-4　海州湾渔业生态足迹模型各模块间的相互关系

饵料模块与渔业资源模块间相互作用，并决定着区域渔业资源的容纳量。渔业资源模块受物种生长、死亡过程和饵料丰度支配，在模块中加入了捕捞强度作为决策变量，以研究不同捕捞强度策略下渔业生态足迹的变化。渔业生态足迹模块为模型的核心，受渔业水域面积、均衡因子的影响。生态承载力模块主要目的是衡量渔业生态足迹是否出现生态赤字。

依据各模块间的因果关系，采用STELLA软件，建立渔业生态足迹的流程图（图3-5），用于模拟分析捕捞决策变量对渔业生态足迹输出的影响和变化趋势。STELLA软件内部依靠的数学运算体系非常严谨，并通过常微分方程组来构建模型。使用者构造数学方程式时可以非常简单，因为确定模型中各变量之间的关系（函数层中的数学关系）只需要通过图形化的语言方式来表达。首先确定特定变量的初始变量，然后所需变量的数值或者变化曲线就可以通过运行模型来得到了，因为计算机可以在后台操作所有复杂数据的运算流程（狄乾斌等，2012）。在建模时首先将模型参数、自变量、因变量及辅助变量对应的图标元件安放在Model页面，然后将各元件用箭头联系来创立函数关系，最后切换到Equation界面来输入函数表达式（Costanza and Gottlieb，1998），模型数据及结果可以通过Excel存储或读取。

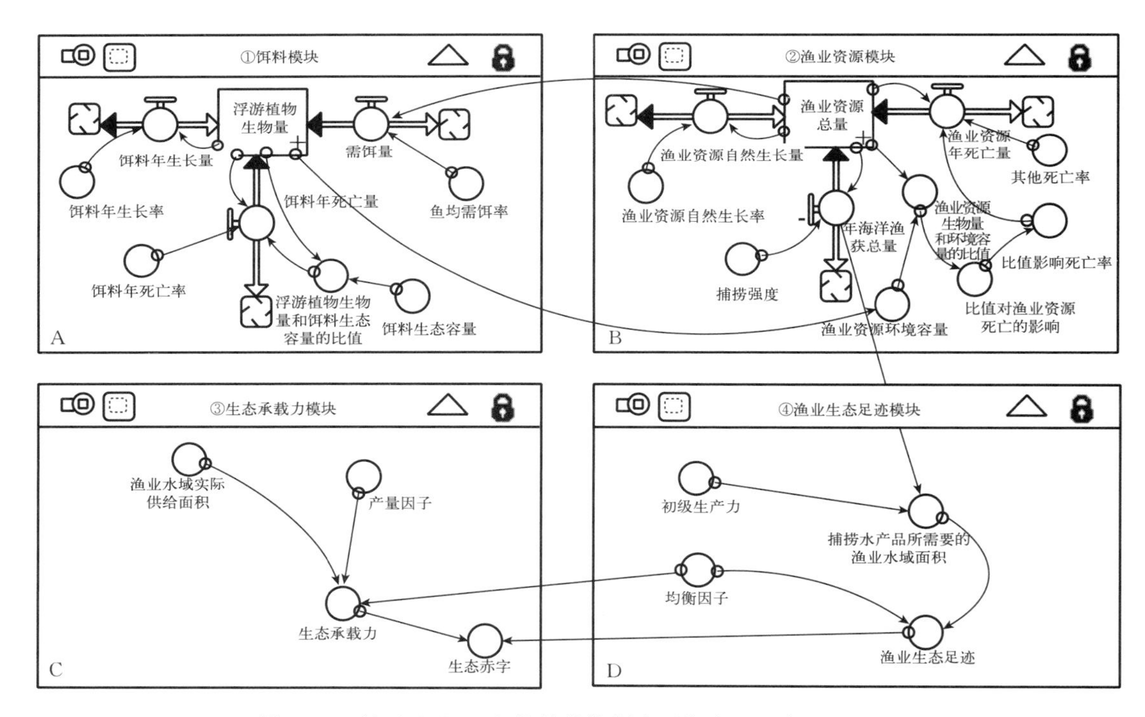

图3-5 基于STELLA软件的海州湾近海渔业生态足迹流程

1. 模块组成

（1）饵料模块 模型的饵料部分将设置浮游植物生物量（P）为状态变量。在近海海域生态系统，浮游植物作为生产者将能量和营养物质转化为初级生产力，并沿食物链流动。根据"908"专项黄海海区各航次调查数据（江苏908专项办公室，2012），海州湾初级生产力年平均值近似取南黄海初级生产力的年平均值，即 516 mg/(m^2 · d)（以 C 计）。根据陈晓英等（2014）对海州湾海岸线的研究及《连云港市海洋功能区划（2013—2020）》的相关资料，区划海域总面积约 7 543.39 km^2，故该海域年初级产碳量约 1.43×10^9 kg；按 1 g 碳相当于 10 g 鲜物质计算，则浮游植物的鲜重为 1.43×10^{10} kg；将其设置为浮游植物生物量（P）的初始值，并将此值看作该水域饵料的生态容量值。为保证模型顺利运行，结合海州湾浮游植物特点（徐虹等，2009），将渔业资源生物长到成熟平均需饵料（鱼均需饵率）估算为 0.15（王子超和晁敏，2017），饵料的自然生长率与自然死亡率均估算为 0.2（刘莉莉等，2012）。根据生态平衡原理，采用营养动态模型估算海州湾近岸海域生态系统的渔业资源容纳量。营养动态模式计算公式（詹秉义，1995）为：

$$B=PE^n \tag{5}$$

式中，B 指渔业资源年生产力，P 指浮游植物年生产量（鲜重），E 指生态效率，n 指估算对象的营养阶层（营养级）。

此模型研究区域为海州湾近岸海域，水深小于 200 m 等深线，生态效率按近海海域取值 15%（宁修仁等，1995）。估算对象的营养阶层采用黄海南部平均营养级取值 2.531（张波和唐启升，2004；徐汉祥等，2007），则将浮游植物年生产量的 $0.15^{2.531}$ 倍设为渔业资源的环境容量 k，并随之波动。

（2）渔业资源模块　渔业资源生物量净减少取决于渔业资源自然死亡量和年海洋渔获总量，而渔业资源自然生长量则构成了渔业资源量的补充量。模型中设置渔业资源生物量为状态变量，年海洋渔获总量、渔业资源自然死亡量和渔业资源自然生长量为相应的流率变量。该模块提供了生态足迹模块中渔业生态足迹计算所需要的流率变量年海洋渔获总量，其变化在整个系统中处于支配地位。海洋渔业的发展程度受到渔业资源与生态承载力水平的制约，对资源环境的开发超过一定的允许值，人类的捕捞活动就会受到自然规律的惩罚。在江苏省近岸海域生态足迹的模拟中，为防止模型发生崩溃，以渔业资源的环境容量值 k 为前提，依据“908”专项黄海海区各航次调查数据设置的因子（江苏 908 专项办公室，2012），将 2006 年的渔业资源初始量估算为 4×10^8 kg，从而增加了模型的适用性。为保证模型顺利运行，结合海州湾渔业资源特点（唐峰华等，2011），将生物在生长过程中自然繁殖率估算为 0.55（刘莉莉，2007）。由于造成死亡因素复杂，因此这里将死亡率统一设定为 0.16（叶昌臣和邓景耀，2001；王子超和晁敏，2017）。

对海洋捕捞产量产生影响的因素较多，有劳动力人数、投入的机动渔船数量及其功率、海洋渔业管理政策对海洋捕捞渔船实行渔船数量和主机功率零增长的“双控”政策（梁铄和秦曼，2014）、伏季休渔制度、捕捞限额制度等。为方便应用系统动力学进行分析，这里统一将这些影响因素定义为捕捞强度应用到构建的模型当中。

（3）生态承载力模块　在该模块中设置生态赤字为核心数据转换器，其变化与生态承载力和生态足迹子模块中的渔业生态足迹有关。另外，生态承载力的变化又和供给的渔业水域面积 S、产量因子 y 和均衡因子 f 有关。元件之间的函数关系见公式（3）和式（4），相关参数因子的取值说明及来源见表 3-4。

（4）渔业生态足迹模块　在该模块中设置渔业生态足迹为核心数据转换器，渔业生态足迹的变化与均衡因子和所需的渔业水域面积 S 有关，而所需渔业水域面积又和初级生产力 Y 及年海洋渔获总量 C 相关。元件之间的函数关系见公式（1）和式（2），相关参数取值说明及来源见表 3-4。

2. 主要方程

（1）渔业资源生物量　其计算公式是：

$$F(t)=4\times10^{8}(t-dt)+(\text{渔业资源自然生长量}-\text{渔业资源自然死亡量}-\text{年海洋渔获总量}\ C)\times dt$$

（2）浮游植物生物量　其计算公式是：

$$P(t)=1.43\times10^{10}(t-dt)+(\text{饵料年生长}-\text{饵料年死亡}-\text{需饵量})\times dt$$

（3）年海洋渔获总量　其计算公式是：

$$C=F\times\text{捕捞强度}$$

（4）渔业资源自然生长量　其计算公式是：

$$\text{渔业资源自然生长量}=F\times\text{渔业资源自然生长率}$$

（5）饵料年死亡量　其计算公式是：

$$\text{饵料年死亡量}=P\times\text{饵料年死亡率}\times P/K_0$$

（6）饵料年生长量　其计算公式是：

$$\text{饵料年生长量}=P\times\text{饵料年生长率}$$

（7）需饵量　其计算公式是：

$$\text{需饵量}=F\times\text{鱼均需饵率}$$

（8）渔业生态足迹　其计算公式是：

$$MEF=C/Y\times f$$

（9）生态承载力　其计算公式是：

$$EC=(1-12\%)\ S'\times y\times f$$

（10）生态赤字　其计算公式是：

$$ED=EC-MEF$$

式中，C 为年海洋渔获总量（kg）；EC 为生态承载力（hm^2）；f 为渔业水域的均衡因子；F 为渔业资源生物量（kg）；K_0 为饵料生态容量（kg）；MEF 为渔业生态足迹（hm^2）；P 为浮游植物生物量（kg）；S' 为渔业水域实际供给面积（hm^2）；t 为时间（year）；y 为渔业水域的产量因子；Y 为海洋捕捞水域的初级生产力（kg/hm^2）。

3. 模型有效性验证

陈永霞等（2010）以年海洋渔获量为例，通过历史检验法来判断模型的可适性。

即将主要变量的初始参数输入模型进行仿真运行，将得到的模拟结果和实际数值作比较，计算其偏离度（师满江和徐中民，2010），公式如下：

$$Dt=(Xt'-Xt)/Xt\times 100\% \tag{6}$$

式中，Dt 为偏离度；Xt'为第 t 年的模拟结果；Xt 为第 t 年的实际数值。

（三）海州湾渔业生态承载力现状评价

1. 模型拟合

基于构建的 STELLA 的渔业生态足迹模型，对 2006—2015 年的年海洋渔获量进行模拟，并将模拟结果和实际数值分别代入式（6），两者的拟合结果如图 3-6 所示。综合分析发现，海州湾海域年海洋渔获量的模拟值和实际值的偏差较小，偏离度为－1.78%～＋3.46%（符合 95%的信度）。通过历史检验法计算得到的结果较麦尔哈巴・麦提尼亚孜和瓦哈甫・哈力克（2015）和张爱儒（2015）等研究的误差更小，结果也更精确。另外，其模拟结果的变化趋势也符合现实情况，表明主要变量的初始参数准确性比较高。因此，该模型适应于海州湾海域渔业生态足迹的仿真模拟，结合渔业生态足迹和生态赤字的计算，可以为海州湾渔业资源的可持续开发利用提供合理参考论据。

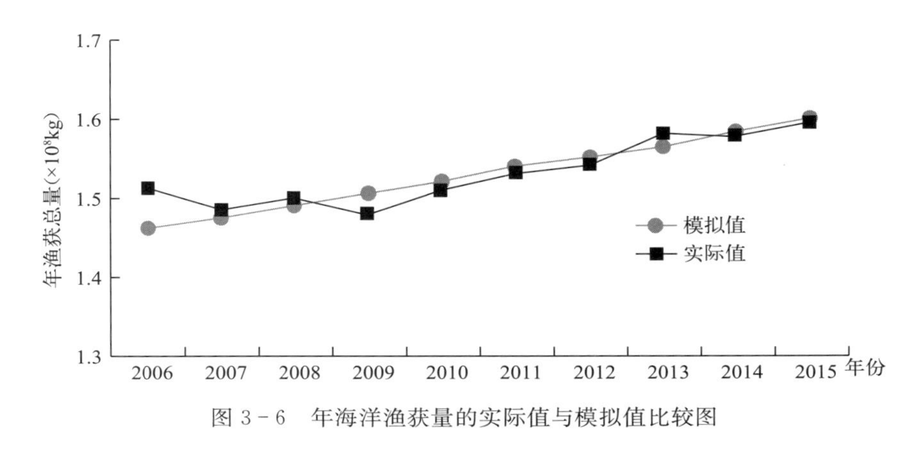

图 3-6　年海洋渔获量的实际值与模拟值比较图

2. 不同捕捞强度下的渔业生态足迹仿真分析

运用 STELLA 软件作敏感性分析（sensitivity analysis）研究了捕捞强度对渔业生态足迹的影响。进行敏感性分析的最终目的是找到影响海州湾海域渔业生态足迹的限制因子，并对限制因子进行有针对性的调控，从而为海州湾海域渔业资源的可持续发展提供借鉴。

在上述模型基础上，将捕捞强度视为决策变量，设置捕捞强度为 0.2、0.4、0.6、0.8 等 4 种情况，将 2006 年设为仿真基期年，2022 年为仿真报告期年，仿真时间序列长度为 17 年，运行分别得到 F、MEF 及 ED 的相应变化趋势。图 3-7 的 3 幅图中，分别用 4 种曲线来表示从大到小的 4 种不同捕捞强度下各个变量的变化情况。在图 3-7A 中，当捕捞强度为 0.2 时，渔业资源资源生物量会逐渐增加，最终达到一个较高的平衡值。随着捕捞强度的增加，渔业资源生物量反而会逐渐降低，在极高的捕捞强度下（图 3－7A 中曲线 3 和 4 之间的变化），渔业资源生物量最终会趋于 0，表明极高的捕捞强度会造成渔业资源枯竭，并且在这种高强度的捕捞下也会造成很高的生态赤字（图 3－7B 中曲线 3 和 4 之间的变化），长此以往会造成海州湾渔业生态系统的崩溃。通过模型模拟得出，目前捕捞强度大约为 0.4 的水平，虽然在这样的捕捞强度下渔业生态足迹会在一段时间内保持较高水平，能满足人类短期内从海洋中获得较多的海产品和服务，但随着时间的推移已经呈现逐渐下降的趋势（图 3－7C 中曲线 2 的变化），对海洋的这种强度索取是不可持续的。在较低的渔获率下，生态赤字短期内会下降，然后保持一个相对的较低的稳定水平，对渔业生态系统的发展平衡是有益处的。通过比较这三幅图得出，在目前的捕捞水平下，虽然在一段时间内能保持较高的渔业生态足迹，渔业资源生物量在短期内也能满足人类需要，但已经呈现下降趋势，是一种不可持续的发展方式。在极高的捕捞强度之下，渔业生态足迹和渔业资源生物量都会从较高值发生脉冲式下降，生态赤字急剧增加，最终会引起渔业生态系统的崩溃。综合而言，捕捞强度为 0.2 较为合理。结合上文计算的海洋渔获总量的阈值，目前捕捞强度需要降低约 50%，才能维持海州湾海域渔业生态系统的健康可持续发展。

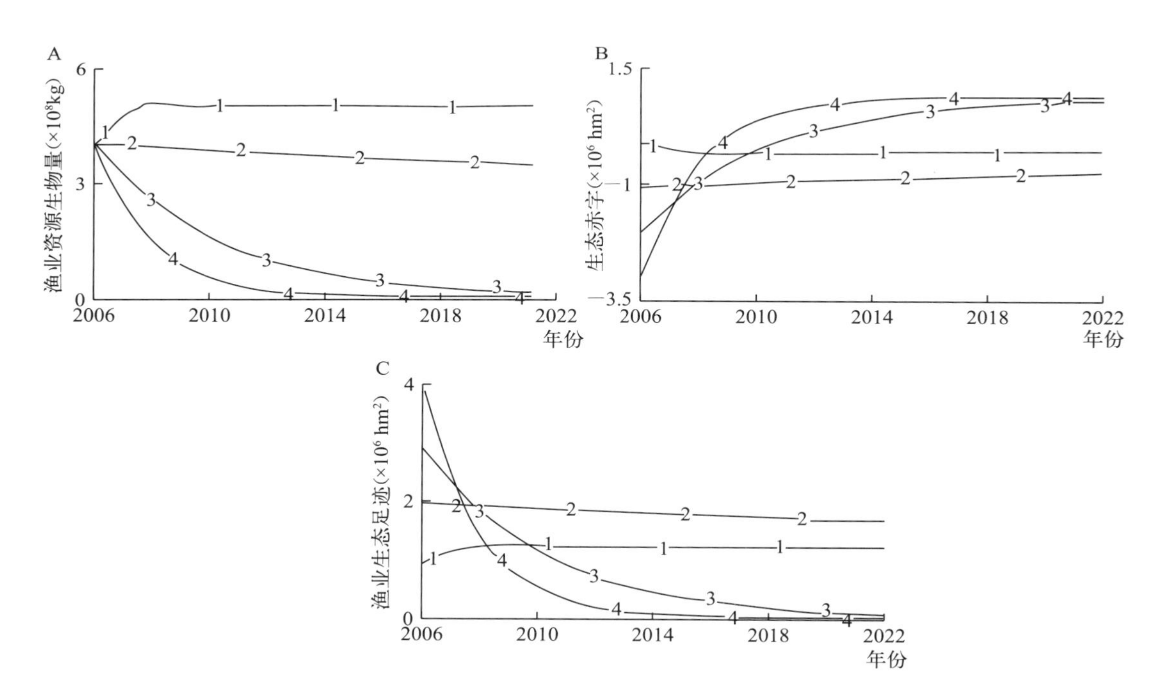

图 3－7　不同捕捞强度对渔业资源生物量、渔业生态足迹及生态赤字的影响

A. 渔业资源生物量　B. 生态赤字　C. 渔业生态足迹

注：曲线 1 捕捞强度为 0.2；曲线 2 捕捞强度为 0.4；

曲线 3 捕捞强度为 0.6；曲线 4 捕捞强度为 0.8。

三、海州湾生态承载力综合评价——指标体系法

（一）海州湾生态承载力综合评价——指标体系构建

基于对连云港海州湾海域生态系统、经济系统和社会系统的 DPSIR 模型分析，构建了评价指标体系，构建流程如图 3-8。

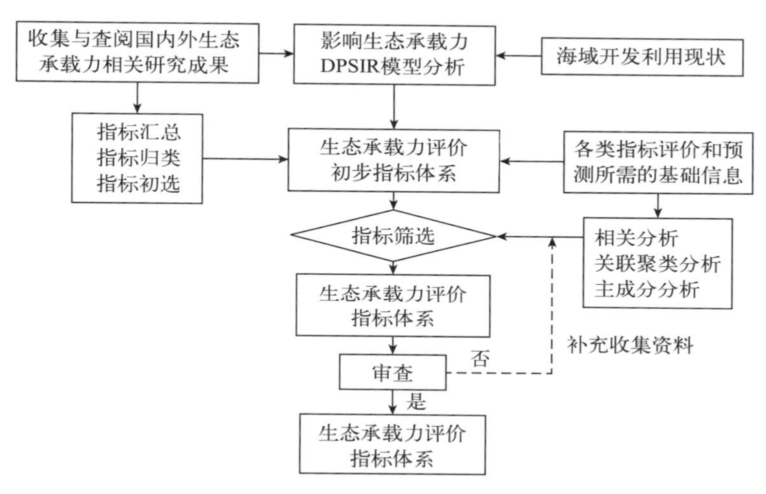

图 3-8　生态承载力指标体系筛选方法和构建框架

1. 评价指标体系筛选原则

由于评价指标涉及多学科、多领域，指标种类较多，因此在建立评价指标体系时不需要也不可能包含所有的指标。为了全面、客观和科学地评价生态承载力，在筛选指标和构建指标体系时应遵循指标选取原则（表 3-7）。

表 3-7　评价指标选取原则

选取原则	原则要求
整体性原则	生态系统内部和系统与系统之间相互联系、相互影响，需从资源—环境、社会经济和人类健康等方面综合考虑
科学性原则	评价指标体系的建立，应尽可能地反映海洋生态和资源、经济、社会诸方面的内容，既要能较客观和真实地反映生态承载力的内涵，又要能够很好地度量和体现生态承载力的程度
完备性与代表性相结合原则	评价指标体系中所选取的指标应该具有足够的涵盖面，以期全面地反映其评价对象，应对系统的承载力比较敏感。这样所选取的指标才能够真实、全面地反映生态系统的健康程度
定性与定量相结合原则	海岸带生态系统是包含自然环境、社会、经济等的复合生态系统，影响因素多而复杂。有些因素可以定量分析，有些因素只能定性分析，科学评价生态承载力需要对指标进行识别，判定其定性或定量特性。在评价系统建立的过程中需要将定性分析和定量分析有机地结合起来

（续）

选取原则	原则要求
静态性与动态性相结合原则	指标体系不仅要能反映当前海洋生态系统的现状，而且要能反映一段时期内系统的发展及变化趋势，指标体系的选择要注重时间、空间与适应范围的可对比性，便于进行各种纵向和横向的比较与推广运用
简明性和可操作性原则	指标概念明确，易测易得。评价指标的选择要考虑我国的经济发展水平，从方法学和人力、物力上，均要符合我国现有生产力水平，同时还要考虑各个技术部门的技术能力。为保证评价指标的准确性和完整性，评价指标要可测量，数据便于统计和计算，有足够的数据量
系统性和层次性相结合原则	根据评价需要和生态承载力评价的复杂程度，在实际评价中按照系统的层次性常把系统分成几个独立的子系统，且根据地区的系统性及各层次、各要素之间的特点及相互关系，指标体系可以分解为若干层次结构具体展开分析，使指标体系合理、清晰

2. 评价指标体系的选取

（1）驱动力指标

①人口增长　人口增长是引起海岸带区域生态环境变化的原始驱动力，适合于人类生存的环境空间是有限的，而庞大的人口基数必然带来对土地、粮食、水等资源的巨大需求，而这些都来源于周围的环境，这促使我们不断开采资源去满足人们的需要。在海岸带一切非自然因素造成的胁迫作用中，人是一切因素之本，海岸带地区在经历自然演化的同时，更为显著地受到人类活动的影响。比如，因人口空间需求而实施滩涂围垦向海洋要土地，因提高生活水平需要而增加渔业捕捞强度向海域索取蛋白质，因发展工业经济高耗水企业产生的大量污水向海域排放，等等。这些现象的发生一切皆以人的因素为本。

基于上述分析，在考虑驱动力子系统指标时，首先选择人口总量指标表征对邻近海域生态和资源环境变化的驱动力。为了实现区域可承载，将人口的增长控制在一定的范围内是非常重要的，此处选取人口密度作为表征人口增长对邻近海域生态和资源环境变化驱动强度的指标。

②经济发展　经济发展与资源环境在相互作用过程中存在着种种矛盾，经济发展对资源环境的驱动可为负也可为正。在我国现阶段，如东部沿海重点地区经济发展水平较高的地区，同时也是污染较严重的地区，环境污染程度与地区经济发展水平呈现同步增长的趋势。

反映经济发展的指标有地区生产总值（gross domestic product，GDP）、人均 GDP、固定资产投资、居民人均可支配收入等。由于经济总量的增加，这些指标亦增加，使指标间具有相关性，为反映海洋经济增长潜力，选取海洋生态文明示范区中衡量经济总体实力的指标：海洋产业增加值占地区生产总值比重。

③社会发展　经济增长带来人均纯收入的增加，继而对社会消费产生驱动，如提高人们对海水产品的需求，人们为满足需求会支出更多费用，用城镇居民人均可支配收入

表征社会发展水平对资源环境的驱动。

（2）压力类指标　压力类指标用于反映海洋生态环境所承受的主要压力。

海洋生态承受的压力有两个来源：一是自然因素造成的压力；二是人类活动造成的压力。自然因素造成的压力，如台风、海啸、海平面上升等；人类活动造成的压力，如渔业捕捞、围海造地、污水排放、资源开采等。严格地讲，这两方面的压力均可以造成海域承载力下降，但相比较而言，人类活动是目前海洋生态环境所承受压力的主要来源，自然因素在其中的影响几乎可以忽略不计。因此，这里指标的选取主要关注人类活动对海域承载力的影响。

对海洋生态环境造成影响的人类活动多种多样，不可能也没有必要为每类人类活动均构建相应的反映指标，只需为那些对当前海洋生态环境造成最主要影响的人类活动构建相应的反映指标即可。

根据影响对象不同，人类活动对海洋造成的压力大致可以分为两类：一类是对海洋资源的压力；一类是对海洋生态环境的压力。其中，前者的影响表现为人类对海洋资源的索取所导致的海洋资源数量减少和质量下降；后者的影响表现为各种开发活动导致的海域环境退化和资源衰退。其中，反映海洋资源压力的指标为近海渔业捕捞强度，反映海洋生态环境压力的具体指标为岸线开发强度。

①近海渔业捕捞强度　近海渔业捕捞强度指近岸捕捞渔船马力数和渔船数量。海洋生态文明示范区建设指标体系中以近海渔业捕捞强度零增长为评价指标之一，而据农业部发布的《关于进一步加强国内渔船管控，实施海洋渔业资源总量管理的通知》，到2020年，全国压减海洋捕捞机动渔船2万艘、功率150万kW（基于2015年控制数），沿海各省（自治区、直辖市）年度压减数不得低于该省份总压减任务的10%。

②岸线开发强度　岸线开发强度通常是指区域内人为活动在大陆岸线的开发利用状况对资源环境的影响程度（李洋，2016）。

根据《江苏省政府关于江苏省海洋生态红线保护规划（2016—2020年）》的批复，至2020年，纳入红线管控的大陆及海岛自然岸线，禁止实施可能改变或影响岸线自然属性的开发建设活动，大陆自然岸线保有率达到37%以上，海岛自然岸线保有率达到35%。

根据国家海洋局《关于印发〈海洋生态文明示范区建设管理暂行办法〉和〈海洋生态文明示范区建设指标体系（试行）〉的通知》（国海发〔2012〕44号），自然岸线保有率应达到42%。

（3）状态指标

①生物多样性　生物多样性是指一定范围内多种多样活的有机体有规律地结合所构成稳定的生态综合体，它是衡量一定地区生物资源丰富程度的一个客观指标，既可以反映一个地区群落结构的内涵，也可以反映群落组织化水平。由于水体受到污染后生物群落往往出现物种减少而某些耐污性强的物种个体数量增加，因此许多研究者利用多样性

来反映环境变化对生物的影响。此处采用 Shannon - Wiener 多样性指数表示生物多样性程度，其计算公式如下：

$$H' = -\sum_{i=1}^{S}(n_i/N)\log_2(n_i/N)$$

式中，S 指物种数目；n_i 指第 i 中的个体数；N 指群落中物种的总个体数。

②近岸海域一、二类水质占海域面积比重　指沿海市级和县级管辖近岸海域的沉积物质量为一、二类的站位占监测站位总数的比例。

（4）影响指标

①海洋赤潮灾害状况　通过统计近年海州湾赤潮年均发生频次，来评估海洋灾害状况。

②海洋溢油事故风险状况　国际上溢油根据其规模和所需的资源进行分级：1 级，指能够通过使用该地的溢油反应资源加以处理和控制的较小的溢油事故；2 级，指需要地区内其他溢油反应资源协助处理和控制的较大型的溢油事故；3 级，指需要国内甚至国际溢油反应力量协助处理和控制的大型或灾难性的溢油事故。国内溢油级别按照溢油量进行定位，小型溢油指溢油量 10 t 以下；中型溢油指溢油量 10～100 t；大型溢油指溢油量 100 t以上。

（5）响应指标

①设立的海洋生态红线区的面积占海域总面积的比例　根据《江苏省政府关于江苏省海洋生态红线保护规划（2016—2020 年）》的批复，至 2020 年，全省海洋生态红线区面积占江苏管辖海域面积的比例达到 27%以上。

②海洋管理机构与规章制度　指为保障沿海地区社会经济发展的需求，申报地海洋领域公共或公益服务保障机制的建设情况。

3. 基于 DPSIR 模型的承载力评价指标体系

基于 DPSIR 模型分析，根据指标选取原则来选择，把海域生态承载力评价指标体系分为 3 个层次，每个层次又分别选择其主要特征的要素作为评价指标。第一层次为目标层，指以生态承载力指数为目标，用来度量生态承载力总体水平；第二层次为准则层，包括驱动力（D）、压力（P）、状态（S）、影响（I）、响应（R）5 个因子；第三层次为指标层，如表 3 - 8 所示。根据指标值与承载力之间的相互关系，评价指标可以分为以下几类：

第一类：正向指标。正向指标的指标值与承载力程度呈正相关关系，即指标值越高可承载度越高，如生物多样性等。由于正向指标本身和客观物质条件的限制，都有一个极限值或目前现实状况所能达到的最高值域，因此这个最高值域可以作为承载力“可承载”级别的判断标准。

第二类：负向指标。负向指标的指标值与承载力呈负相关关系，即指标值越高可承载程度越低，如人口增长等。负向指标也有一理论和现实的最低值域，这个最低值域也可以作为承载力“可承载”级别的判断标准。

第三类：双向指标。有些指标值与承载力呈正态或偏态分布，这类指标值过高或过低都影响承载力，即存在一个优化的取值范围，如海洋产业增加值占地区生产总值比重、城镇居民人均可支配收入。

表 3-8　海州湾生态承载力评价指标体系

目标层	因素层	指标层	单位	趋向
驱动力（D）	人口增长	人口密度（D1）	人/km²	↓
	经济发展	海洋产业增加值占地区生产总值比重（D2）	%	↓↑
	社会发展	城镇居民人均可支配收入（D3）	万元/人	↓↑
压力（P）	资源压力	近海渔业捕捞强度（P1）	—	↓
	生态环境压力	岸线开发强度（P2）	—	↓
状态（S）	生物多样性	游泳生物 Shannon - Wiener 多样性指数（S1）	—	↑
	近海环境质量	近岸海域一、二类水质占海域面积比重（S2）	%	↑
影响（Ⅰ）	海洋灾害	赤潮灾害次数（Ⅰ1）	次/年	↓
		海洋溢油事故风险（Ⅰ2）	%	↓
响应（R）	海洋保护	海洋生态红线面积比例（R1）	%	↑
		海洋管理机构与规章制度（R2）	—	↑

注：“↑”代表正向指标；“↓”代表负向指标；“↓↑”代表双向性质；“—”表示无量纲。

4. 数据来源

评价指标标准的确定主要有以下几个方面：

（1）本底值和目标值　即以大区域的生态环境的背景值作为评价标准，或未来管理目标及理想水平作为评价标准。

（2）类比标准　选择与本海域区域可类比区域的相关指标为参照标准，如以未受人类严重干扰的相似生态环境或以同类同等强度的人类活动作为参考标准等。

（3）国际或国内公认值或平均值　即以国际上或国内经过检验的、为学术界所公认的阈值为标准，或选取世界、国家、地方平均值作为基准值。

（4）相关研究划分标准　通过当地或相似条件下科学研究已判定的保障自然资源与环境的良好状况等作为评价参考标准，包括其他类型生态系统相关研究的划分标准。生态系统相关属性值的临界水平，即某些指标所处的影响生物生长、生存的临界值，环境容量等。

（5）专家经验值　在没有任何标准可供参考的情况下，可以根据相关专家的研究结果或经验作为标准。

以上内容详见表 3-9。

表 3-9 海州湾生态承载力评价指标标准的参考依据及其数据来源

指标	参考依据	指标数据来源
人口密度（D1）	历史数据、国际平均值	《连云港市统计年鉴（2012—2014 年）》
海洋产业增加值占地区生产总值比重（D2）	《海洋生态文明示范区建设指标体系》	《连云港市统计年鉴（2012—2014 年）》
城镇居民人均可支配收入（D3）		《连云港市统计年鉴（2012—2014 年）》
近海渔业捕捞强度（P1）	本底值、历史数据	《连云港渔业生产统计资料（2012—2014 年）》
岸线开发强度（P2）	《江苏省政府关于江苏省海洋生态红线保护规划（2016—2020 年）的批复》	资料收集
Shannon - Wiener 多样性指数（S1）	相关研究	参考文献，现有资料
近岸海域一、二类水质占海域面积比重（S2）	《海洋生态文明示范区建设指标体系》	《连云港海洋环境质量公报》
赤潮灾害次数（I1）	相关研究	《连云港海洋环境质量公报》
海洋溢油事故风险（I2）	历史数据、相关研究	公报，现有资料
海洋生态红线面积比例（R1）	目标值	《江苏省政府关于江苏省海洋生态红线保护规划（2016—2020 年）》
海洋管理机构与规章制度（R2）	《海洋生态文明示范区建设指标体系》	资料收集

5. 指标分级标准确定

根据生态承载力评价指标标准的确定思路，海州湾生态承载力评价指标标准见表 3-10。

表 3-10 海州湾生态承载力评价指标等级划分标准

系统	指标	单位	良好可承载	承载力适中	可承载力弱	不可承载
驱动力（D）	人口密度(D1)	人/km^2	<500，人口相对稀疏，对资源、经济几乎没有压力	500～3 000，人口低度聚集；资源、经济等能够承受的压力	3 000～5 000，人口密集，超出资源、经济等承载压力	≥5 000，人口高度密集，严重超出资源、经济承载压力
	海洋产业增加值占地区生产总值比重（D2）	%	≥10	5～10	1～5	<1
	城镇居民人均可支配收入（D3）	万元/人	≥2.33	1～2.33	0.5～1	<0.5
压力（P）	近海渔业捕捞强度（P1）	%	<−10	−10～0	0～10	≥10
	岸线开发强度（自然岸线保有率）（P2）	%	<58，强度不大	58～63，强度适中	63～75，强度较大	≥75，超强开发
状态（S）	游泳生物 Shannon - Wiener 多样性指数（S1）	—	≥3	2～3	1～2	0～1
	近岸海域一、二类水质占海域面积比重（S2）	%	≥70	50～70	25～50	<25

（续）

系统	指标	单位	良好可承载	承载力适中	可承载力弱	不可承载
影响（I）	海洋赤潮次数（I1）	次/年	<0.5	0.5～1.5	1.5～3	≥3
	海洋溢油事故风险（I2）	单次泄漏量	单次泄漏量<0.1t/年	单次泄漏量0.1～10t	单次泄漏量10～100t	单次泄漏量≥100t
响应（R）	海洋生态红线面积比例（R1）	%	≥37	20～37	10～20	<10
	海洋管理机构与规章制度（R2）	—	法律法规完善，机构健全，生态补偿机制运行良好	法律法规较完善，机构健全，生态补偿机制运行较好	法律法规不完善，机构不健全，生态补偿机制已建立	法律法规不完善，无机构，生态补偿机制未建立

（二）海州湾生态—经济—社会 DPSIR 分析

1. 海州湾生态承载驱动力分析

根据《连云港市 2015 年国民经济和社会发展统计公报》，2015 年末户籍总人口 530.56 万人，人口密度约为 712 人/km^2。以此数据判断，连云港地区人口低度聚集，资源、经济等能够承受压力。

根据《连云港市 2015 年国民经济和社会发展统计公报》，2015 年连云港城镇居民人均可支配收入 2.572 8 万元，超过海洋生态文明示范区建设指标体系中 2.33 万元的标准。表明连云港地区社会经济发展较好，对消费品有较高的消费能力。

根据《2015 年江苏省海洋经济统计公报》，连云港市海洋生产总值为 642 亿元，比上年增长 11.7%，占全市生产总值的比重为 29.7%。由此可见，海洋经济占连云港地区生长总值比重较高，是驱动连云港社会经济发展的关键动力。

2. 海州湾生态承载压力分析

（1）*近海渔业捕捞强度* 从 2012—2014 年的资料来看，2012—2014 年海洋渔业船舶数量逐年下降，由 5 129 艘降至 4 299 艘，减少 830 艘，不过渔船功率由 335 703 kW 增至 346 548 kW。渔船数量减少 16.18%，但渔船总功率并未减少。因此，连云港市 2014 年末渔船未达到捕捞力量零增长的目标，要在 2020 年末达到渔船双控目标，海洋捕捞总产量达到年度降幅 5%目标还需在管理上做出针对性的措施。

（2）*岸线开发强度* 连云港可划定大陆自然岸线 72.35 km，占全市岸线的 32.95%，自然岸线保有率为 32.95%。在海洋经济发展驱动下，连云港岸线开发强度较大。

3. 海州湾生态承载状态分析

（1）*生物多样性* 根据本项目在海州湾的调查，各季节游泳生物群落多样性均值为 1.0～1.5，冬季生物多样性较低。从游泳生物群落多样性指数值来看，海州湾游泳生物群落结构较不稳定。

（2）近岸海域一类、二类水质占海域面积比重　连云港市近岸海域符合一类、二类海水水质标准的面积 2 848 km^2，占全市海域面积的 42.5%。连云港市近岸海域水质状况总体不佳。

4. 海洋开发对海州湾生态承载的影响分析

（1）海洋赤潮次数　根据《连云港海洋环境质量公报》，2011 监测到赤潮 1 次，2012 年监测到 4 次，2013 年监测到 1 次，2014—2015 年连云港赤潮监控区未发现赤潮。5 年赤潮发生次数为 1.2 次/年。

（2）海洋溢油事故风险　2003—2014 年，连云港海域海难性船舶溢油污染事故最大溢油量为 15 t，事故发生于 2009 年 4 月 8 日；操作性船舶溢油污染事故最大溢油量为 1 t，事故发生于 2007 年 9 月 9 日。

5. 海州湾生态承载力响应分析

连云港市拟规划划定海洋生态红线区面积 2 058.09 km^2，占全市管辖海域面积的 30.82%，达到《江苏省政府关于江苏省海洋生态红线保护规划（2016—2020 年）》的批复中海洋生态红线比例。

生态红线划定后，根据海洋生态红线区的不同类型、所在区域开发现状与特征，并结合海洋水动力、海洋生态环境等特点，制定分区分类差别化的管控措施。

因此，生态红线的划定有助于海州湾各类重要生物资源的保护和恢复。

（三）评价指标体系权重确定

采用层次分析法确定各评价指标权重，得到因素层权重向量。

$$W=(0.08,\ 0.22,\ 0.22,\ 0.38,\ 0.10)$$

式中，权重最大的是影响层，即赤潮灾害、溢油风险对海州湾生态承载力的影响程度。

$$W1=(0.60,\ 0.20,\ 0.20)$$

式中，$W1$ 是驱动力层指标的权重向量，其中人口密度（$D1$）的权重最大。

$$W2=(0.50,\ 0.50)$$

式中，$W2$ 是压力层指标的权重向量，资源压力（$P1$）和生态环境压力（$P2$）的权重相等。

$$W3=(0.33,\ 0.67)$$

式中，$W3$ 是状态层指标的权重向量，生物多样性（$S1$）权重小于近海环境质量（$S2$）。

$$W4=(0.33,\ 0.67)$$

式中，$W4$ 是状态层指标的权重向量，海洋溢油事故风险（$I2$）权重大于赤潮灾害次数（$I1$）。

$$W5=(0.67, 0.33)$$

式中，$W5$ 是反应层指标的权重向量，海洋生态红线面积比例（$R1$）权重高于海洋管理机构与规章制度。

一致性指标 $CR=0.08<0.10$，由此认定该判断矩阵具有满意的一致性。

（四）海州湾生态承载力综合评价

1. 评价指标隶属度计算

经计算，得到各指标隶属度。

$$R=\begin{bmatrix} 0.08 & 0.91 & 0.00 & 0.00 \\ 1.00 & 0.00 & 0.00 & 0.00 \\ 1.00 & 0.00 & 0.00 & 0.00 \\ 0.00 & 0.32 & 0.68 & 0.00 \\ 0.00 & 0.34 & 0.66 & 0.00 \\ 0.00 & 0.00 & 0.68 & 0.32 \\ 0.00 & 0.00 & 0.70 & 0.30 \\ 0.00 & 0.70 & 0.30 & 0.00 \\ 0.09 & 0.91 & 0.00 & 0.00 \\ 0.36 & 0.64 & 0.00 & 0.00 \\ 0.50 & 0.50 & 0.00 & 0.00 \end{bmatrix}$$

2. 生态承载力综合得分计算

计算生态承载力综合得分，得到如下矩阵：

$$S=W\cdot R=(0.10, 0.49, 0.34, 0.07)$$

按照最大隶属度原则，海州湾海洋生态承载力处于 0.49 所对应的“承载力适中”状态，在各指标中，影响指标层两个指标出现了不可承载的情形。这提示着将来随着海洋开发活动的增加，赤潮和溢油风险概率增加后，将会对海州湾生态承载力造成大的影响。

第四章
海州湾生态环境及生物资源修复与养护

第一节　海州湾人工鱼礁和海洋牧场建设概况

一、海州湾海洋牧场总体情况概述

（一）总体建设规模

针对江苏省海州湾海域面临的渔业资源严重衰退、捕捞强度过大、海洋生物栖息地受损严重的问题，经过广泛而科学的论证，连云港市确定将海洋牧场建设作为恢复海州湾渔业资源和生态环境的最佳选择。在农业部的持续支持下，江苏省海洋与渔业局及连云港市海洋与渔业局等地方渔业主管部门，自 2002 年起利用农业部转产转业专项资金及江苏省财政专项资金，先后在海州湾海域实施人工鱼礁和海洋牧场建设工程，以补充水生生物资源、改善水域生态环境、带动休闲渔业及相关产业发展、增强现代渔业的可持续发展能力。

2003—2015 年，经过 10 多年的建设，连云港市海洋与渔业局已累计在江苏海州湾海洋牧场示范区选用旧船礁、三角形礁、方形礁、"十"字形礁、"回"字形礁、"田"字形礁、塔形礁、方孔和圆孔刺参增殖礁、钢制框架礁和网包石块礁等不同形状和材料的人工鱼礁种类达 14 种，投放各类混凝土鱼礁 17 706 个、旧船礁 190 条、浮鱼礁 25 个、石头礁 43 130 个，总规模 24 万空 m^3，形成人工鱼礁区面积 170 km^2，为海洋生物提供了良好的产卵场和栖息地。同时，与人工鱼礁建设相结合，开展了贝类和海珍品底播增殖，海带、紫菜、贻贝、牡蛎等浮筏式吊养，以及鱼类、虾类和蟹类等幼体资源增殖放流。其中，年均吊养紫菜 1 800 hm^2、海带 700 hm^2（图 4－1）、贝类 5 000 hm^2。同时，累计投入资金2 200余万元，底播杂色蛤、青蛤、毛蚶、文蛤等贝类 10 亿粒（图 4－2），人工增殖放流黑鲷（图 4－3）、黄姑鱼、日本鳗鲡等鱼苗 1 300 万尾、放流中国对虾苗 12 亿尾、蟹苗5 000万只。此外，还开展了刺参的底播增殖试验（图 4－4）。

图 4－1　海带浮筏式吊养

图 4－2　杂色蛤、青蛤、毛蚶、文蛤等底播增殖

图 4－3　黑鲷人工增殖放流

图 4－4　刺参底播增殖

除了把国家专项资金用于人工鱼礁和海洋牧场建设外，连云港市还积极筹措资金用于海洋牧场建设。尤其是 2010 年以来，借助国家《生态补偿条例》立法的契机，作为全国首批 3 个海洋生态补偿试点城市之一的连云港市，在江苏省海洋与渔业局的支持下，积极探索和推进海洋生态补偿工作，利用海洋工程生态补偿资金开展人工鱼礁建设，截至 2015 年年底已累计投入资金 3 100 余万元，投放人工鱼礁 10.7×10^4 空 m^3，建成海洋牧场 10 km^2。

（二）取得的初步成效

1. 生态改善效果

海洋牧场建设由于不投饵料，完全靠海洋自然生产力养育海洋生物，不但减少了因养殖带来的环境污染，而且通过大型底栖藻类的移植和贝类底播，大量吸收海水中的氮、磷和二氧化碳，从而较好地改善近岸富营养化的海域环境，减缓赤潮等海洋环境灾害的发生，达到保护海洋环境的目的。通过近几年的生态环境与渔业资源监测和绩效评估，海州湾海洋牧场示范区的环境状况有明显改善，营养盐结构比例更趋合理。2013 年海州湾贝藻养殖的碳移出量总计约为 2.9×10^4 t，对减少大气 CO_2 的贡献相当于造林约 33 km^2，直接节省造林价值 2 600 多万元。可见发展海洋牧场，能有效提高海域的生态环境质量，大力促进低碳经济的发展，具有极其重要的生态效益。根据海州湾海洋牧场示范区人工鱼礁建设生态环境多年调查结果，从第一层级（流场效应、生境改善效果等指标）来看人工鱼礁建设效果十分显著，综合评价值达到 0.927（综合评价指标最大值为 1，下同）。从水质、底质、饵料生物和游泳生物的评价效果来看，人工鱼礁所产生的生态效益较为明显，综合评价值为 0.66，处于中等水平。

2. 资源增殖效果

根据 10 余年连续跟踪调查，海州湾人工鱼礁建设对该海域渔业资源增殖效果较为明显。跟踪调查共发现游泳生物 121 种，投礁后海州湾海域种类组成中鱼类占总种类的 57.0%，高于投礁前（44.8%），其次是蟹类占 20.7%、虾类占 19.0%、头足类占 3.3%。海州湾人工鱼礁投礁前鱼礁区和对照区平均生物量分别为 17.92 kg/(网・h) 和 25.16 kg/(网・h)，平均生物密度分别为 11 879 个/(网・h) 和 14 090 个/(网・h)，鱼礁区建设海域投礁前生物量和生物密度均低于对照海区。投礁后各年对照区渔业资源平均生物量为 25.10 kg/(网・h) 和投礁前 [25.16 kg/(网・h)] 相近，对照区投礁前后生物量变动不大。鱼礁区投礁后各年平均生物量为 38.15 kg/(网・h)，是投礁前 [17.92 kg/(网・h)] 的 2 倍多，是对照区 [25.10 kg/(网・h)] 的 1.5 倍多。可见鱼礁区渔业资源生物量增加明显，人工鱼礁对增加渔业资源生物量产生较为显著的效果。随着海洋牧场建设规模的逐步扩大，海州湾中国对虾资源量明显比以前增多，往年开捕后只能零星捕到 1～2 只的中国对虾，而 2012—2014 年捕获率明显上升。以 2014 年为例，8—10 月 3 个航次 30 个站位底拖网调查有 16 个站位捕获中国对虾，捕获率超 50%。2014 年海州湾中国对虾增殖放流回捕率为 0.84%，投入产出比达到 1∶5.4，具有良好的经济效益，并且得到广大渔民的一致肯定。

3. 社会经济效益

随着渔业资源的衰退和产业结构的调整，连云港市需要大量渔民转产转业。此外，连云港市每年还有大量的失地养殖渔民也需要转产转业。由于渔民大多文化程度低，年龄偏大，因此转产转业困难较大。解决这些渔民的出路问题，成为政府比较棘手的、又备受人们关注的一个社会问题。海洋牧场建设则是一个比较适合渔民且又有发展前途的转产转业项目，其建设、运行都需要大量有经验的渔民来参与。这样不但缓解了渔民转产转业的压力，而且还可通过发展海洋休闲游钓，引导转产渔民从事游钓服务，解决部分渔民的出路，可增加渔民收入。从 2002 年至今，海州湾海洋牧场已有从事增养殖业和相关服务产业转产渔民约 2 000 人，有效缓解了渔民转产转业压力，同时渔业结构也得到了合理调整。

二、海州湾人工鱼礁建设情况

（一）连云港海域特征

连云港海州湾位于苏北鲁南，湾口北起山东省日照市岚山镇的佛手咀，南至江苏省连云港市连云区的高公岛，面临黄海，宽 42.00 km，海岸线长 86.81 km，海湾面积 876.39 km^2，是我国东南沿海重要的群众渔业渔场之一。

海州湾海洋环境优越，水质属轻度污染，重金属含量低，氮含量比较丰富，适宜生物生长；有机质含量高，磷含量较低。另外，海水中的放射性水平均低于国家标准，且有降低的趋势。因此，浮游植物、浮游动物及底栖生物数量众多。

同时，海州湾渔场为一开敞形海湾，渔场底质平坦，西南部较浅，多为粒径较细的黏土及黏土质粉沙底质；东北部较深，多为沙质粉沙和沙质底质。该渔场为高低盐水系和冷暖水团的交汇海区，陆上十几条河流注入淡水，海区营养盐比较丰富，正常情况下，南部高于北部海区，是多种海洋生物繁殖、栖息、索饵、洄游的良好场所。海州湾渔场的海产经济动物众多，包括 200 多种鱼类、30 多种虾类、80 多种贝类、46 种软体动物及 7 种腔肠动物等。

由于 20 世纪六七十年代捕捞经济鱼类——小黄鱼和太平洋鲱的渔业大发展，因此这些优势鱼种逐一衰退。现在，每年春天鲐、蓝点马鲛等远洋性鱼类，由东海大体沿 123°00′00″E线从南向北而来，其中大部分北上，小股折向西北进入海州湾产卵、孵化，秋冬时节沿来时相似路线南下返回。同样在春天，带鱼、中国对虾也从大沙渔场或连青石渔场分两路来海州湾产卵，一支沿海州湾南岸 20 m 等深线进入海州湾；另一支向北到山东半岛近海，绕过冷水团后沿山东半岛，由东北向西南进入海州湾。其他，如黄鲫、中国毛虾、周氏新对虾、乌贼等地方品种就在当地东西向洄游，春天由深水洄游到浅水，到海州湾产卵孵化；秋、冬季由湾内向湾外，由浅水入深水，进行越冬洄游。调查结果表明，海州湾是多种鱼类的产卵场。

海州湾地处温带，生物多样性高于中高纬度海区，渔业资源种类比较丰富，以地方性种群为主，具有繁殖力强、资源更新速度快等特点。这些都有利于人工生态系统的形成，具备建设人工鱼礁的自然资源本底条件。在选划礁区的海洋学条件方面，包括海岸类型、水深、底质和动力学条件都有广阔的区域可供选划。对照建设人工鱼礁的基本条件，海州湾无论是从海洋环境条件还是从渔业资源本底条件来看均符合人工鱼礁建设条件。

（二）礁体类型的选择

人工鱼礁的种类繁多、规格大小不一。海州湾海洋牧场建设在人工鱼礁类型的选择上，既充分考虑了海域的底质条件、生物特点等基本情况，又综合考虑了礁体的功能、成本、制作和投放的便捷性等因素。近年来在人工鱼礁建设中选择了三角形、“十”字形、“回”字形等为代表的礁体类型（表 4－1）。

表 4－1 不同类型礁体结构特点

礁体类型	结构特点	存在问题
三角形	结构简单，制作和投放便捷	没有平台面，流态单一
“十”字形	设计了隔壁、悬垂物，丰富了内部流场变化；制作和投放都较方便	平台面较少
钢制四方台形	设计了平台面，使得内部流场流态更加丰富；内部空间、阴影面积较大；制作投放便捷	钢架结构裸露在海水中，影响礁体寿命
“回”字形	内部结构复杂，充分考虑了礁体内部空洞、缝隙、隔壁、悬垂物，平台面更多，坚固耐用	制作工艺复杂；单体重量大，投放难度加大

（三）人工鱼礁材料

随着人工鱼礁在世界上的发展，礁体材料越来越多样化，但应尽量选择既廉价、耐海水腐蚀、无污染，又有足够强度、耐撞击等性能的材料。目前人工鱼礁建设中应用较多的材料有竹木、石块、混凝土、瓦管、玻璃钢、钢材、塑料、废旧车辆、废旧渔船等，人工鱼礁在实际使用中要根据投放地点的海况、地形地貌、生物种类等条件来进行材料的选择。而对特殊要求的鱼礁，还要根据海洋生物的不同特点专门设计。例如，诱海鳗、龙虾等鱼礁要根据其习性设计，尽量设计多空洞或多缝隙，以满足对象生物栖息和藏匿；刺参、鲍等增殖型鱼礁，其表面处理要使鲍容易附着，又可避免受到敌害的攻击。海州湾海洋牧场人工鱼礁建设中，根据国外人工鱼礁建设的成功经验，结合海域底质、环境、生物的特点，除了选择表 4－1 中所列礁体类型外，还应结合国家关于沿海捕捞业“减船、转产、转业”的指导政策，选择淘汰的废旧渔船，经过去污和加固处理后作为人工鱼礁进行投放使用。其突出特点是收购和改造成本低，且坚固耐用，稳定性较好，礁体内空间大可容纳多种生物活动，投放也比混凝土鱼礁成本低，且省时省事省力，只需用船拖到投放海域加载压舱石并灌水下沉即可。

（四）礁体的大小

对于一个海域内投放人工鱼礁的高度，目前尚未有统一标准，但根据海况、水深、底质、资源状况、海上交通、礁体功能等情况综合考虑，以及参考日本的建设经验，通常确定礁体高度为水深的1/10～1/5。所选划的海州湾礁区平均水深为12～15 m，则选用框架结构边长以2～3 m作为钢筋混凝土礁体的基本尺寸。

在确定基本尺寸的基础上，再根据海州湾的潮流、波浪等水文状况进一步确定礁体的内腔结构。海州湾实测潮流的流向基本为西南-东北向，涨潮期间流向为西南向，最大流速为107 cm/s；落潮期间流向为东北向，最大流速为65 cm/s，涨潮流历时比落潮流历时短1～2 h。潮汐为正规半日潮，平均潮差300 cm，水流平缓畅通，水体交换充分。海州湾海域全年盛行波向为东北向，其频率为39%。冬季波向以东北偏北为主，西向次之；夏季波向以东北和东向为主。其波浪波形以混合浪为主，波高平均值为0.52 m，最大波高值为4.60 m，一般出现在9月。波浪周期的平均值为3.1 s，该周期值年变化不大，变化范围为2.7～3.5 s。对于海流中的礁体，其正向迎流面积越大，则流体对礁体的作用力也越大，礁体滑移或翻滚的可能性也越大。而要克服流体对礁体的作用，最好的解决办法是增加礁体的自重，但同时成本也相应提高。因此，内腔的设计原则是在保证礁体稳定性的基础上，尽量节约成本。

（五）海州湾几种鱼礁设计

基于以上的礁体设计原则，海州湾人工鱼礁建设中投放的礁体类型主要包括："十"字形礁、方形礁、"回"字形礁、三角形礁、"田"字形礁、海参礁、圆孔刺参礁、浮鱼礁和旧船礁等。

1. "十"字形礁

海州湾礁区平均水深12～15 m，考虑"十"字形礁是以单体礁形式进行投放布置，因此首批投放则选用2.0 m×2.0 m×2.0 m作为"十"字形礁的基本外形尺寸（图4-5）。礁体总重为1.9 t。综合考虑海水中波和流的最大作用，运用Morrison理论和公式进行礁体稳定性的校核，得出"十"字形礁的滑动安全系数和滚动安全系数分别为1.58和1.63，均大于许可安全系数1.2。

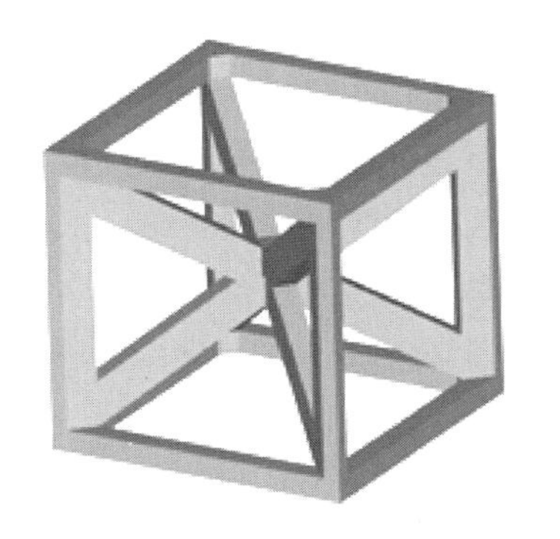

图4-5 "十"字形礁

"十"字形礁的内部配筋情况是：部件一内部主筋为Φ10（图4-6）；部件二内部主筋为2-Φ10，配Φ6@300为分布筋（图4-7）。部件二相互拼合处采用环氧树脂沙浆连接，预制部件一时在拐角处预留孔洞并露出主筋，以备与拼合后的"十"字结构的主筋伸出部分进行电弧焊接（图4-8）。完成焊接后，在部件间接口处用高标号细混凝土填塞并灌捣密实。

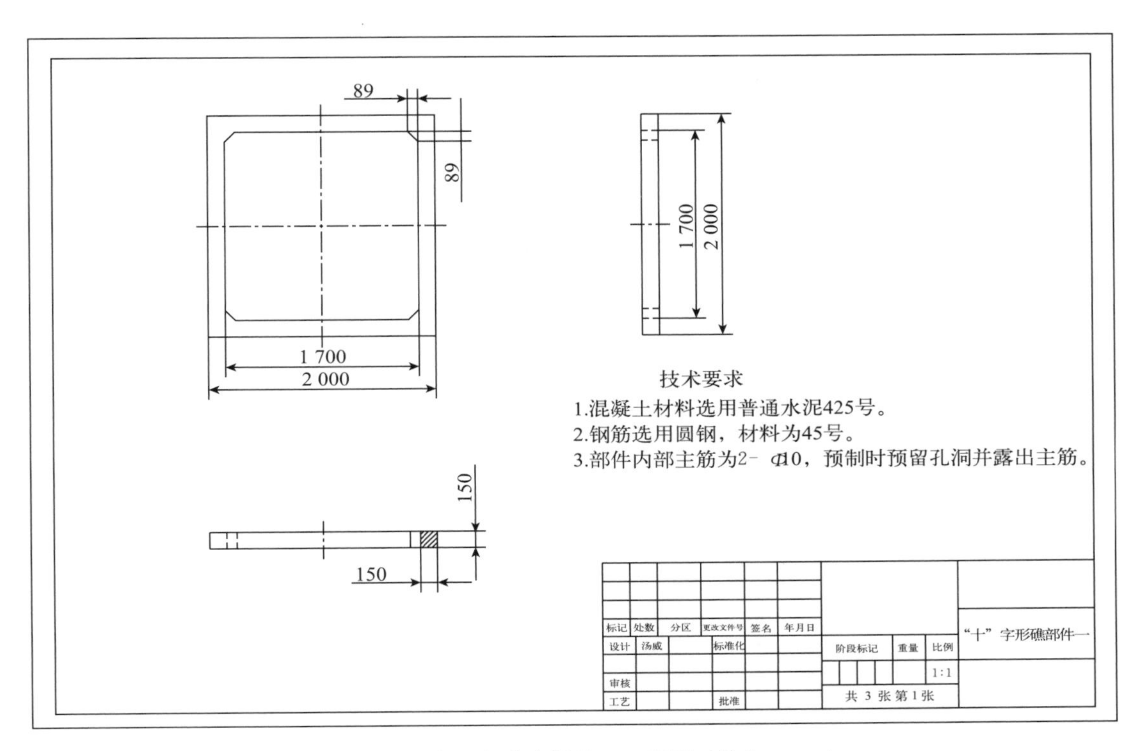

图 4－6 "十"字形礁部件一工程图（单位：mm）

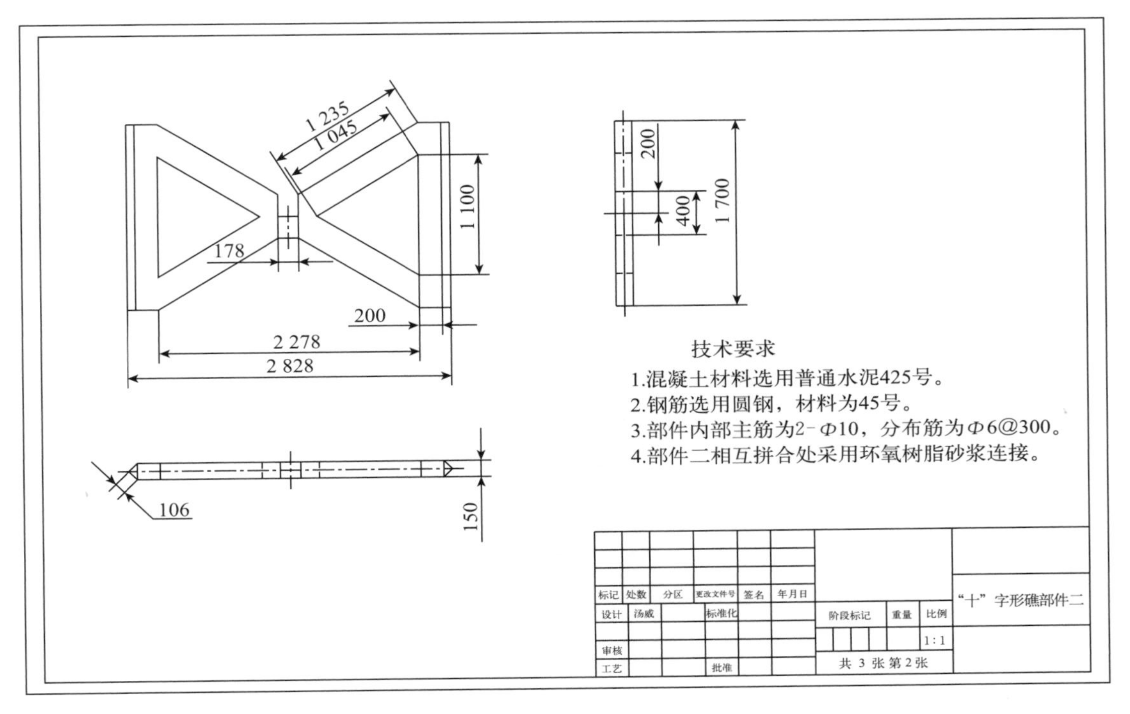

图 4－7 "十"字形礁部件二工程图（单位：mm）

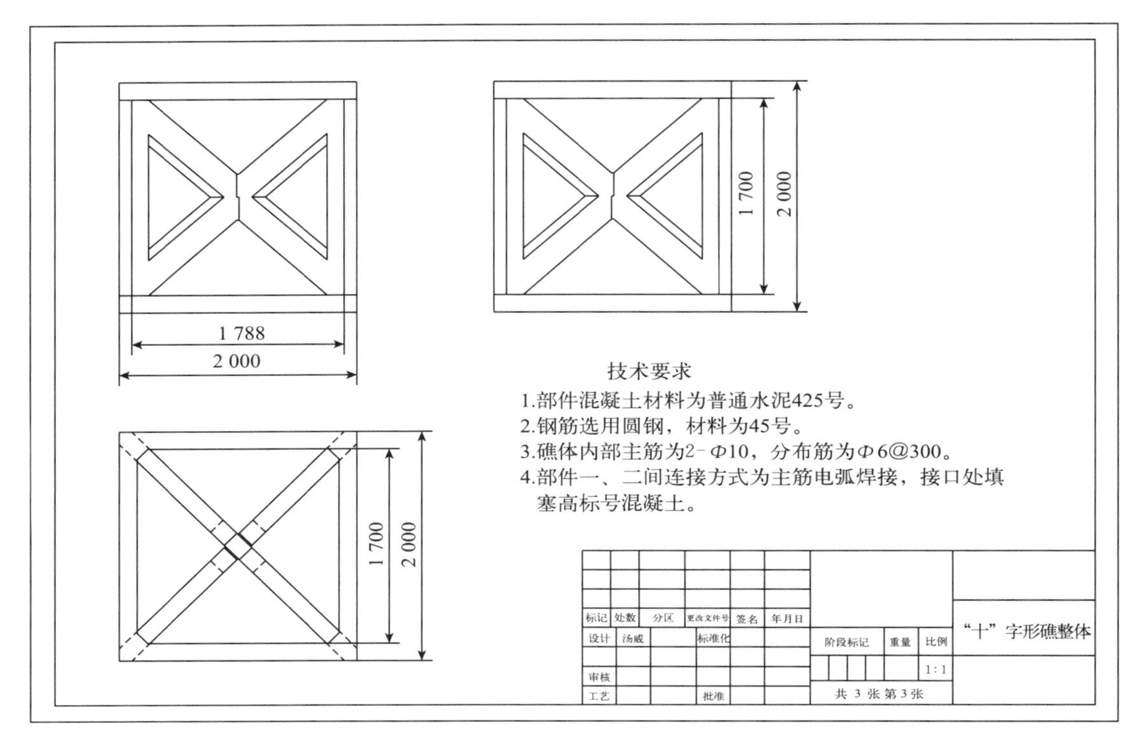

图 4-8 “十”字形礁工程图（单位：mm）

为了扩大有效利用空间，在原来“十”字形礁的基础上，加大外形尺寸，由原来的 2.0 m×2.0 m×2.0 m 改成 3.0 m×3.0 m×3.0 m，体积 27 空 m^3（图 4-9 和图 4-10）。该礁特点为有效利用空间大，结构较为复杂，设计了隔壁、悬垂物，丰富了内部流场变化，制作投放较方便。

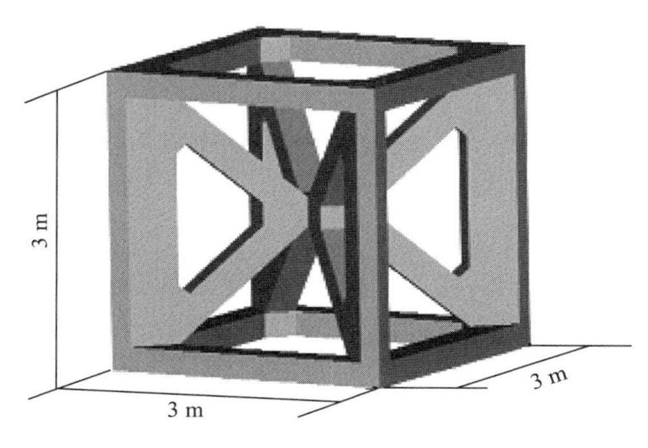

图 4-9 改良的“十”字形礁

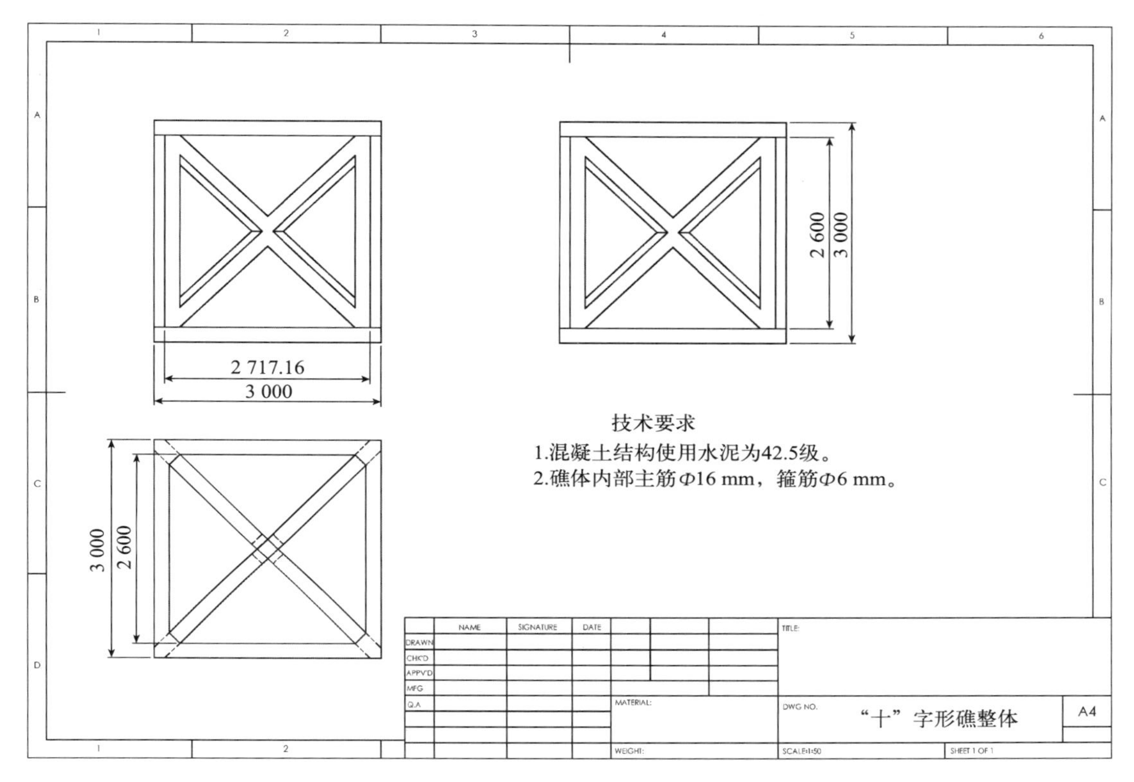

图 4-10　改良的"十"字形礁工程图（单位：mm）

2. 方形礁

选用 1.5 m×1.5 m×1.5 m 作为方形礁的基本外形尺寸（图 4-11），其结构简单，可将多个鱼礁单体按规则堆放，构成小规模的单位鱼礁，即堆积礁。堆积礁的使用灵活多变，最适合与其他礁群配合使用。在海州湾人工鱼礁建设项目中，将堆积礁与旧船改造礁配合起来使用，一方面减弱了水流对船礁的直接冲击，延长了其使用寿命；另一方面则使船礁与堆积礁达到功能互补，增加了礁群的生态功能。这类鱼礁的搭配占据较大的海域空间，大大增加了鱼礁作用的有效范围。

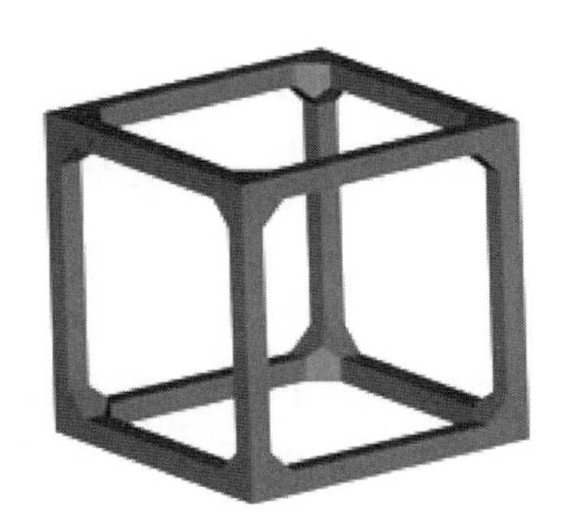

图 4-11　方形礁

方形礁的制造，选定内部主筋为 2-Φ10，礁体为整体浇筑成型（图 4-12）。预制时在鱼礁顶部预留孔洞，露出主筋并折弯，利于投放时使用自动脱钩装置固定并沉放。

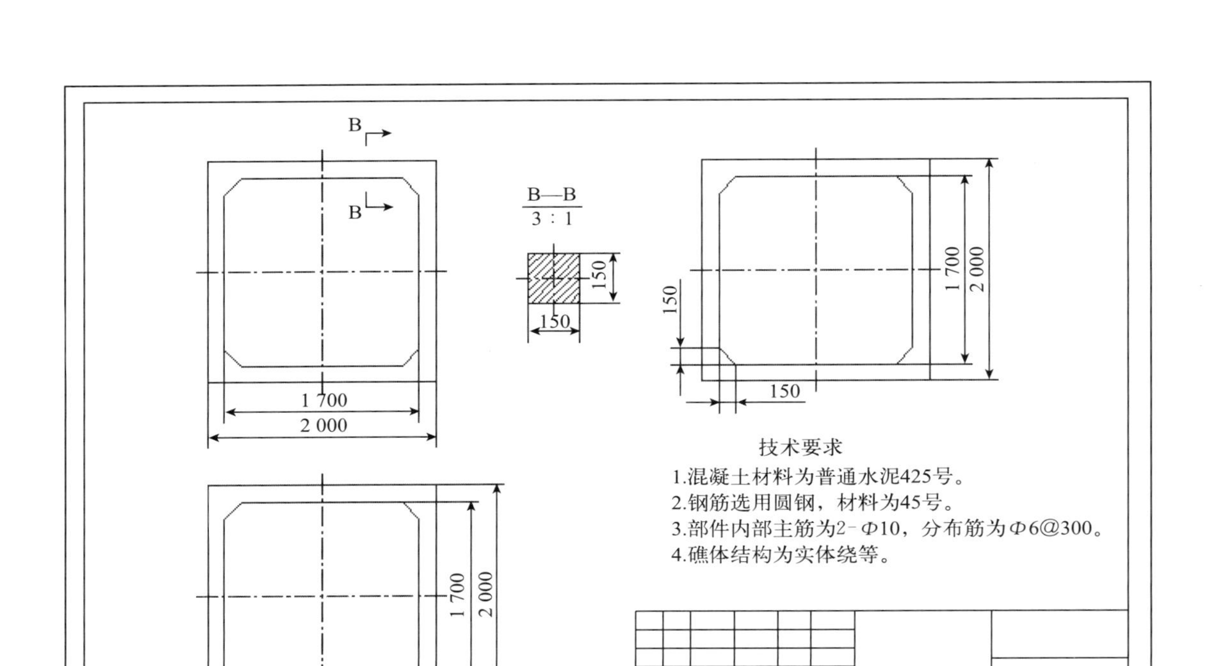

图 4-12　方形礁工程图（单位：mm）

3. “回”字形礁

“回”字形礁的特点是清洁环保，体积大，稳定性好，结构复杂，平面较多，坚固耐用，使用寿命长。相对于之前设计投放的“十”字形鱼礁，“回”字形礁内部结构更加复杂，礁体内空隙数量增加，空隙大小、形状多变，满足了礁体多空洞、缝隙、隔壁、悬垂物结构的设计，使得内部流场流态更加丰富。“回”字形礁设计了平台面，增大了礁体表面积，能够有效增加礁体表面附着生物的数量，集鱼效果更加明显（图 4-13 和图 4-14）。2008 年设计的礁体，其规格是 2.0 m×2.0 m×2.0 m。外观为立方体，中间镂空，规格为 0.77 m×0.77 m×0.77 m。整个礁体为钢筋混凝土结构，体积为 8 空 m^3。该种礁为单体礁组合即单位鱼礁形式进行布置。

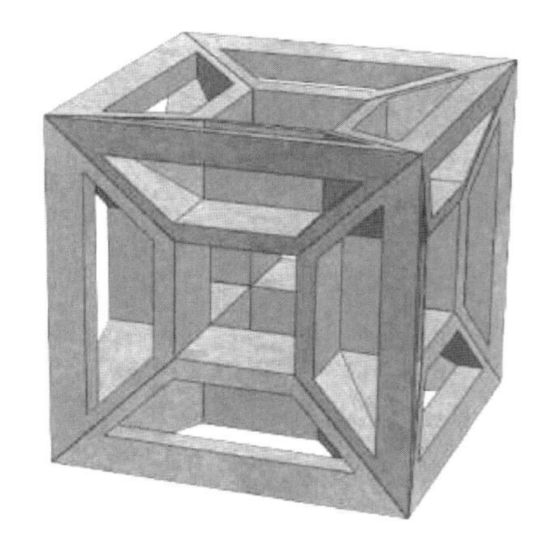

图 4-13　“回”字形礁

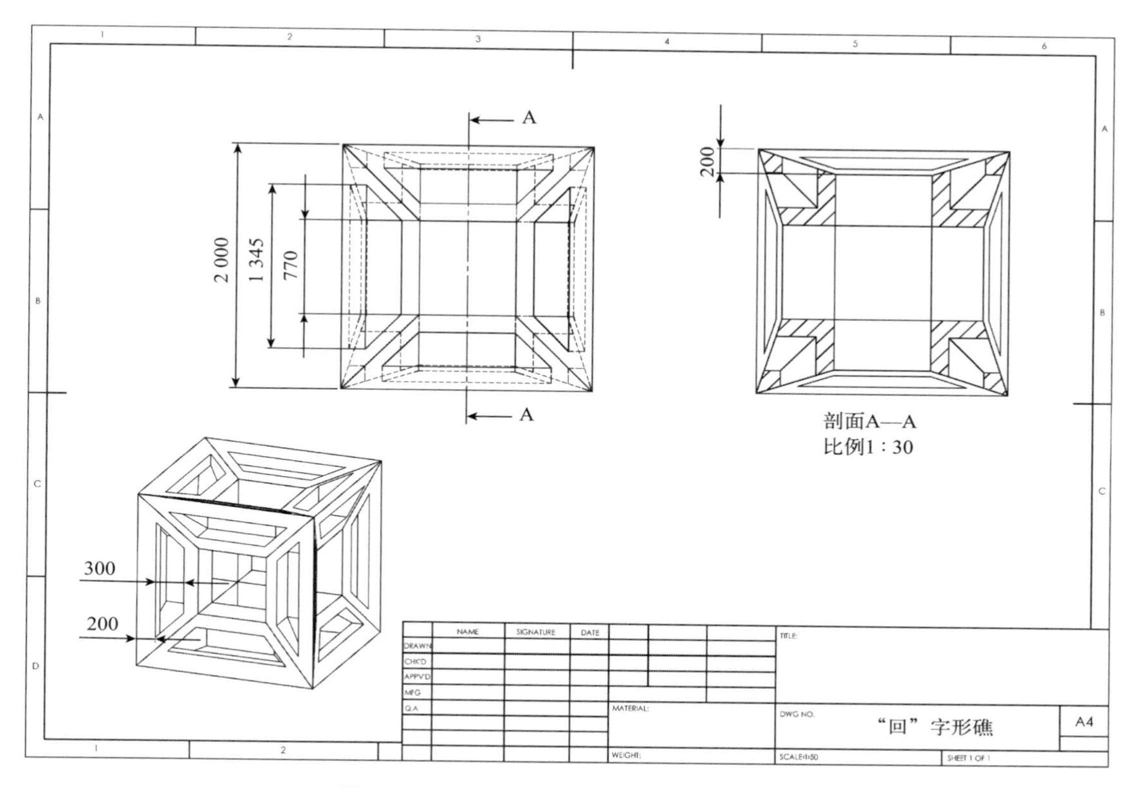

图 4-14 "回"字形礁工程图（单位：mm）

4. 三角形礁

三角形礁的特点是：结构简单，稳定性和安全系数高，制作投放便捷，成本低，对网具生产作业，尤其是拖网具有很好的阻挡效果。以单体礁形式进行投放布置，选用 3.0 m×3.0 m×2.7 m 作为基本外形尺寸，体积为 8.22 空 m^3（图 4-15 和图 4-16）。

图 4-15 三角形礁

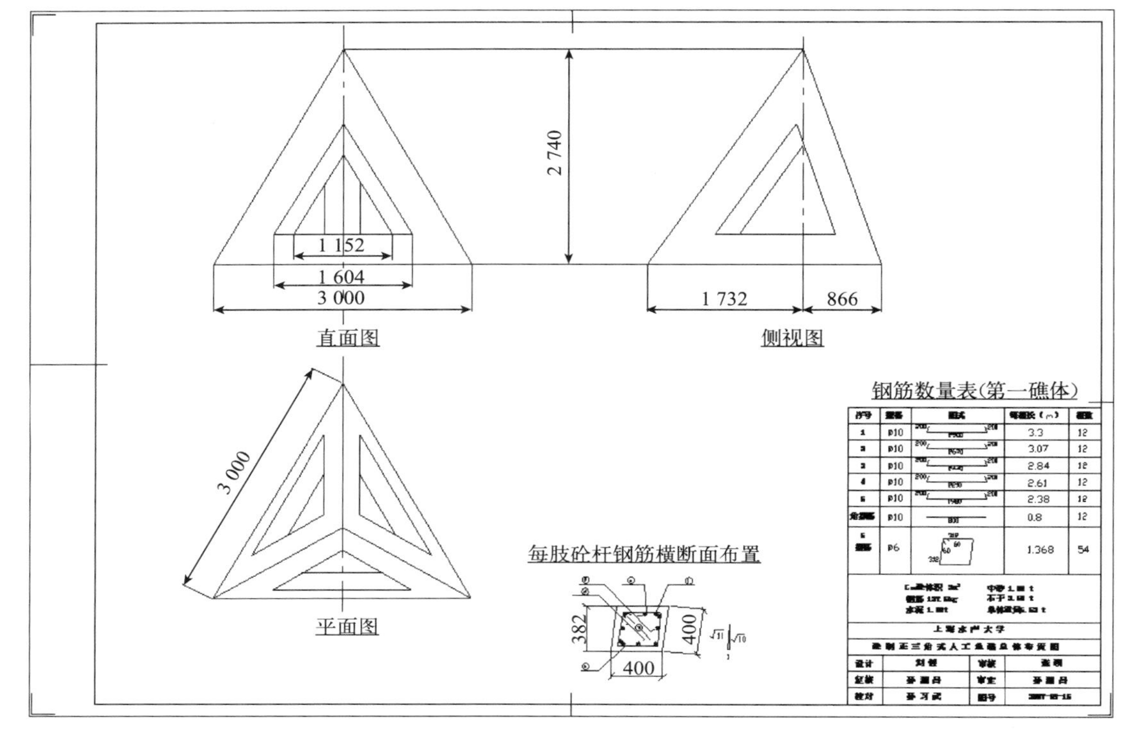

图 4－16　三角形礁工程图（单位：mm）

注：（1）正三角锥体人工鱼礁 4 个面均为正三角形，边长 3 m，由 6 支钢筋混凝土杆组成。（2）混凝土杆件的横断面为正菱形，边长 400 mm，断面斜角 $\sqrt{10}$：1。（3）构件预制时，可分为二次浇筑，先筑地盘，埋置预留筋；再立支芯膜扎筋，焊接时应符合焊接规范。（4）未设置吊环，起吊时可采用三根等长八字绳捆带吊。

5. “田”字形礁

规格：2.0 m×2.0 m×2.0 m。礁体外观为立方体，中间镂空。整个礁体为钢筋混凝土结构，体积约为 8 空 m^3（图 4－17 和图 4－18）。

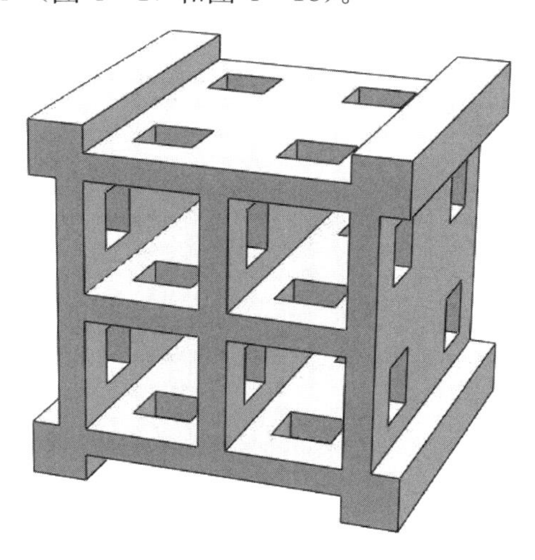

图 4－17　“田”字形礁

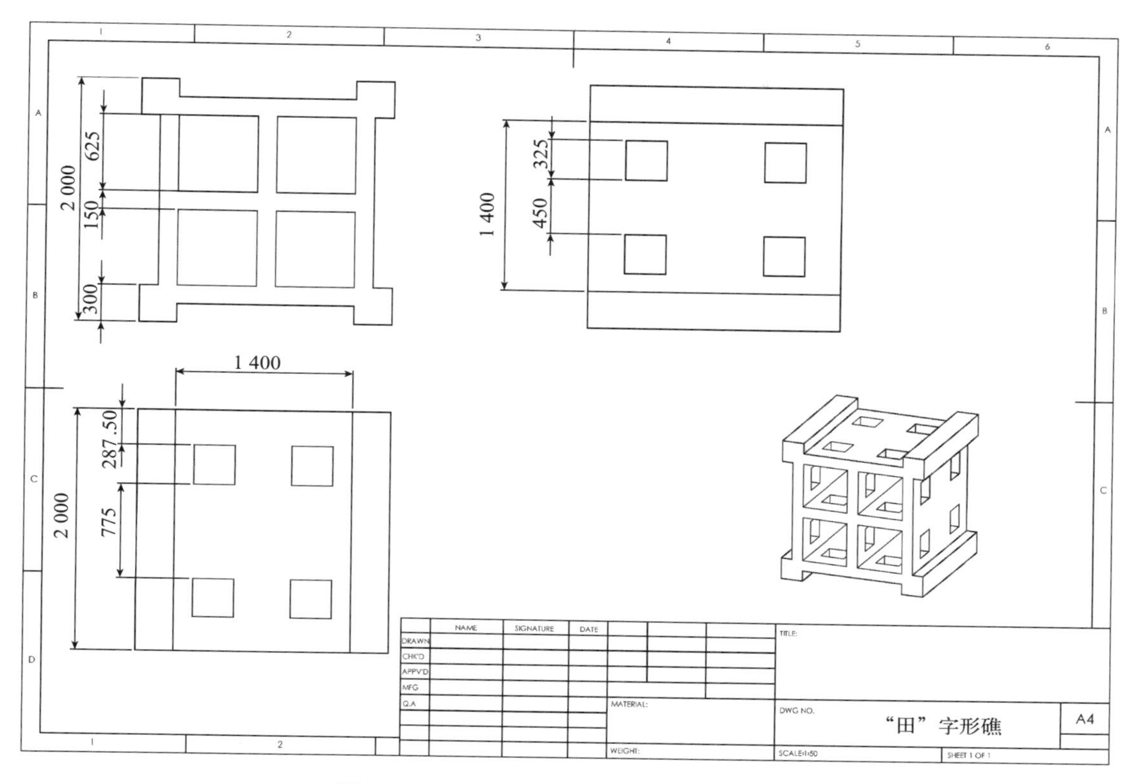

图 4－18　“田”字形礁工程图（单位：mm）

6. 海参礁

规格：2.0 m×2.0 m×1.5 m。礁体外观为立方体，中间镂空，呈“工”字形，顶部横向纵向均开槽。整个礁体为钢筋混凝土结构，体积约为 6 空 m^3（图 4－19 和图 4－20）。

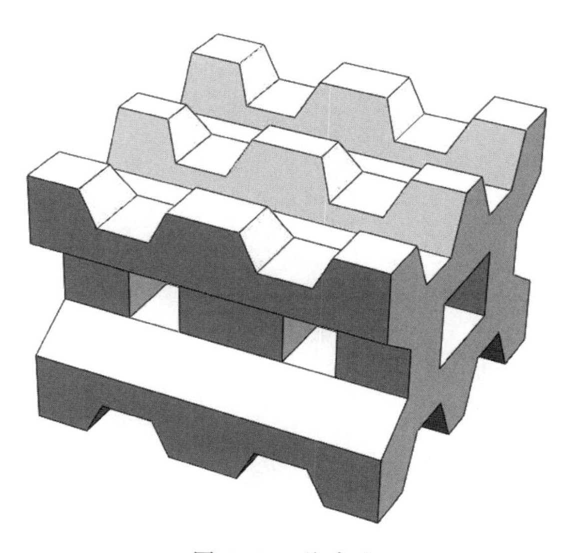

图 4－19　海参礁

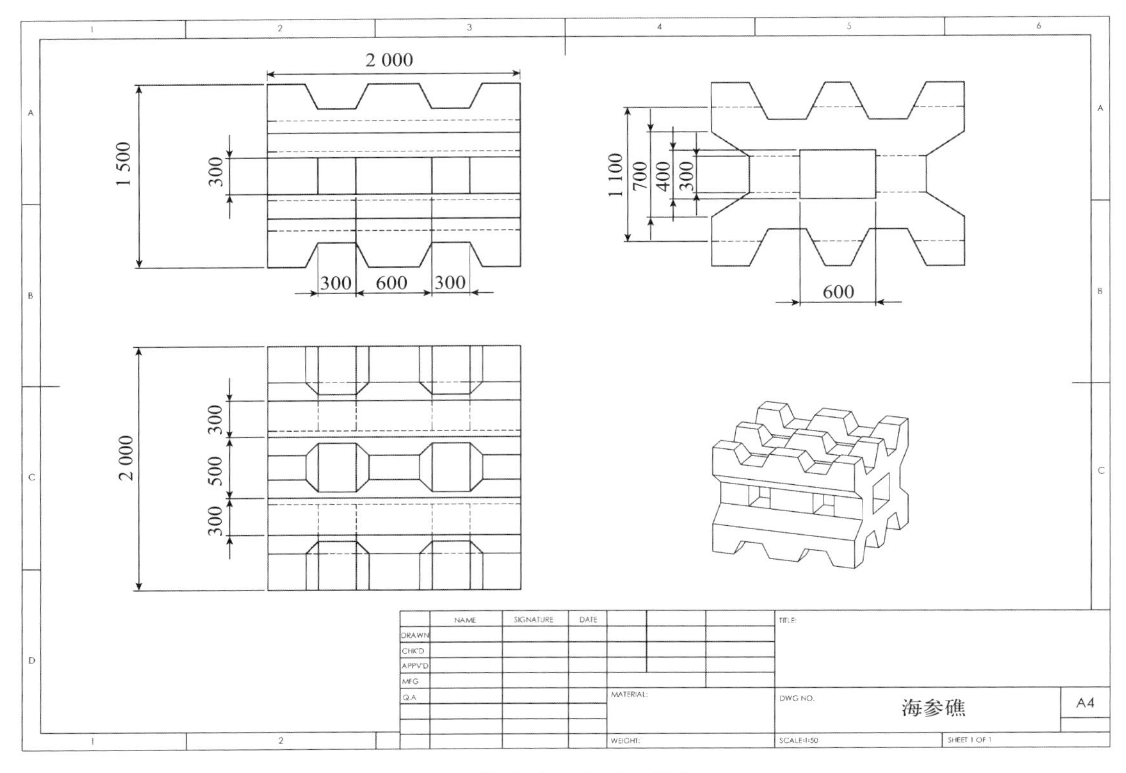

图 4-20 海参礁工程图（单位：mm）

7. 圆孔刺参礁

规格：2.0 m×2.0 m×2.0 m。整个礁体为钢筋混凝土结构，正方体框架四周圆孔插入 PVC，两侧面孔均为 30 cm，体积约为 8 空 m^3。礁体顶面可黏结碎石块或贝壳等，礁体棱角经倒圆角处理（R=3 cm）（图 4-21 和图 4-22）。

图 4-21 圆孔刺参礁

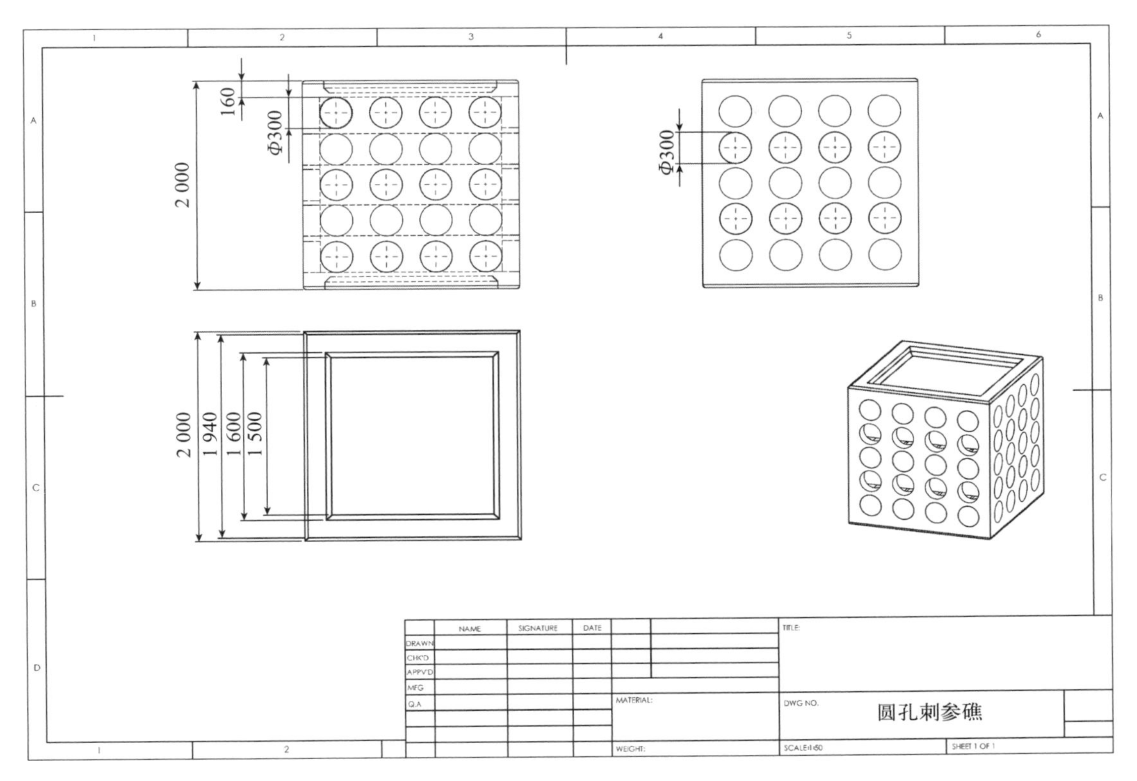

图 4-22　圆孔刺参礁工程图（单位：mm）

8. 浮鱼礁

人工鱼礁投放后，对人工鱼礁区域的管理存在较多问题，尤其是在人工鱼礁建设项目的初期阶段。由于鱼礁投放对当地海域渔获量的提高有较大作用，部分渔民为追求个人利益就要擅自进入鱼礁区进行捕捞作业；同时，海上部分船只因为无法识别鱼礁区的具体位置，误入鱼礁区，易引发海上事故。因此，对人工鱼礁区设置适当的海上标识物，对渔民及其他船只进行提醒和警告十分关键。

人工浮鱼礁主要是以聚集、滞留、诱集水产生物为目的，在海面或海中设置的浮体式渔场设施。其中的表层型浮鱼礁，其浮体放置在海面上，用锚和铁链来保持、固定位置。若对表层型浮鱼礁进行特殊处理，如对浮体涂刷警告色、安装警示灯等，可以作为海上标识物，起到标识特殊区域的作用。

在浮鱼礁的设计上，以钢板为主要材料，综合考虑海水的腐蚀性、浮体重量、鱼礁投放后的受力情况，确定钢板厚度。内腔的结构设计主要以配重为主，以保证浮鱼礁在投放后吃水 500 mm，水面以上部分近似为 1 500 mm。根据海表面波和流的综合作用情况，通过计算和校验，确定安全系数及浮鱼礁底部的锚、链规格。制造中，为了防止钢板腐蚀造成浮体渗水，采用高效泡沫注塑填充整个浮鱼礁。并在鱼礁顶部安装灯具和防水部件，作为鱼礁区航标（图 4-23 和图 4-24）。

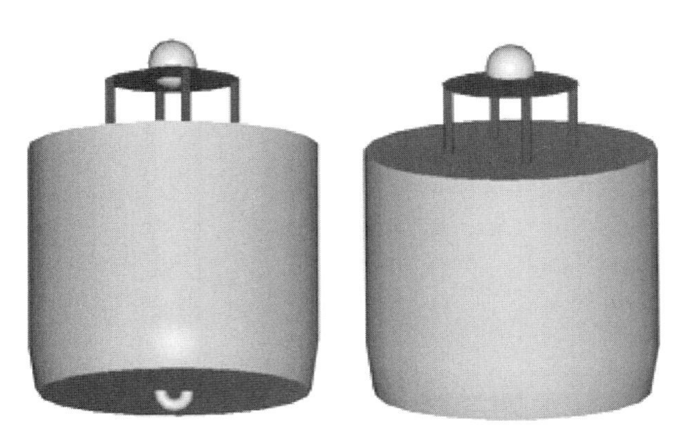

图 4－23　浮鱼礁

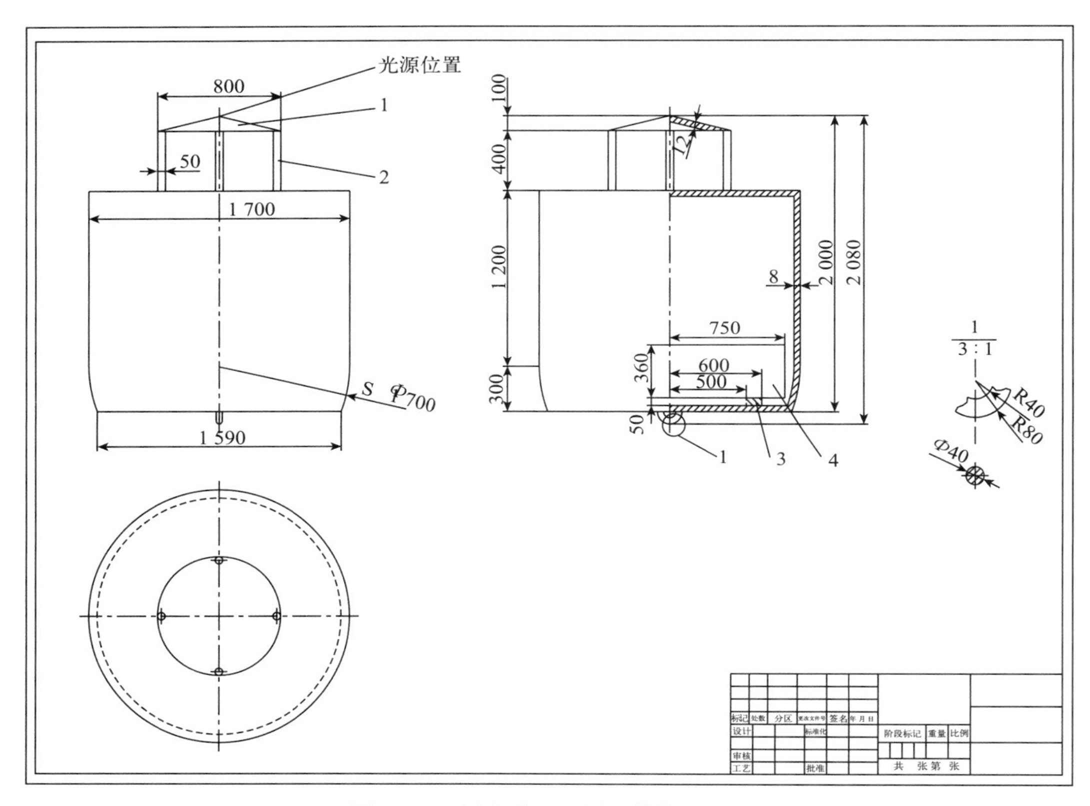

图 4－24　浮鱼礁工程图（单位：mm）

注：1. 图示 1 为防水罩，锥顶部位安装灯具，其下方安装电池；图示 2 为 4－Φ50 mm 圆棒；图示 3 为支撑钢环；图示 4 为配重铁块，重 500 kg；

2. 浮体壁厚采用夸张画法；

3. 图示采用局部放大画法。

9. 旧船礁

投放一批体积大且稳定的礁体具有多种优势，它兼顾废旧资源再利用的原则，又利用废旧渔船来改造成人工鱼礁，是一个较好方案。

对于作为基本结构的旧船，部分船体破损严重，首先通过喷射除锈液去除铁锈，然后涂抹防锈漆和水泥用以防锈（水泥涂抹厚度为 5～10 mm），受损的地方也可采用水泥修补。在船体以上建造钢筋水泥框架，并在船体两头捆扎一些废旧轮胎，以增大旧船礁的有效空间。船礁的沉放通过在船底均匀加装多个进水阀门来实现（把线型聚能射流应用于船礁孔隙切割），以解决沉放时间过长的问题。投放时在旧船中放置压舱石，并采用两条或多条船链接后沉放（图 4－25 和图 4－26）。

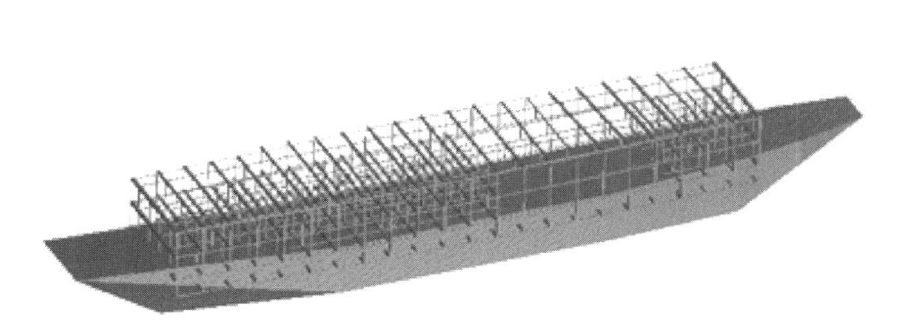

图 4－25　旧船礁

图 4－26　旧船礁投放实景图

旧船改造运用于不同场合，投放后有以下 3 种主要功能：

（1）在水中与水流交叉形成一定的角度，能够阻碍潮流而产生特殊的涡流流场，适当地增大交叉角，显著地引起了上升流。

（2）兼具多孔避敌礁功能，船体四周的空隙形成直径 100～400 mm 的孔洞。

（3）船体甲板兼具产卵礁功能。具体应用中，按照礁体投放布置图，以旧船改造礁在礁群中的位置及对其功能的要求来确定某废旧渔船的改造方案。

（六）鱼礁的制造

1. 旧船改造

用于改造的铁质渔船大多生锈非常严重，有的会有严重破损，如用人工除锈则费时费力，可喷射除锈液去除铁锈。大型铁质旧渔船的改造方法有以下 3 种：

（1）船体破损较严重，涂防锈漆来防锈，并在船体的侧面人为地打通孔。两条或多条船链接固定在一起，在船体中间堆放体积较大的石头，同时可在船的两头捆扎一些废轮胎，以增大有效空间。估计使用年限为 8～12 年。

（2）船体基本完好，只是局部有损。涂防锈漆防锈，在受损的地方用水泥修补，也可采用两条或多条船链接，在其上建造钢筋水泥框架。在船头舱和船尾舱放置石头。此种鱼礁较结实，可使用 25 年以上。

（3）船体较厚，受损较轻，但表面铁锈严重。在除锈后涂抹水泥来防锈，水泥涂抹厚度为 5～10 mm，放置压舱石，其上搭建钢筋框架，使用年限可在 20 年以上。

旧木质渔船改造方案：对众多面临淘汰的木质渔船，需要进行特殊处理。选择其中材质较好的渔船进行加涂水泥层、钢筋加固、填石增重、两船或多船合并等措施后，应该能保证一定的有效期。

在投放中加一定量石头，保证船礁有一定的稳定性。

2. 钢筋混凝土礁的制作

在混凝土泥礁材料的选用上，必须满足：①能充分发挥材料功能，经济可行；②礁体结构强度能承受搬运、堆放的基本要求；③具有一定的使用寿命，不易破损。因此，根据对混凝土强度标准差、试配强度、水灰比、取水用量、水泥用量及沙率的选择和计算，对照混凝土配合比表，选取并使用混凝土强度等级为C30、石子最大粒径为40 mm、踏落度为5 cm，得出水、水泥、沙、石子的用量比为177∶290∶697∶1 264。混凝土重量为2 328 kg/m^3，强度为21.6 N/cm^2。

3. 浮鱼礁

浮鱼礁主要是以聚集、滞留、诱集水生生物为目的，在海面或海中设置的浮体式渔场设施。其中的表层型浮鱼礁，其浮体放置在海面上，用锚和铁链来保持、固定位置。若对表层型浮鱼礁进行特殊处理，如对浮体涂刷警告色、安装警示灯等，可以作为海上标识物，起到标识特殊区域的作用。在浮鱼礁和大型浮台的设计上，以钢板为主要材料，综合考虑海水的腐蚀性、浮体重量、鱼礁投放后的受力情况，确定钢板板厚。内腔的结构设计主要以配重为主，以保证浮鱼礁在投放后吃水和水面以上部分的比例合理。根据海表面波和流的综合作用情况，通过计算和校验，确定安全系数及浮鱼礁底部的锚、链规格。制造中，为了防止钢板腐蚀造成浮体渗水，采用高效泡沫注塑，填充整个浮鱼礁。并在鱼礁顶部安置灯具和防水部件，作为鱼礁区航标。同时，浮台上还可安装雷达、鱼探仪、海流和水温、盐度等环境监测设备。

根据实际情况并借鉴国内外一些鱼礁的设计方案，笔者认为人工鱼礁礁体设计一般还要符合以下几个条件：

（1）为了提高人工鱼礁的综合效能，礁体上应适当开孔，旧船改造时应在船身加凿洞穴、甲板上构建框架以增加岩礁性鱼类的栖居空间。孔径大小应为所诱集鱼种体高的3倍左右，但应尽量避免孔径取300～500 mm，以免对潜水员造成危险。

（2）鱼礁礁体扰流效果取决于礁体高度与水深的比值，比值小效果不明显，比值大成本又太高。参照国内外研究成果及实际效益经验，在20～40 m水深海域投放人工鱼礁，通常取礁体高度为水深的1/10～1/3。

（3）堆垒式礁体的每一堆或一个组合礁称为单位礁体，一般要求每个单位礁体体积为400 m^3以上。

（4）在流速大、易受台风侵袭的海域，钢筋混凝土鱼礁应为非堆垒式。

（5）预留一定的下陷高度，因为礁体的有效高度不包括下陷高度，底部为实心以增大受力面积。

（6）配合礁区作业之渔具渔法，能有效防范渔网发生缠络和钩挂，而维持鱼礁正常功能。

三、人工鱼礁渔场建设

（一）人工鱼礁海域应具备的条件和选址原则

1. 海域应具备的条件

人工鱼礁的选点工作非常重要，这关系鱼礁设置以后发挥作用的大小、鱼礁的使用寿命、鱼礁对其他作业的影响等。在选址时应尽量以渔港为中心，充分发挥其流通、加工等相关产业的支撑作用；同时，要综合考虑鱼礁功能的发挥。人工鱼礁设置的位置最好位于鱼类洄游通道上或其栖息场所。既可以选择过去资源较好、现已衰退的渔场，也可选择现在资源较好的水域，目的在于扩大作业渔场。初步确定投放区域以后，必须对海区进行本底调查，主要是了解海区生态环境和渔业资源状况。其调查主要内容包括海区的渔业状况，天然礁与已设置人工鱼礁的分布状况，海域的底质、潮流、波浪状况，鱼类、贝类、甲壳类的分布及其繁殖与移动状况，海域受污染的状况及本海区沿岸渔场利用的方向。另外，由于鱼礁投放以后很难再移动，因此在建设前要进行科学规划和论证，工程实施宁可进程慢一些，也要考虑周密些。要从自然条件和社会条件两个方面来探讨。具体包括：①投放海域的自然环境状况；②投放海域的渔业资源状况；③海域之底质、潮流、波浪状况；④鱼类、贝类等及其繁殖与移动状况；⑤海域受污染状况；⑥地区沿岸渔场利用的方向；⑦天然礁与已设置人工礁的分布状况；⑧海洋功能区的使用情况。

根据以上情况，鱼礁区应该具备的几个必要条件是：①海区水质没有被污染而且将来不易受到污染，人工鱼礁往往投入较大，其作用的显现也需要比较长时间，选择建造人工鱼礁的海区，应考虑在未来相当长时间内，海区不会受到污染。②建造人工鱼礁的海区，一般水深为10～60 m，不超过100 m。如果增殖对象是浅海水域的海珍品，则应选择水深10 m以内的海区，而鱼类增殖礁则以水深20 m左右的海区为宜。③海区的底质以较硬的海底为好，如坚固的石底、沙泥底质或有贝壳的混合海底。海底宽阔平坦，风浪小，饵料生物丰富的海区比较理想。④除了以扩大天然渔场为目的外，人工鱼礁应尽量远离天然鱼礁，与天然鱼礁之间的距离至少应在0.5 n mile以上。⑤避开河口附近泥沙淤积海区、软泥海底及潮流过大和风浪过大的海区，这样的海区会影响人工鱼礁起作用的时间。⑥海区透明度良好、不浑浊，海水流速不应超过0.8 m/s。⑦避免选择航道及海防设施附近作为人工鱼礁的设置海区。

在地形地貌和流态方面，要求设置在海底突起部位，具有上升流的地方或投礁后容易形成上升流处。浅海增殖礁的环境条件，必须适于增殖对象的生存、生长和繁殖。为了提高人工鱼礁的效果，还需要结合放流、引种等其他增殖手段，这样才能获得明显的增殖效果。

2. 选址的原则

（1）要按投礁的目的选点，如设置“生态公益型”鱼礁，就要选那些原先生态环境较好的、而现在已遭受破坏或濒临破坏的水域。

（2）选点要避开主航道、主要锚地、军事禁区、排污口、进水口、海底油气管道、海底电缆或其他海底设施、淤泥底等。

（3）选点要与周围环境相匹配，即投放区域的选择既要符合人工鱼礁投放的标准，又不损害其他功能区的开发，达到保护海洋生态环境及水产资源、促进沿海经济繁荣的目的。

（4）若在海岛附近海域投放人工鱼礁，则一般离岛500～1 000 m；另外，要了解礁区波浪情况和海水交换的情况。

（5）礁体宜布置在泥沙来源较少、活动较小的区域，一般情况下年淤积平均强度应小于30 mm。为保证礁体的稳定性，礁体宜布置在海底表层有一定锚抓力的海域。

3. 海州湾符合建设鱼礁渔场的基本条件

海州湾地处温带，海洋生物多样性高于中高纬度海区。渔业资源种类比较丰富，以地方性种群为主。繁殖力强、资源更新速度快等许多特点都有利于人工生态系统的形成，具备建设人工鱼礁的良好的自然资源本底条件。在选划礁区的海洋学条件方面，包括海岸类型、水深、底质和动力学条件都有广阔的适宜区域可供选择。对照建设人工鱼礁的基本条件，无论是从海洋环境角度还是从渔业资源本底条件角度来看海州湾都符合建设人工鱼礁。

（1）*投放海域的渔业资源状况*　规划海区的渔业资源主要为沿岸性、岛礁性种类，也有部分洄游性经济种类。其中，礁区鱼类主要有小黄鱼、龙头鱼、焦式舌鳎、褐鲳鲉、鮸、银鲳、皮氏叫姑鱼、鰕虎鱼类等；虾类主要有细巧仿对虾、鹰爪糙对虾、日本鼓虾等；蟹类和软体类种类较少，蟹类有日本蟳、双斑蟳、日本关公蟹等，软体类为长蛸、短蛸及枪乌贼等。人工鱼礁投放后可以为这些鱼类提供较为理想的产卵和索饵环境，使资源量逐渐增加。

（2）*水深和底质*　该海域水深12～20 m，底质为砾沙质，自上而下分为粗盖层和基岩。覆盖层顺序为淤泥、黏土和沙质黏土3层。

（3）*风浪*　海州湾全年盛行波向为偏东北向，该海域的波形以混合浪为主，波高的平均值为0.52 m，最大波高值（4.6 m）一般出现在9月。波浪周期的平均值3.1 s，波周期的年变化不大，范围是2.7～3.5 s。海州湾实测潮流的流向基本为西南—东北向，流速分布由东北向西南逐渐减弱，涨潮流流速（最大流速 2.08 kn）大于落潮流流速（最大流速 1.27 kn）。

根据 2003 年 2 月对连云港鱼礁投放海域调查（34°52′34″N，119°25′82″E）的流速结果可知，最大流速约 65 cm/s、最小流速约 20 cm/s，流速大小在 40～45 cm/s 的占优（图 4－27）。

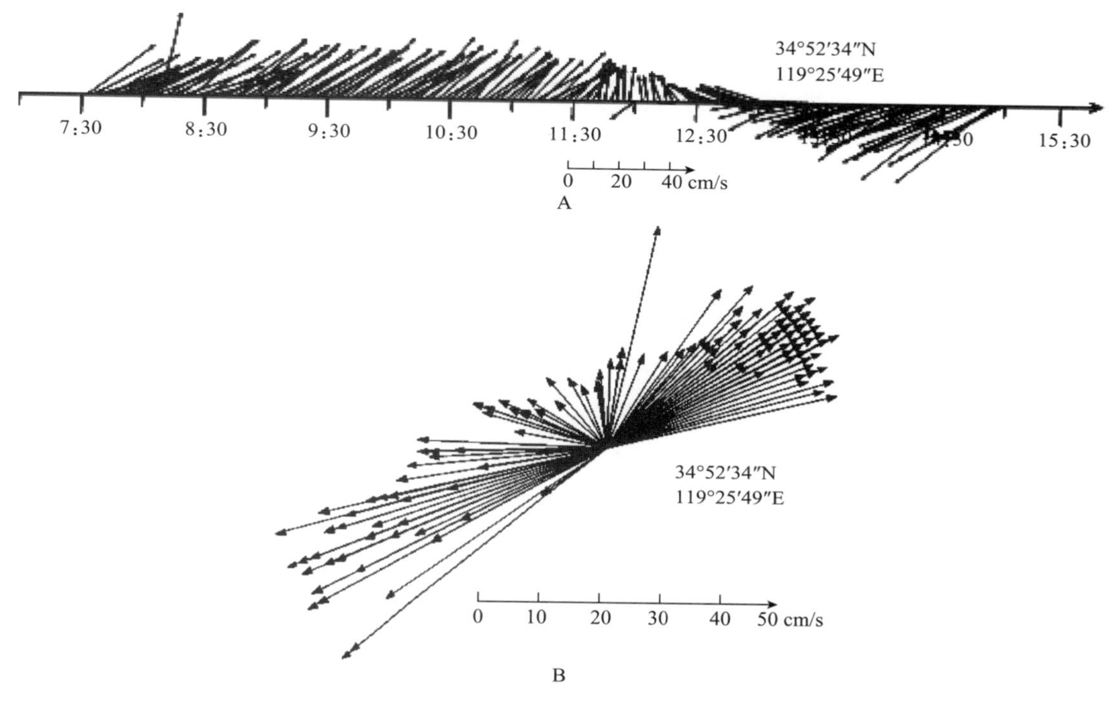

图 4－27　连云港沿岸海域流速调查结果

（4）*水质和饵料生物*　水质符合Ⅰ类水质标准，水质肥沃，海洋生物种类较多，资源量较大，是我国著名的渔场。

（二）人工鱼礁渔场礁体布置

1. 人工鱼礁渔场的种类

利用人工鱼礁可以改变地形波，形成人工鱼礁渔场，适合鱼类栖息。大概有以下 4 种鱼礁渔场：

（1）*单位鱼礁渔场*　是鱼礁渔场的最小单位，既有一个鱼礁单体与天然礁组合，也有由几个鱼礁单体构成，单位鱼礁的规模大概在 400 m^3 以上作为鱼礁渔场的最小单位。

（2）*鱼礁群渔场*　鱼礁群渔场有几个单位鱼礁构成，形成所需要的鱼礁面积。一般用竿钓、延绳钓和刺网进行捕捞。每单位鱼群的作用距离为 200～300 m。单位鱼礁的配置按照水块移动和鱼群移动状况而定，既要提高集鱼效果又要便于操作。

（3）鱼礁带渔场　按计划配置单位鱼礁和鱼礁群，提高诱集鱼群的效果。鱼礁群的配置要符合水块移动与鱼群移动的规律。从鱼群密度来讲，不会因捕捞而使鱼群密度降低，这是制造鱼礁带渔场的主要目的。鱼礁带的规模要根据某种鱼的鱼群量而定。在鱼礁带渔场内还要设置鱼类洄游路线，也就是说要配置诱导鱼礁（图4－28）。诱导鱼礁之间的距离一般为400 m。

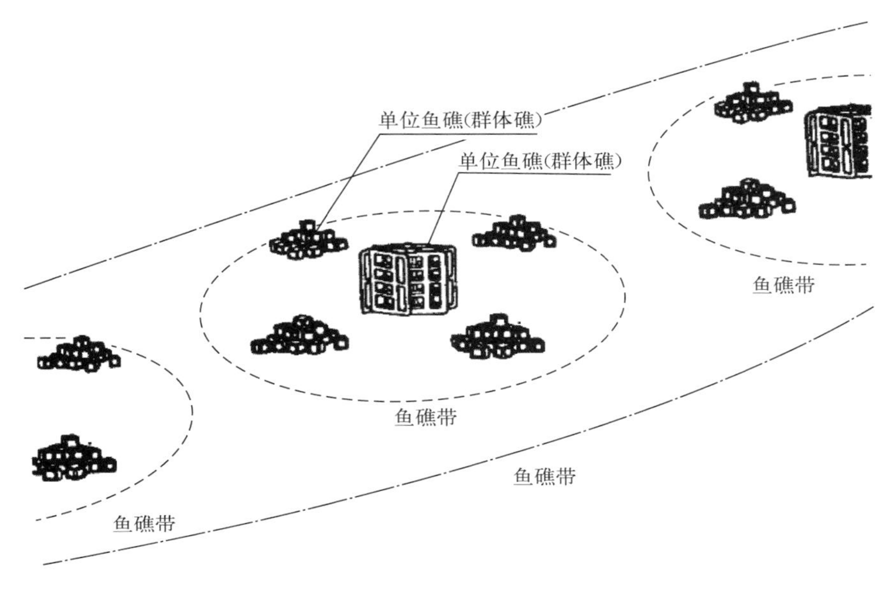

图4－28　鱼礁带渔场

（4）浮鱼礁渔场　指在深海以中上层鱼类为主要诱集对象的鱼礁。既有敷设于表面的，也有敷设于中层，根据鱼类特点而设置，一般敷设于中层的鱼礁不受波浪影响，能较好地保护鱼礁设施，其布局模式见图4－29。

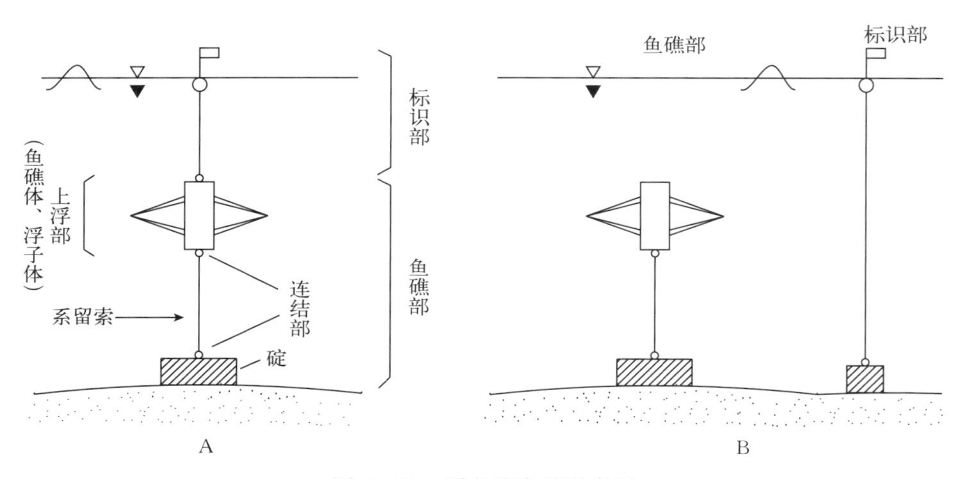

图4－29　浮鱼礁布局示意图

A. 标识部分与鱼礁部连结系留示意图　B. 标识部与鱼礁部分离系留示意图

2. 单位鱼礁布置的基本原则

鱼礁的投放和单位鱼礁的设置应以矩阵分布为宜，并尽量选择不同形状、类型和材料的礁体有序地间隔分布，这样有利于发挥各类礁体的优势，因为在一个海域投放单一材料或单一形状的人工鱼礁其效果相对较差。在所设置的单位鱼礁内，礁体间的距离一般为礁体高度的5～15倍，如3 m高的鱼礁其礁体间的距离应为15～45 m。此外，还可设置一些无规则的堆状分布，但相比起来易造成浪费，不能发挥每个礁体的最佳效益，同时也不利于监测。

由于多数鱼类栖息于涡流中的缓和区，特别是在回避强潮流时，鱼类的聚集程度更高。因此，鱼礁的摆放位置也宜与海流方向交叉，这样会阻碍潮流的运动因而产生特殊的涡流流场。此外，涡流同样会造成浮游生物和甲壳类生物的物理性聚集。人工鱼礁最小的构成单位是单体鱼礁，由若干单体鱼礁组成单位鱼礁，再由若干单位鱼礁组成鱼礁群，根据海流和鱼群移动的路径，由若干鱼礁群组成鱼礁带。各种鱼礁投放的实践证明，单位鱼礁的规模越大则产量越高。至于最适、最经济的规模问题，日本有关专家作了比较详细的试验分析，认为400～4 000 m^3 为最适规模。400 m^3 的鱼礁年集鱼量为4 t，而4 000 m^3的鱼礁年集鱼量可达64 t。可见对于400～4 000 m^3，规模越大，集鱼效果越好。因此，鱼礁规模及其布置是关系人工鱼礁建设成败的又一大关键因素。海州湾人工鱼礁建设礁体布置的基本原则是：①船礁和钢筋混凝土礁组合的单位鱼礁体积为1 000 m^3左右；②纯钢筋混凝土礁单位鱼礁体积为500 m^3 左右；③单位钢筋混凝土礁体间距为30 m，钢筋混凝土礁与船礁的最小距离为20 m；④单位鱼礁间距为200 m；⑤鱼礁群间距为500～1 000 m。

根据礁区的主流向、主浪向等，采用多种礁体、礁群排列组合方式。

3. 礁群布局

江苏海州湾人工鱼礁建设的工程项目从2003年开始到2008年结束，分期建设人工鱼礁，共建造22座鱼礁，4个人工鱼礁区。

2003年海州湾人工鱼礁投放工程实施于东西连岛北偏东约15 n mile处。首批投放规划区位于119°28′00″—119°29′14″E、34°55′00″—34°57′00″N区域内，即位于海州湾渔场109海区3小区内。该海域水深12～16 m，底质为砾沙质，符合人工鱼礁设置选点要求。投放单体大礁250个、小礁体1 000个、船礁30座、浮鱼礁25个，构成了5个鱼礁群，计13 643.4空 m^3（图4－30和图4－31，表4－2）。每个礁群都由“十”字形礁、方形礁和船礁组成。浮鱼礁敷设于礁群的四周，位于119°28′00″—119°29′14″E、34°55′00″—34°57′00″N人工鱼礁投放区域的外围，共25个。浮鱼礁正如以上所述的多功能性鱼礁，设置位置为表层型，主要作用是作为海上交通标识物，兼诱集水生生物的目的。

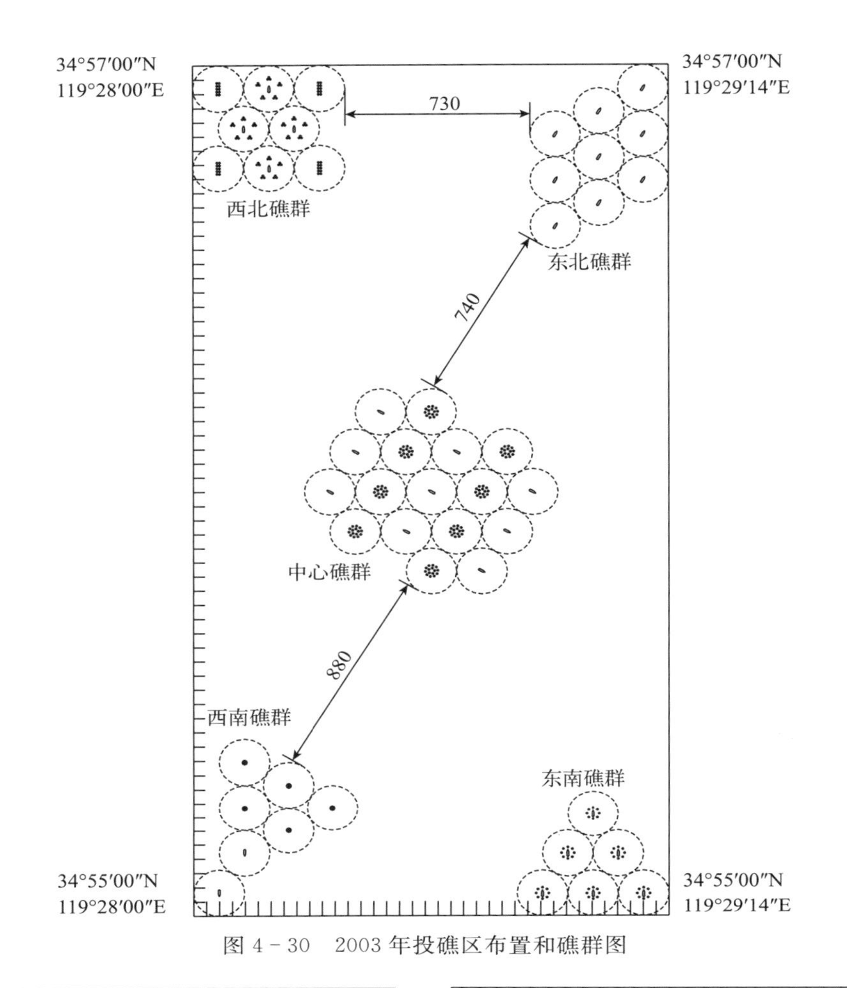

图 4－30　2003 年投礁区布置和礁群图

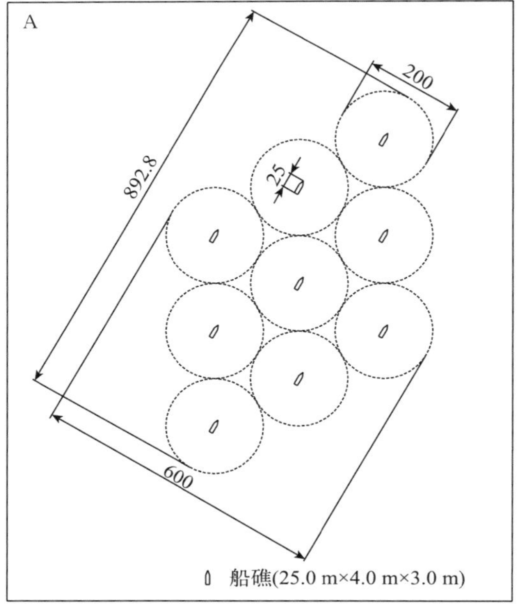

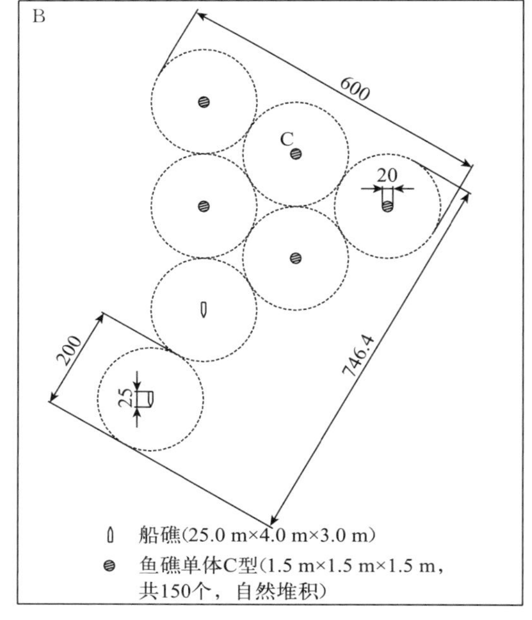

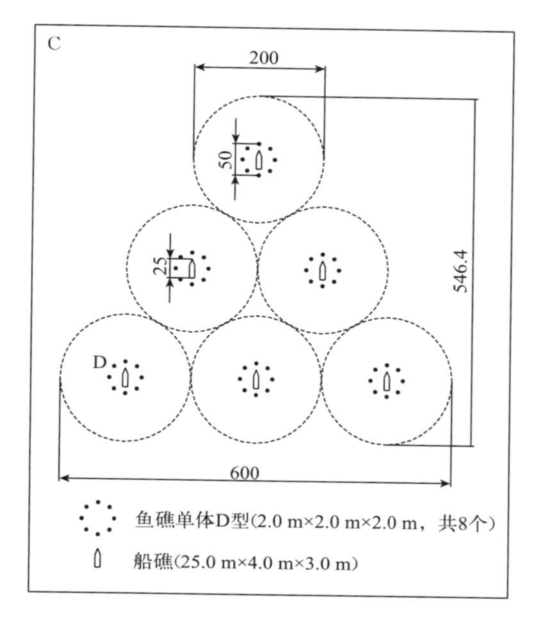

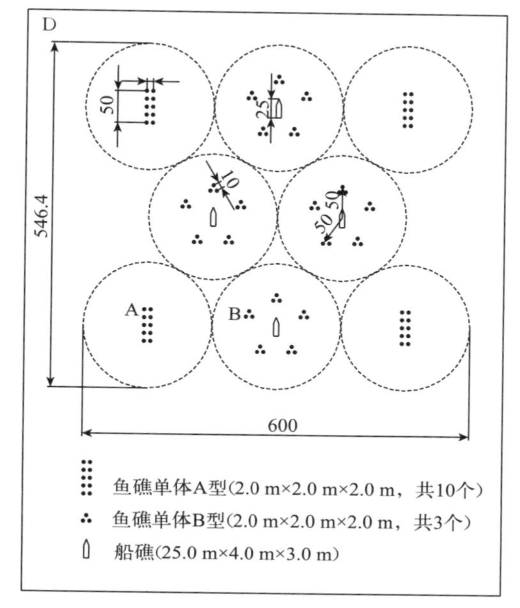

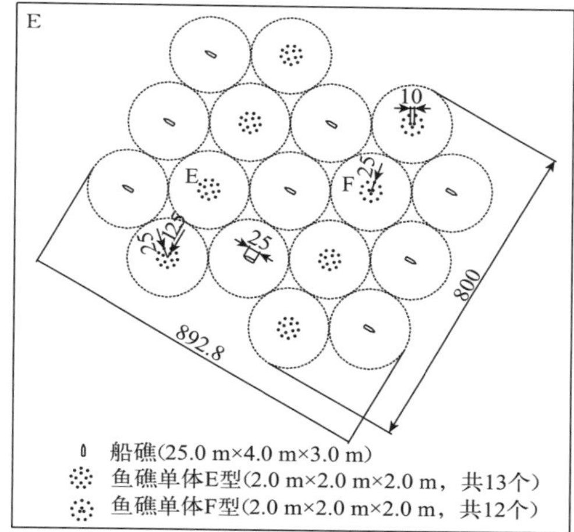

图 4－31　2003 年各鱼礁群详细分布

A. 东北礁群　B. 西南礁群　C. 东南礁群　D. 西北礁群　E. 中心礁群

表 4－2　2003 年礁群数量及空方

礁群	小礁 (1.5 m×1.5 m×1.5 m)		大礁 (2.0 m×2.0 m×2.0 m)		船礁 (25.0 m×4.0 m×3.0 m)		空方小计 (m^3)
	数量（个）	空方（m^3）	数量（个）	空方（m^3）	数量（个）	空方（m^3）	
西北礁群	0	0	100	800	4	1 200	2 000
东北礁群	0	0	0	0	9	2 700	2 700
西南礁群	750	2 530	0	0	2	600	3 130
东南礁群	0	0	48	384	6	1 800	2 184
中心礁群	0	0	102	816	9	2 700	3 516
总计	750	2 530	268	2 144	30	9 000	13 530

（三）人工鱼礁施工规程

1. 鱼礁投放的施工规程

具体的投放方法如下：

（1）使用 GPS 卫星定位仪，可直接测定人工鱼礁的中心点坐标用以指挥起重船安放人工鱼礁，定位精度在 1 m 以内，可以控制人工鱼礁的平面精度在 3 m 以内。

（2）粗定位，即船舶到达现场后在施工范围内先进行锚泊，使用定位仪，小艇配合，在定点投放锚，系上浮标，基本圈定投放范围。

（3）每一投放点，在施工图上标示经、纬度进行精确定位。

（4）为了加快投放速度，避免潜水员水下解钩的繁琐操作，可以在陆地装驳时，安装自动解钩装置，以提高投放速度。

（5）按图纸设计要求，逐个定位投放鱼礁，起锚时先起锚头，避免锚缆扫到已安放好的人工鱼礁。

（6）要注意安全措施，慢起轻放，严防人工礁体碰撞，有六级以上风力时停止作业，严格按照拖轮作业技术要求，确保航行安全。

为保证投放的相对准确，应做到 3 条：①利用好 GPS 定位系统，将礁体投放到预定地点，同时要考虑“仪器”误差；②尽量选择在风浪较小和平流时投放，以避免投礁船和礁体移位；③工作要认真，不能见到浮标就投放，一定要把浮标绳提到与水面垂直的位置再投放。礁体投放后，要潜水检查，发现有倾斜、倒置、移位等情况要及时调整处理。

2. 人工鱼礁的投放时间

投放人工鱼礁的最佳季节应是夏季的伏休期，因为此时在船只和人员的征用，以及宣传工作的开展等方面都具有一定的优势。而且这段时间（除台风天外）是一年中风浪最小的季节，有利于保证投放人工鱼礁的操作安全和施工精度。另外，为了进一步提高施工的安全系数，还应尽量选择小潮和平潮时施工。

3. 人工鱼礁的投放方式

鱼礁布设主要呈矩阵式分布，并采用不同形状和不同类型材料的礁体有序地间隔分布。国外建设经验表明，在一个海域投放单一材料或单一形状的礁体效果相对较差。礁体间的距离，确定为礁体高度的 5～15 倍，2 m 高的“十”字形礁礁体间的距离为 10～30 m。而对于 1.5 m 高的方形礁，则采用无规则的自然堆状分布。这样各个礁群针对不同位置和方向上的流速情况，采用了不同的组合方式，可以充分发挥各类礁体的优势和不同礁群组合的作用。

礁群设置方向，基本与海流方向交叉。较多鱼类和水生生物喜栖息于涡流中的缓和区，这种交叉设置方式能阻碍潮流运动而产生特殊的涡流流场，造成浮游生物、甲壳类生物及鱼类的物理性聚集。

在投放方式的选择上，由于水深较浅，因此投放主要通过铁链和自行设计的自动脱钩装置将单一钢筋混凝土鱼礁链接沉放，直至海底。这样不仅减小了自然下沉投放造成的冲击，同时保证了礁体投放位置的准确性。对旧船礁的投放，主要采用双船链接沉放法，保证整个施工过程安全可行。

在投放方向上，礁体位置最大投影面宜与海流方向呈交叉主流轴方向垂直，这样能够阻碍潮流运动并产生特殊的涡流流场。多数鱼类喜栖息于涡流中的缓和区，特别是在躲避强潮流时，礁体产生的涡流流场对鱼类具有保护作用。此外，涡流也造成浮游生物和甲壳类生物的物理性聚集。

关于海底投放的人工鱼礁高度，目前还没有统一标准，但要根据海况、水深、底质、资源状况、海上交通、礁体功能等情况综合考虑。在20～40 m水深的海域投放人工鱼礁，日本通常采用的礁体高度为水深的1/10～1/5。但也有人认为若不考虑海上交通的因素，则可以高一些，礁体高度离海面3～5 m也可以的，因为这样有利于诱集不同水深生活的生物，日本35 m以上的大型鱼礁也是基于这种因素而设置。

此外，还有一些无规则的堆状分布。由于无规则的堆状分布易造成浪费，不能发挥每个礁体的最佳效果，同时也不利于效果的监测，因此不能随意投放。

四、海州湾水生生物增殖放流

2005年开始，海州湾实施规模性中国对虾增殖放流。放流数量：2005年604万尾，2006年405万尾，2007年近9 444万尾，2008年增加至1.00亿尾，2009年1.48亿尾，2010年1.38亿尾，2011年1.31亿尾，2012年5.83亿尾，2013年5.77亿尾，2014年2.00亿尾，2015年4.00亿尾，2016年5.00亿尾。2005—2016年共放流中国对虾近30.00亿尾，放流区域主要在连云港海州湾海域，近几年放流情况见图4－32。

海州湾2005—2008年海捕对虾产量呈增加趋势，由2005年的22 t增至2008年的97 t，尽管其中也包括了其他品种的对虾，但主要品种为中国对虾。就整个对虾产量增加趋势而言，2008年增加趋势尤其明显，较2007年增加2.13倍。从资源增殖效果来看，中国对虾的资源量与所放流的数量密切相关，放流的数量越大，其资源密度也就越高。2016年海州湾中国对虾增殖放流数量约5.00亿尾，回捕率为0.38%，投入产出比为1∶4，高于2015年水平（中国对虾增殖放流数量4.00亿尾，回捕率为0.28%，投入产出比为1∶3）。2012年和2013年海州湾中国对虾放流数量达到6.00亿尾，2013年放流回捕率为1.62%，投入产出比达到1∶10，形成的效益明显好于2014—2016年。从近5年的海州湾中国对虾资源变动情况可见，海州湾中国对虾放流数量达到一定的规模才能真正地起到资源恢复的作用。

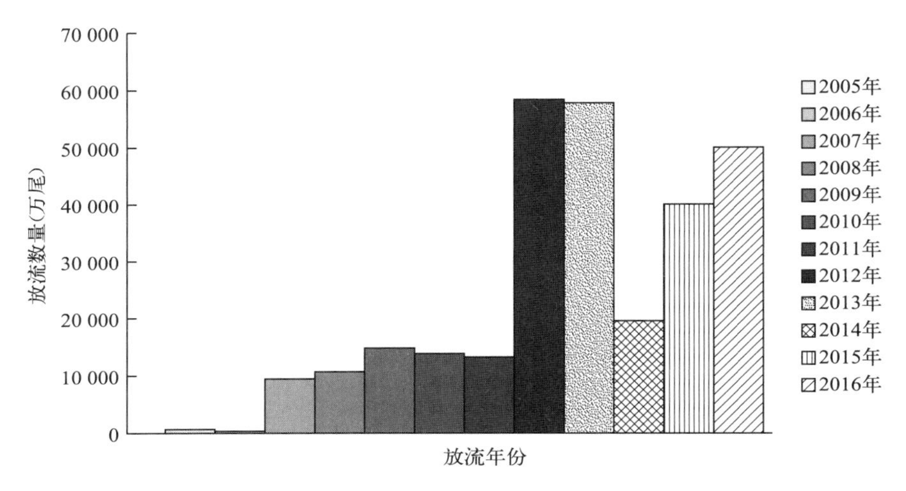

图 4-32 海州湾中国对虾放流数量

目前，使用生态通道模型（Ecopath）来确定中国对虾的增殖生态容纳量（王腾等，2016）。当前海州湾海域中国对虾生物量是 0.04 t/(km² • a)。根据物种间的营养关系，大量放流中国对虾，势必将加大对饵料生物（底栖动物和浮游动物）的摄食压力。当中国对虾生物量超过 0.85 t/(km² • a) 时，大型底栖动物功能组 $EE \geqslant 1.00$，模型失去平衡。因此，海州湾海域能够支撑 0.85 t/(km² • a) 的中国对虾，而且不会改变生态系统的结构和功能，即海州湾中国对虾的增殖生态容纳量为 0.85 t/(km² • a)（表 4-3）。

表 4-3 中国对虾增殖生态容纳量

倍 数	生物量（t/km²）	捕捞量［t/(km² • a)］	模型变动
1	0.04	0.02	平衡
2	0.08	0.03	平衡
5	0.20	0.08	平衡
10	0.40	0.15	平衡
20	0.80	0.30	平衡
21.15	0.85	0.32	大型底栖动物 EE=1.10
25	1.00	0.38	大型底栖动物 EE=1.05
30	1.20	0.45	大型底栖动物 EE=1.10

海州湾增殖放流的贝类主要有杂色蛤、青蛤、毛蚶、文蛤 4 种海产经济贝类。2005 年在海州湾放流花蛤 9 609 万只，共计 137 140 kg；2008 年共放流杂色蛤、青蛤、毛蚶、文蛤 4 种海产经济贝类 23 500 kg；2009 年共放流杂色蛤、青蛤、毛蚶、文蛤 4 种海产经济贝类苗种 42.8 t。近年来还开展了鲍、大竹蛏等名贵贝类的增殖放流工作。

2012 年连云港市开始利用生态补偿资金开展水生生物增殖放流，放流的鱼类有黑鲷、半滑舌鳎、牙鲆、许氏平鲉、鲈等经济鱼类，另外也开展三疣梭子蟹、金乌贼、海蜇等多种水生生物苗种的放流工作。

五、海州湾海洋牧场新模式

海州湾海洋牧场探索出了“上中下水层综合利用，多品种立体共存”的生产模式。养殖筏架上，在海水上层挂绳养海带，中间挂笼养贝类和放置深水网箱，水下播养鲍、海参和虾夷扇贝等。水体上层挂养和水底增殖的海带、江蓠、紫菜等多个品种海藻，减缓了风浪，净化了水质，消除了富营养化现象，增多了海区浮游生物量，降低了浮筏养海胆和虾夷扇贝的死亡率。同时，上层海带释放出的氧气，为海胆和虾夷扇贝的生长提供了条件，海胆和虾夷扇贝排放的二氧化碳和排泄物可以肥水供藻类生长，繁茂的藻类又为底层的鲍、海参和虾夷扇贝输送充足的饵料。海区上中下层存在的物种形成了一个完整的食物链，在保持生态平衡中提高了复养指数和单位经济效益。

在发展立体生态养殖、实现转型升级的过程中，连云港市还积极调整控制贝藻养殖结构和布局，组织实施了规模约 26.67 hm^2 的海洋牧场藻场试验项目，实施藻种选育工作，对培植前景较好的优势海藻种在大海中进行“播种”。与此同时，开展鲍、牡蛎、贻贝等贝藻混生项目试验和高附加值贝类养殖试验。

第二节　江苏省海州湾海洋生物资源养护与生态环境修复规划（2016—2020）（节选）

一、概述

《江苏省海州湾生物资源养护与生态环境修复规划（2016—2020）》，主要阐明到2020年江苏海州湾海洋生物资源养护和生态环境修复工程建设的目标、主要任务、重点工程和保障措施等，为今后连云港市乃至江苏省环境保护和生态建设的行动纲领。

规划总体思路按照国家“一带一路”总体发展战略和海洋生态文明建设要求，海州湾海洋生物资源养护与生态环境修复规划，从恢复和完善海洋生态系统的角度出发，利用已有研究成果及针对修复内容提炼出的关键科学问题开展的基础研究成果为指导，根据修复目标及秦山岛、海洋牧场核心区、前三岛等功能区域的具体情况，将海域生物栖息环境营造与改善、生物幼体人工补充与自然增殖、生物行为控制与资源修复及利用过程管理、资源开发利用强度及利用方式等多元要素进行必要集成、筛选、有机组合、配置并适当运用，以满足修复需求。同时，为了使实施计划顺利开展，从领导层面、管理层面、技术层面等采取了一系列保障措施以保障各项工作的顺利实施（图 4 - 33）。

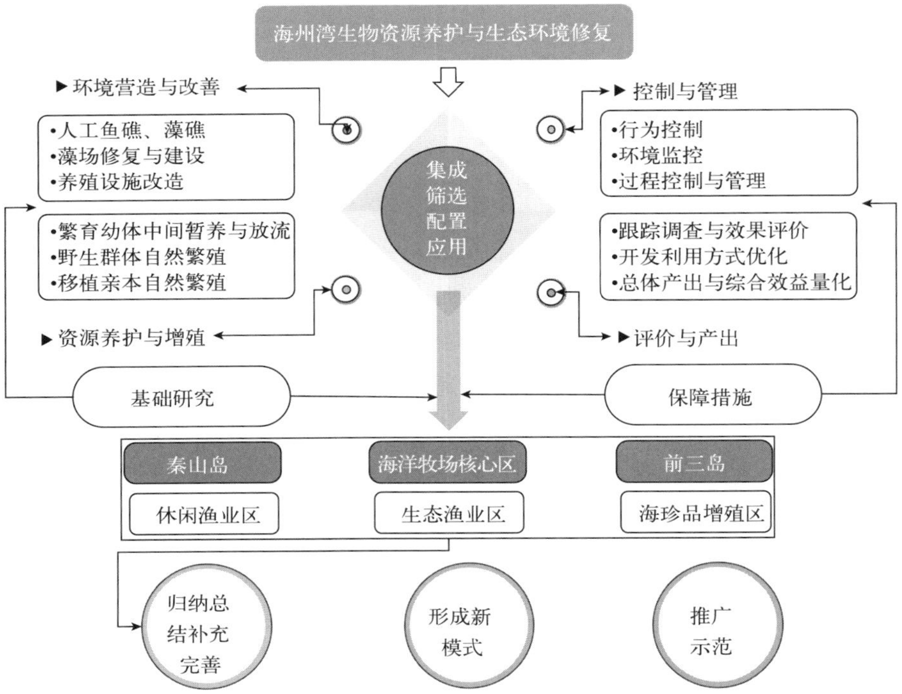

图 4－33　规划总体思路

海州湾生物资源养护与生态环境修复规划将坚持以技术为先导，遵循“生态优先，突出重点，效益兼顾，先易后难，层层推进”的总体原则，实施四个重点发展方向。

（1）技术引领，生态优先——以技术创新引领传统结构优化，固化生态渔业发展特色　贝类、藻类筏式养殖等传统产业是海州湾海域水产养殖业的重要基础。藻类养殖品种主要有紫菜、江蓠、海带等，应适当发展鱼类、甲壳类和海珍品增养殖的比重，尤其是发展鲍、刺参和扇贝等名贵品种的增殖。

由于环境的不稳定，因此海域的容量并非是一个常数，而是随环境的变化而发生变化，具有明显的动态性。同时，环境容量也随海域利用方式与养殖技术的改进而得到扩充。因此，环境容量并不是固定不变的，可通过引入生态养殖模式、优化养殖结构、改善养殖技术等手段，提高环境容量，增加水域利用效率。

（2）突出重点，增强实效——发展高效渔业和设施渔业　以抗风浪网箱养殖和浮筏、沉箱等养殖方式为切入点，切实加快发展设施渔业、高效渔业和健康渔业；适度发展近海浅水区围网养殖、深水区抗风浪大网箱养殖和刺参网箱养殖；适当开展半滑舌鳎、牙鲆等名优鱼类养殖，稳步带动对虾、扇贝、鲍、刺参和紫菜等传统品种的发展，建成国内重要的水产名特优新品种增养殖基地，打造海州湾海珍品绿色品牌。

（3）找准突破口，以点带面层层推进——大力发展增殖渔业　由于自然资源衰退，因此海洋捕捞渔业已进入负增长时代，同时近岸养殖又受到环境和其他涉海产业的制约。一个以人工苗种生产为先导、以自然生态位饵料为基础，配之以环境改造工程等相结合的新兴产业——水产增殖业，必将成为21世纪实现水产业可持续发展的主要途径与首选目标。在渔业资源衰退、生态荒漠化严重及转产转业重点地区的近岸水域，应以人工鱼礁建设为载体，重建水域生态系统，补充水生生物资源，提高水域渔业生产力，带动休闲渔业及相关产业发展。做好对虾、梭子蟹和海水鱼类等种群的增殖放流工作，大力发展增殖渔业。

（4）适度发展，兼顾效益——适度发展休闲和观光渔业　通过人工鱼礁，增殖放流鲍、刺参、经济鱼类及藻类，建设海上生态示范区，建造海上休闲平台，形成集休闲娱乐、渔业体验、旅游观海、垂钓、潜水采捕、特色餐饮、海岛田园等功能于一体的海上休闲中心。对市区浅海海岸带内的养殖设施进行规划设计和包装改造，发展都市观光渔业，为城市旅游增加新内容。

二、海州湾生物资源养护与生态环境修复区总体规划

（一）区域定位及布局思路

海州湾海洋生物资源与生态环境修复区规划，是选择秦山岛海域、海洋牧场核心区海域及前三岛海域作为规划区域，以“补强、延伸、拓展”六字方针作为总体思路对3个规划区域进行功能定位和要素布局。其中，“补强”主要是对海洋牧场核心区生态系统功能及海域管理手段进行进一步的增强；“延伸”主要是对秦山岛海域在改善生态服务功能的基础上进一步提升其社会服务功能，延伸产业链，增强其发展的内生动力；“拓展”主要是对前三岛海域岛礁功能进一步扩充，拓展增殖空间，扩大辐射范围和空间利用效率。目的是在海州湾形成“一体两翼”的空间辐射效应（图4-34）。

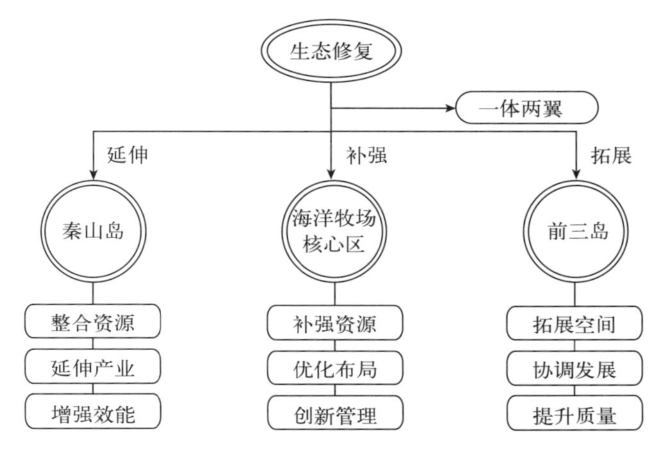

图4-34　规划区域定位及布局思路

（1）秦山岛——延伸　在修复环境、养护资源的基础上，整合并添加要素，发展海

洋文化、海洋旅游、科普教育、休闲渔业，以延伸产业链、增强社会服务功能。

（2）海洋牧场核心区——补强　补强生物栖息地营造功能、环境改善功能、资源增殖、空间利用效率、资源合理开发利用方式及强度、海域管理，同时与国家级海洋牧场示范区协调发展。

（3）前三岛——拓展　拓展增殖空间、扩大岛礁辐射范围，实现贝类、藻类、海珍品及其他生物自然增殖与协调发展，构建绿色生态野生海珍品产出基地，打造优良品牌，提升产业发展质量。

（二）规划总体发展目标

针对目前海州湾生态修复海域的现状，根据修复规划的总体思路，采用现代生态学方法，运用栖息地营造、环境调控和资源补充及增殖等技术手段，通过自然或人工干预等措施对功能区域的生物栖息地、生态系统功能、生物多样性等开展修复工作，实现对现有功能区的生态系统结构和功能的补强、完善和拓展，实现不同功能区域的健康发展，提高其生态和社会服务价值。按照“一年全面启动，三年基本成型，五年实现跨越”的发展目标，到 2020 年，建成 3 个特色鲜明的生物资源修复区，完成总规划面积 200 km^2 的建设任务，实现渔民人均年纯收入达到 3 万元，三区总目标产值 10 亿元，使海州湾海洋生物资源养护与生态环境修复区真正成为国内领先、特色鲜明，融生态海洋、绿色海产、休闲娱乐服务功能为一体，集现代海洋高效增殖技术、现代海洋信息技术、现代海洋管理理念于一身的现代化新型海洋生态渔业发展示范区。

（三）规划实施内容

规划共确定了包括海洋牧场核心区、前三岛海珍品增殖区及秦山岛休闲渔业发展区 3 个不同功能区。在 3 个功能区内根据各功能区所承载的主要功能，其主要利用方式各有侧重。海洋牧场核心区侧重于从补强生态系统功能的角度出发，对既有生态修复建设工程进行完善，采取养护结合方式，增加经济藻类养殖的比重，对贝类、鱼类等经济动物养殖活动造成的自身污染物进行降解；同时，鼓励开展贝藻间养、混养、轮养、休养等方式，保持该区域优良的水质环境，保障海水养殖业可持续、健康发展。前三岛海珍品增殖区则以海参、海胆、鲍、扇贝等海珍品底播、沉箱养殖、网箱养殖等为主，同时选择适宜藻类进行养殖，一方面为养殖海珍品提供饵料；另一方面净化水质，保持良好的水质环境。秦山岛休闲渔业发展区在增殖生物资源的同时，适度发展旅游、观光、垂钓、海上餐饮等第三产业，拓展海洋产业的服务功能，实现既有发展定位目标。

（四）规划区域

规划包括海洋牧场核心区（简称核心区）——生态修复区Ⅰ、前三岛海珍品增殖区——

生态修复区Ⅲ、秦山岛休闲渔业发展区——生态修复区Ⅱ3 个区域，总规划面积约 200 km^2。按照规划目标要求，根据各区要达到的目标和实现的功能，对 3 个生态修复区各功能要素进行有机组合。

三、海洋牧场核心区——生态修复区Ⅰ规划

海洋牧场核心区所处海域为海州湾渔场的核心区域，也是目前主要的渔业利用区，面临生态环境退化、生物资源枯竭的不利局面。为了改善生物栖息环境，养护渔业资源，首先要降低捕捞强度，转变传统作业方式，给洄游群体、产卵群体及定栖性群体一个繁育生长的时间和空间。10 余年的人工鱼礁建设，对传统的底拖网作业强度起到了较好的抑制作用，目前生物资源逐渐得到恢复。为了使生物资源和生态环境得到进一步恢复和改善，在前期工作的基础上，进一步加大了人工鱼礁的投放密度，扩大了生态环境的修复规模，同时根据鱼礁功能优化配置和布局。另外，结合增殖放流、贝藻场建设进一步补充生物资源，完善生态系统结构，增强生态系统功能。

生态修复区Ⅰ的范围是：①34°52′00″N，119°26′00″E；②34°57′00″N，119°26′00″E；③ 34°57′00″N，119°32′00″E；④34°55′00″N，119°32′00″E；⑤34°55′00″N，119°38′15″E；⑥34°52′00″N，119°38′15″E。建设面积共有 150 km^2。

海洋牧场核心区——生态修复区Ⅰ规划表层各功能区规划布局见图 4－35，海洋牧场核心区——生态修复区Ⅰ规划底层各功能区规划布局见图 4－36，海洋牧场核心区——生态修复区Ⅰ规划空间各功能区规划布局见图 4－37。

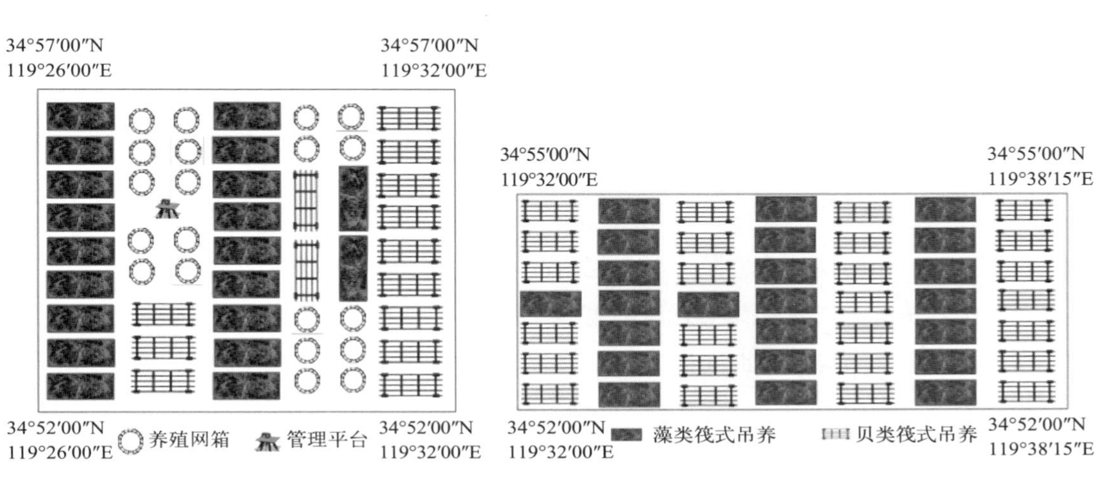

图 4－35　海洋牧场核心区——生态修复区Ⅰ表层各功能区规划布局

（1）大力开展人工鱼礁、人工藻礁等基础设施建设，在该海域建设人工鱼礁规模达 2.5×10^5空 m^3，使每平方千米海域面积鱼礁投放规模达到 3.3×10^3空 m^3，营造适宜生物

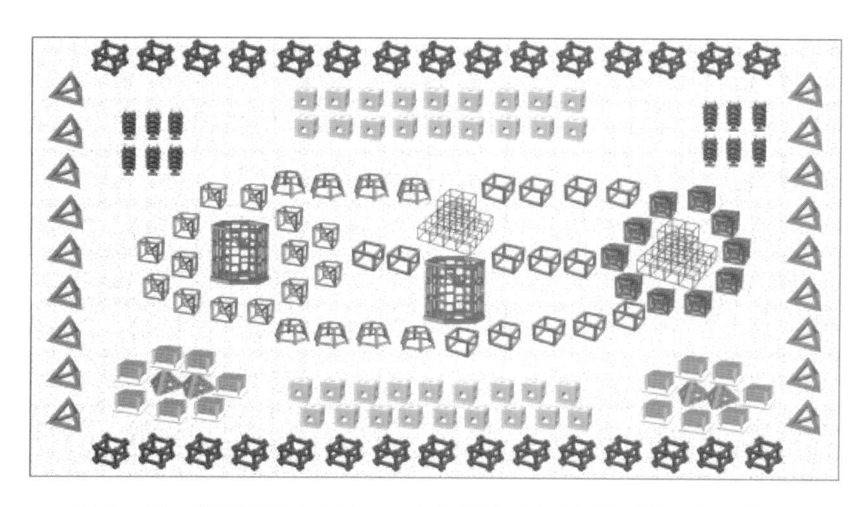

图 4－36　海洋牧场核心区——生态修复区Ⅰ底层各功能区规划布局

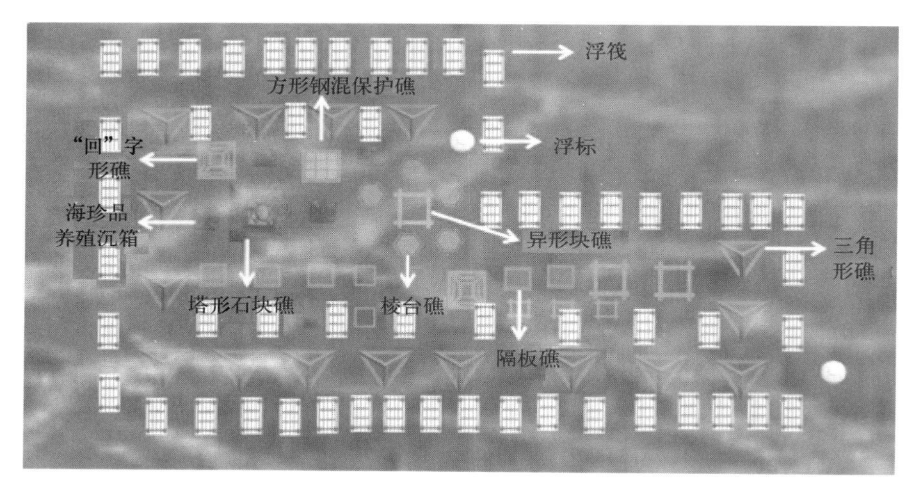

图 4－37　海洋牧场核心区——生态修复区Ⅰ空间各功能区规划布局

栖息、繁殖、生长的基础环境条件。在规划区域外围设置保护作用的大型鱼礁，内部以具有鱼卵附着功能的产卵礁和具有保护生物幼稚体的保育礁成群布局，中间以大型礁体和小型功能礁组合布局，礁群间以诱导礁相连接，通过各种功能礁体的不同组合布局模式，拓展海域的利用空间，增强生态系统的功能，为定栖性、洄游性鱼类提供产卵孵化的基质和仔稚鱼的保育场。采取人工资源增殖与自然恢复有机结合的方式，每年定期增殖放流中国对虾、梭子蟹、金乌贼、许氏平鲉、大黄鱼、黑鲷等经济价值较高的苗种，以扩大海区生物资源量。

（2）沉箱养殖区 15 km^2，开展沉箱刺参养殖，投放大规格刺参苗种。

（3）贝类吊养区 200 hm^2，开展贻贝、牡蛎养殖。

（4）网箱养殖区 5 km^2，开展以放流苗种中间育成，以及牙鲆、许氏平鲉、黑鲷等规模化养殖，在平台附近设置直径 20 m 的养殖网箱 100 个。

（5）大型藻类养殖区 133.33 hm^2。以海带、紫菜、江蓠等为主的大型藻类养殖不但可以带来可观的经济效益，而且还可以通过吸收海域中已有的营养盐，起到净化水质和固碳作用，同时与贝类场相结合成为海洋碳汇渔业发展的主要形式。

四、前三岛海珍品增殖区——生态修复区Ⅲ规划

前三岛地处环境条件优越的海州湾腹地，具有水深、流急、水质清洁的特点，是多种经济鱼类、虾类、贝类、藻类繁殖和栖息的场所，也是仿刺参、栉孔扇贝自然分布的南界。其地理位置和生态环境条件与“外延希养”的水产品养殖和海珍品增养殖模式高度契合。另外通过潜水调查发现，目前在前三岛海域潮下带自然延伸的岛礁基架，以及散落在其周围的岩石已成为海珍品及岩礁性鱼类、虾类、蟹类等附着生长和栖身的良好场所。而且岩礁上自然生长的环节藻、孔石莼等已成为鲍、海胆等生长的天然饵料。另外还发现，当岛礁周围水深超过 10 m 就鲜有藻类附着。因此，如果不采取适当措施来着生，藻类就很难满足深水区海珍品自然索饵的需求。除此之外，岛礁周围自然散落岩石的数量及分布范围比较有限。为了扩大海珍品增殖规模，在岛礁周围可以投放海珍品增殖礁，用以改善基质类型，增加海珍品生长栖息的附着规模，提高增殖空间和环境容量。

规划将生态修复区Ⅲ选定于车牛山岛、达山岛和平岛周边海域，其中海珍品底播增殖区依托 3 个海岛并分别以 3 个岛为中心，外围延伸约 2 km 范围，筏式养殖区在岛礁外围 1～2 km 范围，网箱养殖区在 3 个岛屿及附属岛礁之间进行布局。该海域无污染，水交换通畅，初级生产力较高，是多种经济生物的繁殖、生长场所，底质为沙、沙泥，水质良好，符合一类水质标准，水深 19.0～21.0 m。

生态修复区规划范围为：

车牛山岛：①119°48′03″E，34°58′58″N；②119°48′03″E，35°00′58″N；③119°49′58″E，35°00′58″N；④119°49′58″E，34°58′58″N。规划建设面积 10 km^2（图 4－38）。

达山岛：①119°52′45″E，34°59′02″N；②119°52′45″E，35°01′02″N；③119°54′40″E，35°01′02″N；④119°54′40″E，34°59′02″N。规划建设面积 10 km^2（图 4－39）。

平岛：①119°53′08″E，35°07′20″N；②119°53′08″E，35°09′20″N；③119°55′03″E，35°09′20″N；④119°55′03″E，35°07′20″N。规划建设面积 10 km^2（图 4－40）。

岛礁海域生态修复区底部鱼礁布局如图 4－41 所示，其空间效果图如图 4－42 所示。

（1）建设人工鱼礁区 3 km^2　在人工鱼礁区内投放增殖型人工鱼礁、集鱼型人工鱼礁、

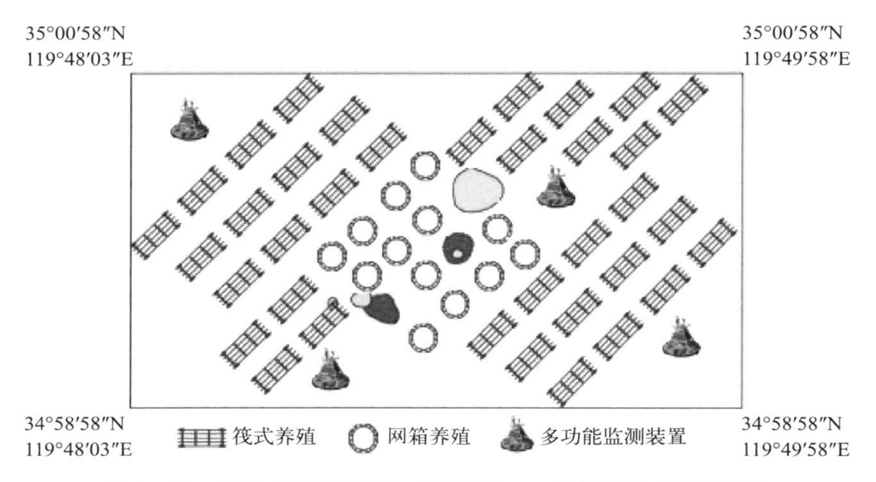

图 4-38　车牛山岛海珍品生态增殖区——修复区域布局平面图

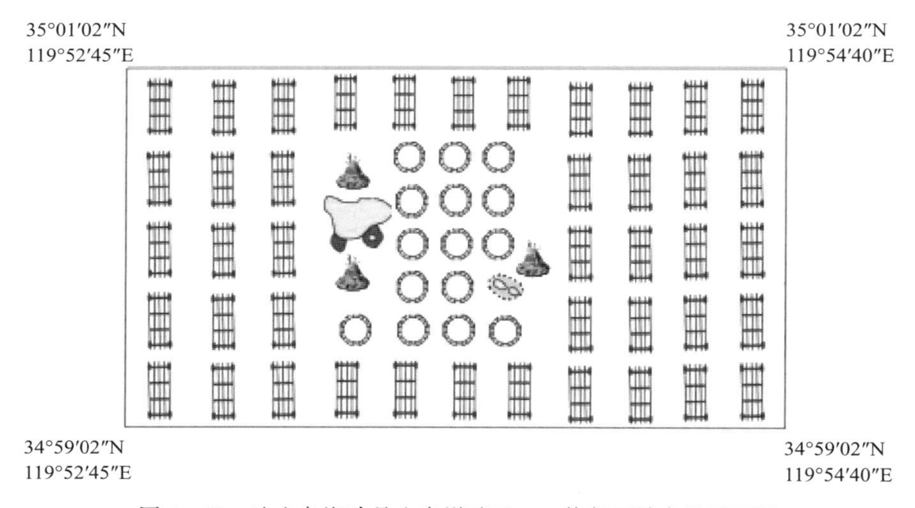

图 4-39　达山岛海珍品生态增殖区——修复区域布局平面图

藻礁等多种类型的礁体，其中增殖型人工鱼礁和集鱼型人工鱼礁规模达到 3×10^4 空 m^3。同时，在人工鱼礁区底播刺参、皱纹盘鲍等海珍品，建设藻场，增殖放流三疣梭子蟹、许氏平鲉、黑鲷、褐菖鲉、金乌贼等岩礁性生物种类。

（2）建设筏式贝、藻类吊养区 266.66 hm^2，底播海珍品 1 000 hm^2　其中，吊养种类为扇贝和海带，底播种类为刺参、鲍、牡蛎等海珍品。一方面增加产出；另一方面增加固碳能力。

（3）投放沉箱 10 000 只，建成沉箱养殖区 6 km^2　在沉箱养殖区开展沉箱刺参养殖，投放大规格苗种。

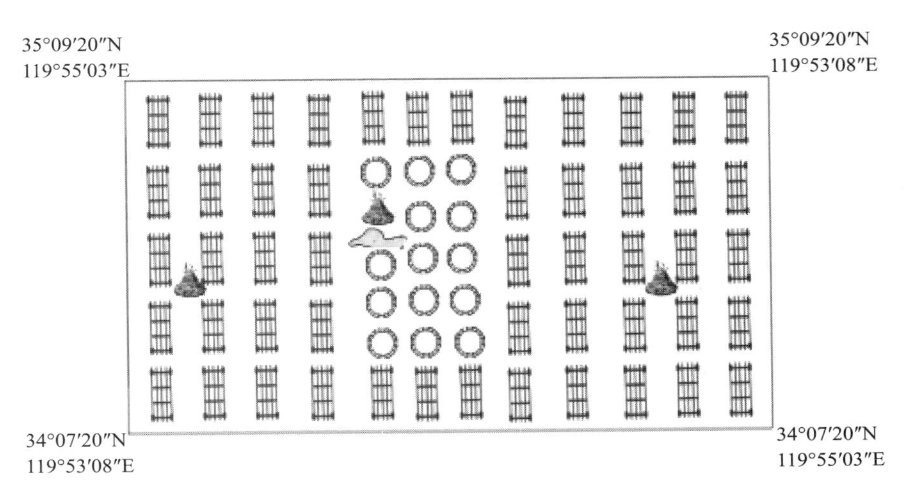

图 4－40 平山岛海珍品生态增殖区——修复区域布局平面图

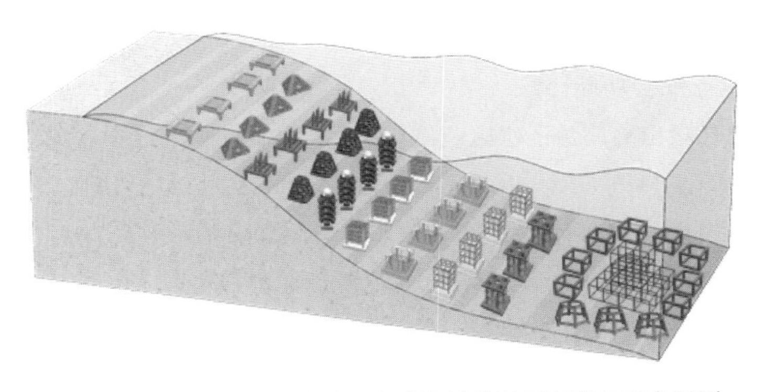

图 4－41 海珍品生态增殖区岛礁海域修复区底部鱼礁布局图

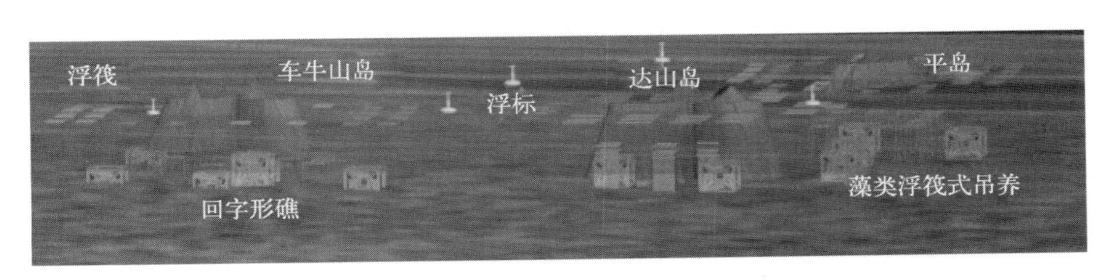

图 4－42 海珍品生态增殖区岛礁海域修复区空间布局效果示意图

（4）建设藻礁区 1.5 km^2，投放藻礁规模达到 1.5×10^4 空 m^3 自然着生石花菜、马尾藻、海带等藻类，以可作为海珍品饵料的藻类为主。

（5）建设网箱养殖区 3 km^2 开展以鲈、许氏平鲉、黑鲷等品种的抗风浪网箱养殖，可设置周长 40 m 的网箱 50 个。

五、秦山岛休闲渔业发展区——生态修复区Ⅱ规划

结合连云港市旅游发展总体规划布局，在保护海岛生态环境的前提下，选择渔业、海洋与旅游业相结合的最佳切入点，充分利用海滩、岛礁等资源优势，统一规划部署，加强休闲旅游设施和配套服务体系建设，开发特色休闲旅游项目。在技术层面上主要利用生物技术或生物与工程相结合的生态修复技术对秦山岛休闲渔业发展区进行修复。其中，生物技术主要采用滩涂底播贝类的方法，对潮间带区域进行生物修复。生物与工程相结合的技术主要是：①利用投放人工藻礁自然或人工附着藻类的方式对潮下带区域进行环境修复；②采用浮筏式藻类、贝类吊养设施为中上层鱼类提供栖身场所，采用投放小型产卵和保育礁等构造物对仔稚鱼进行保护。另外，设置浮动或固定垂钓平台为休闲渔业发展提供硬件保障设施。其总体布局模式和表底层各功能区规划布局如图4-43所示，空间布局效果示意图如图4-44所示。同时，利用秦山岛及其附近海域自然地质地貌景观、自然生态景观和历史文化景观与海洋文化、海洋旅游、科普教育、休闲渔业进行有机融合，增强服务社会功能。

该规划区主要在秦山岛周边浅水区范围内：①34°51′44″N，119°16′00″E；②34°53′44″N，119°16′00″E；③34°53′44″N，119°19′47″E；④34°51′44″N，119°19′47″E。规划区域面积20 km^2［在实施方案制定上具体可参照《江苏省秦山岛保护和利用规划（2011—2020）》］。

（1）拟建设人工鱼礁区2 km^2　投放产卵礁、保育礁、增殖礁、集鱼礁、藻礁等为改善近岸水域栖息环境，营造产卵场、饵料场及仔稚鱼汇集滞留区，增殖并诱集目标鱼种，为发展游钓渔业创造条件，人工鱼礁总体规模达到2.0×10^4空m^3。同时，在人工鱼礁区底播刺参，以及增殖放流梭子蟹、许氏平鲉、褐菖鲉、黑鲷、鲈等岩礁性生物种类。

（2）筏式吊养区吊养贻贝66.67 hm^2　一方面增加海域产出；另一方面改善环境，营造中上层鱼类栖息地。

（3）滩涂底播贝类1 666.67 hm^2　在潮间带区域底播以杂色蛤、毛蚶等为主的贝类，在近岸岩礁区域及藻礁投放区域底播牡蛎。一方面通过贝类滤食作用净化环境，另一方面为游客赶海拾贝、海滩游玩创造适宜的环境条件。

（4）环岛藻礁带2.5 km^2　主要是为优化岛礁周围水质环境，营造岩礁性鱼虾类及海珍品适宜的栖息环境。沿秦山岛北侧距离岸基约200 m建设环形藻礁带，藻礁带长约5 000 m、宽约500 m，藻礁规模25 000空m^3。海岛垂钓点是岸基休闲区功能设施之一，主要布局在靠近岛礁一侧的传统鲈垂钓区内，依托岸基布设8个桩柱式全天候海岛垂钓点（每个垂钓点四周安装安全护栏，面积4～5 m^2，垂钓点之间距离约200 m），克服以往露天岩礁垂钓受潮水涨落限制通行，尤其是在风浪较大时给垂钓者带来一定安全隐患。每

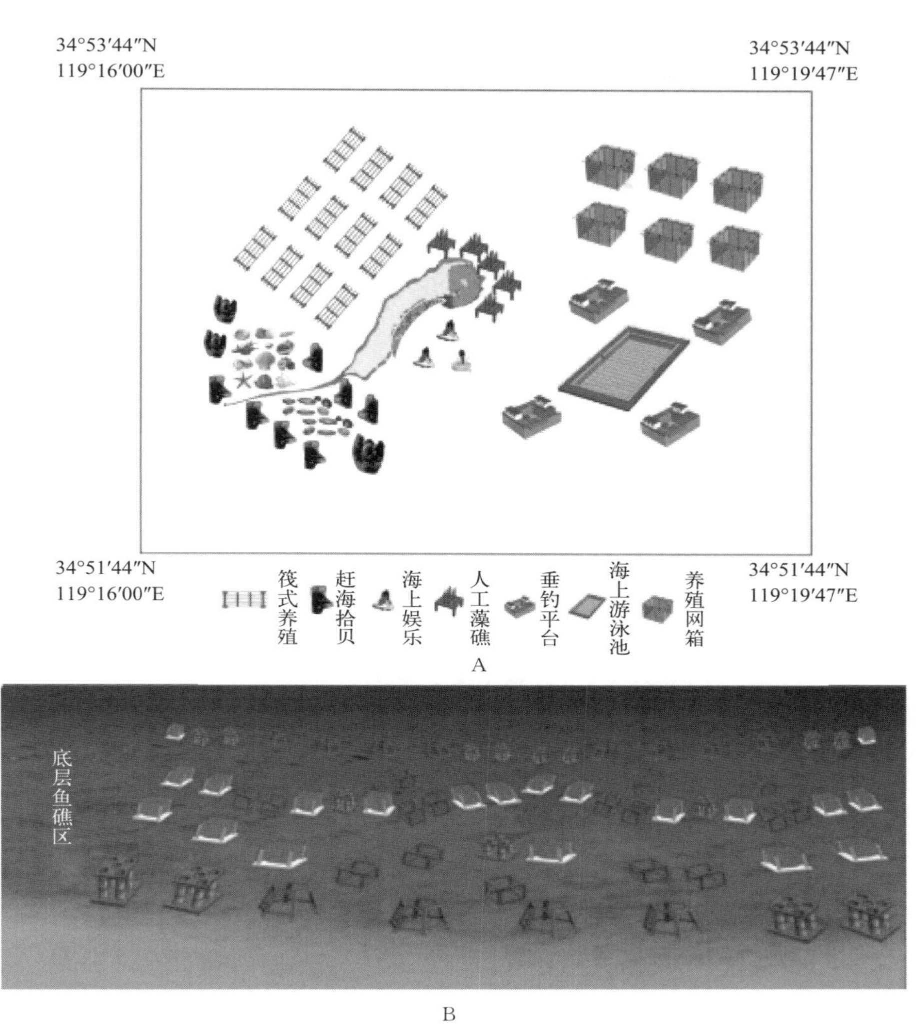

图 4-43 秦山岛休闲渔业发展区各功能区规划布局

A. 表层 B. 底层

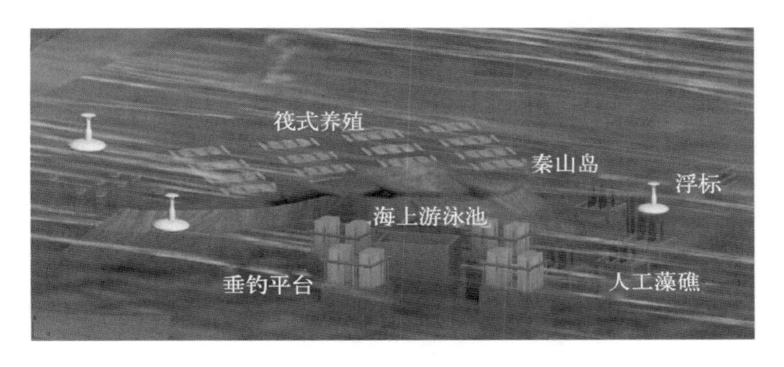

图 4-44 秦山岛休闲渔业发展区——空间布局效果示意图

个垂钓点根据需要安装遮风挡雨装置，增加休闲垂钓舒适度，以满足钓鱼爱好者的垂钓需求。岸基休闲区功能设施之二是在棋子湾原有海滩基础上进行沙滩整备，并底播放养贝类。除利用贝类净化功能达到改善水质的效果外，还能丰富海滩娱乐项目，为游客浅海游泳和拾贝等亲海活动创造良好的环境和条件（图 4－45）。

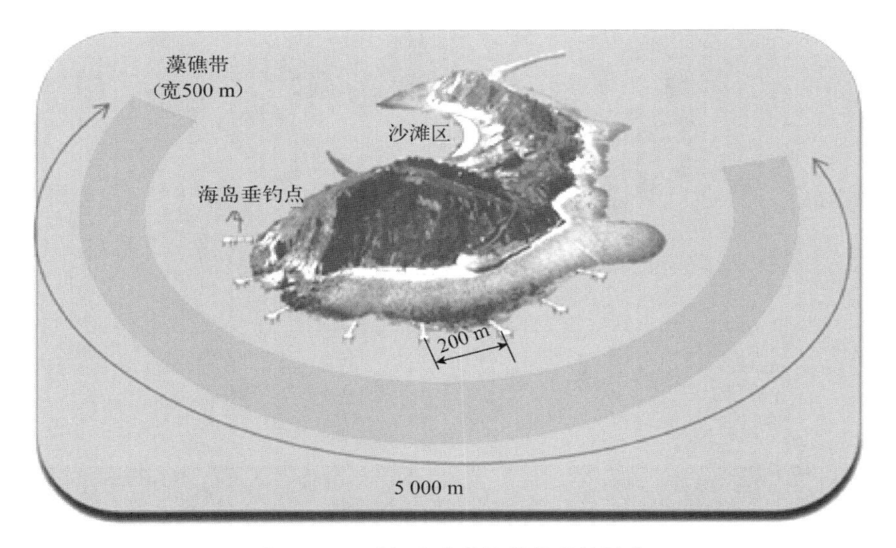

图 4－45　环岛藻礁带及岸基垂钓平台

（5）**建设浮动式垂钓平台**　海上垂钓平台长 25 m、宽 20 m，总面积 500 m^2，可同时容纳 80 人在平台上休闲垂钓和观光娱乐，平台上面配套一个或多个养鱼网箱及部分娱乐、餐饮设施。该平台是根据养殖网箱创意而来，经过改扩建，变成了一个集旅游休闲、观光、娱乐、餐饮于一体的休闲旅游平台（图 4－46）。此外，在条件适宜的夏季，在保证安全的前提下，还可考虑在垂钓平台附近设置海上浮式游泳池，5 年内计划建设垂钓平台 10 个。

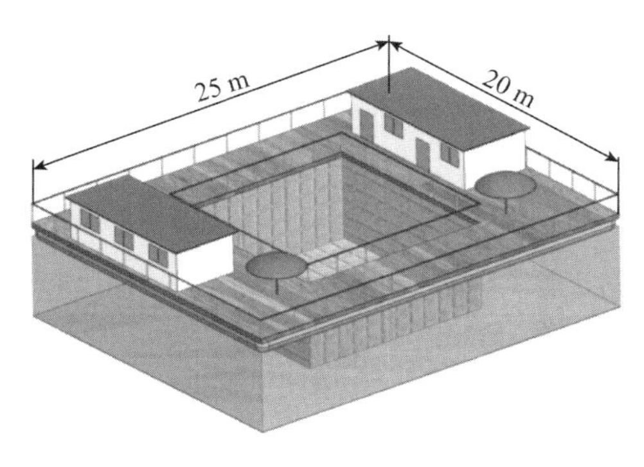

图 4－46　海上浮动垂钓平台

六、主要修复技术手段

（一）生物栖息地修复

1. 人工鱼礁和藻礁

根据海州湾人工鱼礁建设所取得的成果及规划海域不同功能区的需求，备选礁体类型见图 4－47。

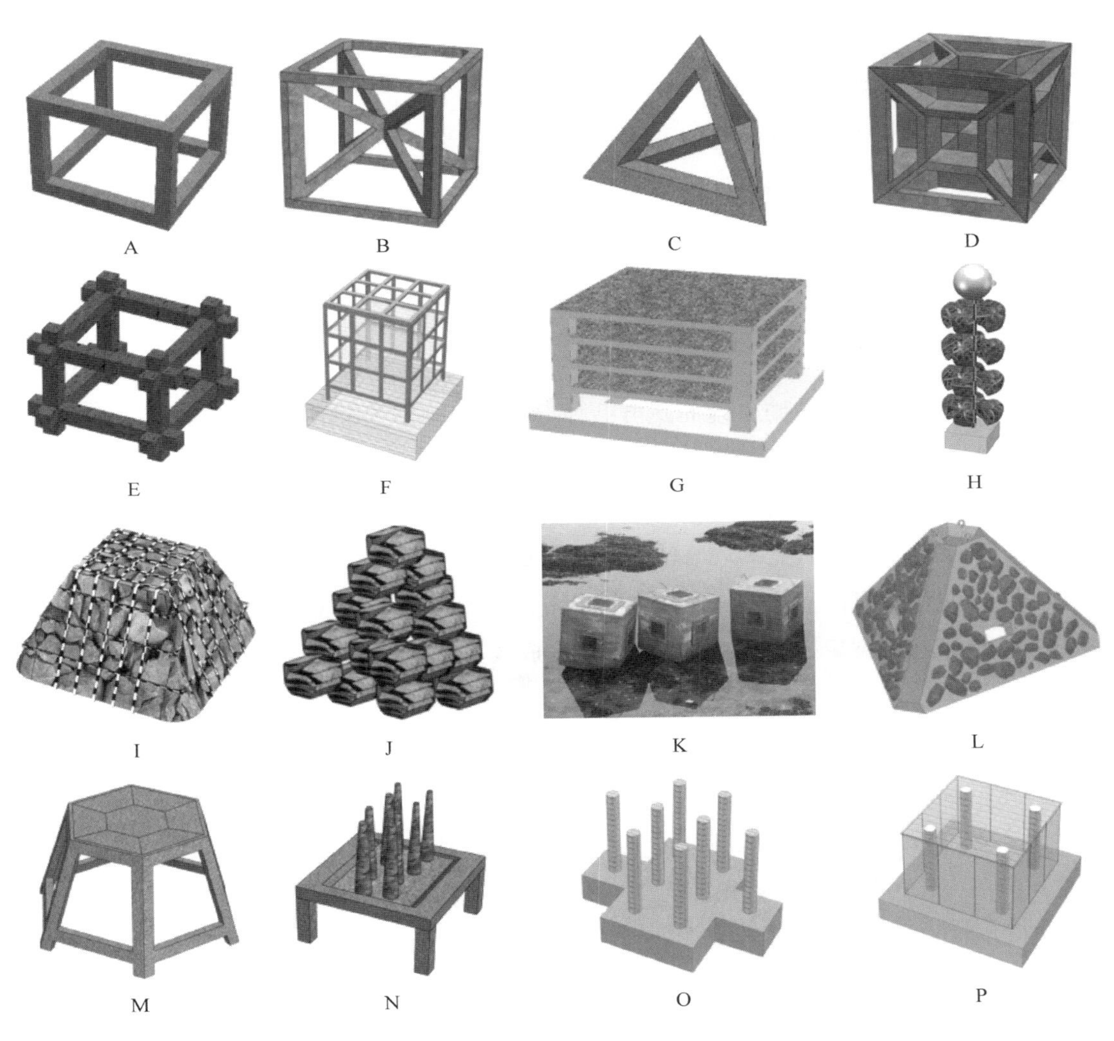

图 4－47　主要备选礁体类型

A. 方形礁　B. “十”字形礁　C. 三角形礁　D. “回”字形礁　E. 异形块礁　F. 方形钢混保护礁　G. 隔板礁（产卵礁）　H. 对虾产卵礁　I. 塔形石块礁　J. 原石礁　K. 海珍品养殖沉箱　L. 塔形海珍品增殖礁　M. 棱台礁（藻礁）　N. 台式藻礁　O. 杆状藻礁　P. 防食害藻礁

2. 人工岛建设

可依托自然岛礁或选择适宜的底质环境条件先构筑海底桩基，然后在此基础上构筑深水型或浅水型人工岛礁（图 4－48）。

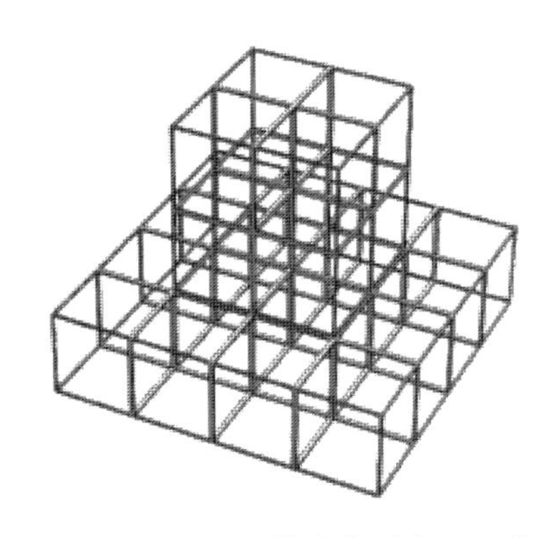
图 4－48 组合拼装式大型人工鱼礁

特点：①规模效应大，可从海底一直到海面进行多层拼装，形如海上摩天大楼；②垂直利用空间巨大，可实现物理、环境、生物等的多种功效；③既可满足贝类、螺类、虾类、蟹类等底栖生物的生息需求，也可以为足近底层鱼类、中上层鱼类、藻类自然附着和人工移植提供附着基，另外还可以根据需要设计特定功能礁体组合，如仔稚鱼产卵礁；④便于观察、日常维护和管理。

注意事项：①有较硬的底质；②在台风等灾害性天气少（连云港海域适合）时投放；③避开航道，保证航行安全。

（二）海藻场功能及建设

海州湾生态修复区藻场建设的藻类品种，以海州湾原生藻种和已养殖成功的藻类为主，如生产力很高的海带、江蓠等大型海藻。另外，积极实施藻种选育工作，筛选适合人工藻场栽培的海带、江蓠等大型藻类进行筏式吊养试验，并对本地藻种裙带菜、马尾藻等进行人工繁育技术研究，对培植前景较好的优势海藻种，作为“播种”到大海中繁殖种群。同时，学习借鉴日本、美国藻场研究建设经验，以及国内黄海、渤海沿岸大连、烟台、青岛等地海藻栽培经验，提高藻场建设成效。

通过插杆技术或浮鱼礁技术，调控藻类固着深度，观察其适宜的生长深度，采取藻类幼体培育着生于小型藻礁附着基然后投放的方式，或者采用孢子喷洒方法进行培育。采用苗绳附着方式，将藻类幼体夹到苗绳上，一般苗绳主绳长 74 m，浮球直径 30 cm，附苗绳长 2.7 m，每根附苗绳间距为 100 cm，每台浮绳上共约附结 75 根附苗绳，其浮筏式吊养布局如图 4－49 所示。每台浮绳间距 10 m，两个吊养区之间间距 200 m，每个吊养区面积为 1.33～2.0 hm^2。整体布局如图 4－50 所示。

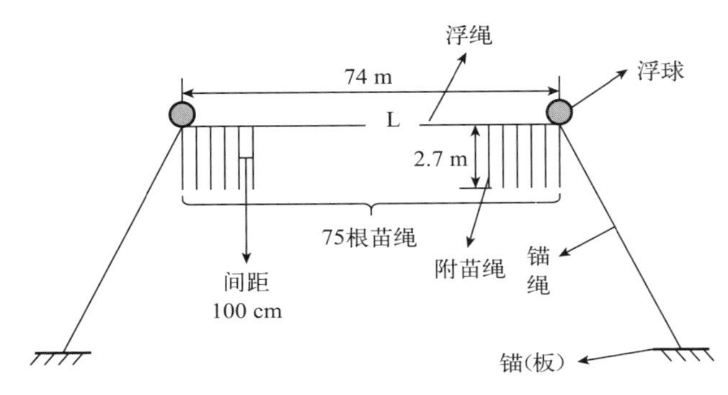

图 4－49 藻类浮筏式吊养布局示意图

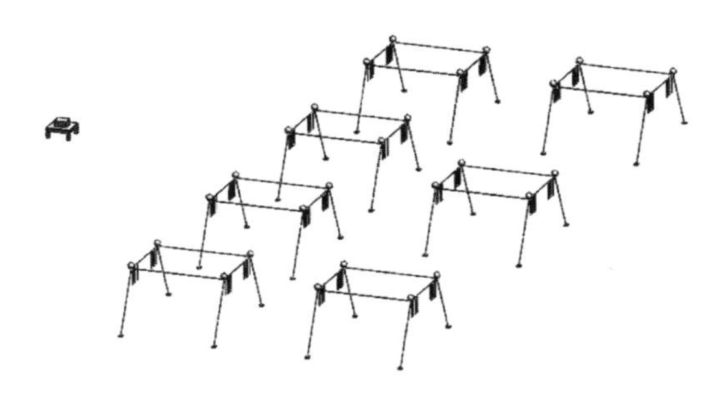

图 4－50　藻类浮筏式吊养整体布局示意图

（三）增殖放流

根据人工增殖放流种类选取原则，以及海州湾海域多年的渔业资源调查资料，筛选出鱼类、虾类、蟹类、贝类、棘皮和头足类六大类，共 12 个经济价值高适宜性强的增殖放流品种（图 4－51）。

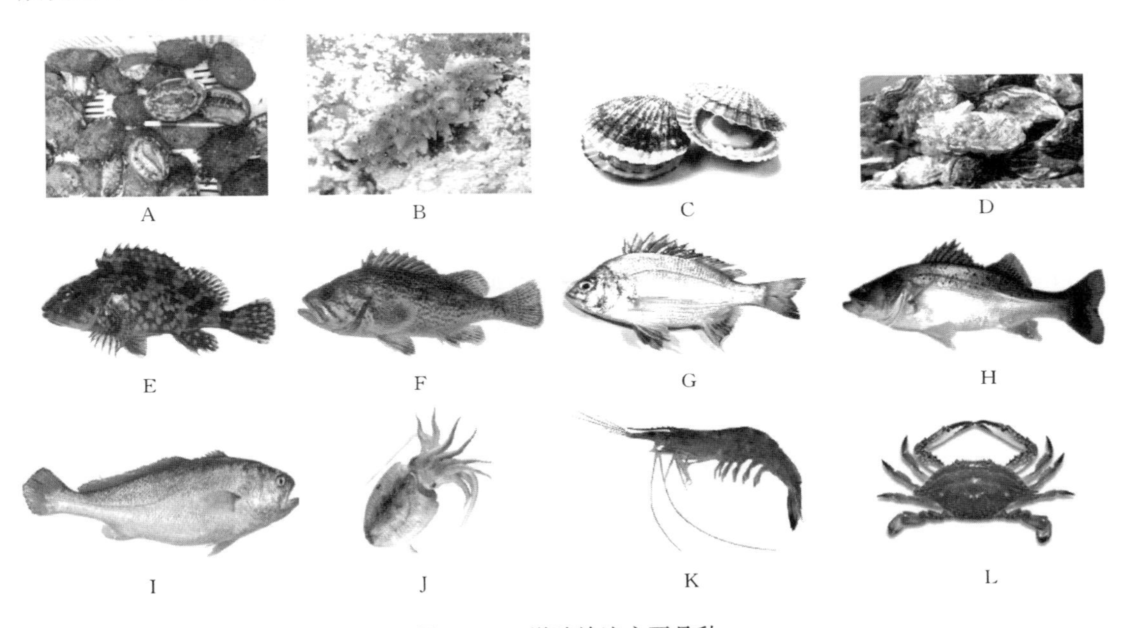

图 4－51　增殖放流主要品种

A. 皱纹盘鲍　B. 刺参　C. 栉孔扇贝　D. 太平洋牡蛎　E. 褐菖鲉　F. 许氏平鲉　G. 黑鲷　H. 鲈　I. 大黄鱼　J. 金乌贼　K. 中国对虾　L. 三疣梭子蟹

七、物联网及海洋信息技术在生态修复中的应用

海州湾海洋生态修复中对于物联网技术的应用主要体现在 4 个方面：①海洋环境，运用物联网技术可以实现海洋监测技术的测量参数综合化、系统模块化、数据传输实时化、

监测服务一体化，便于科学决策和管理；②在人工鱼礁建设中引入物联网技术，可以实现“制作—运输—投放—维护”的一体化管理；③可以将物联网技术与绿色海珍品生产和销售紧密集合，打造优质特色品牌；④可以利用物联网技术实现对鱼群活动信息侦查及在线监测数据进行实时传输，为实现在保护的前提下开发利用渔业资源提供帮助。具体说明如下：

1. 物联网技术在海洋环境监测中的应用

物联网以微波通讯和卫星通讯为数据传输介质，打破了地域、时间限制，数据通过卫星实时传输，以传感器技术和网络技术为基础，建立海洋环境自动监测站，实现无人值守长期对周围环境进行 24 h 不间断监测并实时传输数据。实时反馈污染性质、污染物种类、污染状况、污染来源等一系列信息，提供环境预警，为治理并改善海洋环境污染和应对突发海洋环境污染事件提供有效帮助。

2. 物联网技术在人工鱼礁建设中的应用

物联网技术应用在人工鱼礁建设中，主要体现在利用二维码技术可以将制作完成的人工鱼礁进行编码标记，实现了从制作到运输，一直到海上投放的全程监督。另外，利用二维码把投放的礁体类型、投放的经纬度、投放的时间等信息记录并录入数据库，便于日后查询和管理。

3. 物联网技术在绿色海珍品品牌效应塑造上的应用

物联网技术在绿色水产品溯源追踪及打造品牌效应上的应用，与人工鱼礁制作编码类似，可以将海州湾生态修复区内产出的高品质野生海珍品采捕之后打上二维码标记，以实现从采捕—运输—市场—餐桌的一条龙追踪服务，对于塑造品牌效应的贡献巨大。

4. 物联网技术在鱼群侦查和渔业资源可持续利用方面的应用

渔具辅助设备泛指渔业生产活动中为提高捕捞效率而为渔具配置的仪器、仪表等辅助设备，其中主要是鱼情探测设备。在捕捞区域布设水下传感器、水下雷达、水下视频采集设备监控鱼类活动，实时向渔船发送鱼群规模、鱼群种类、鱼群活动范围等数据，为选择捕捞地点、捕捞时机、捕捞方式等提供数据帮助。

第五章

海州湾生物资源与环境管理及可持续利用

第一节 海州湾生态修复政策与管理

海洋生态修复已成为“十三五”规划经济工作的重心之一。2015 年 10 月，十八届五中全会通过的《中共中央关于制定国民经济和社会发展第十三个五年规划的建议》中，关于我国海洋发展提出了“拓展蓝色经济空间，科学开发海洋资源，保护海洋生态环境，维护我国海洋权益，建设海洋强国”的总体目标；并将“划定生态空间保护红线”和“加快建设主体功能区”写入第五部分——坚持绿色发展，着力改善生态环境的前两条工作内容，同时把“开展蓝色海湾整治行动”上升到生态安全屏障的核心内容。这也是我国历史上首次把海洋经济发展作为国民经济中的重要模块。2015 年年末，国家海洋局也发布了我国首份海洋经济年报——《2015 年中国海洋经济统计公报》，显示 2015 年年度我国海洋经济占全国 GDP 的 1/10，揭示了海洋产业正成为我国经济新的增长点。如何科学地把我国海洋生态保护与经济发展相挂钩，如何科学地评价海洋开发与保护治理中的经济效益问题，已经是海洋管理部门急需解决的事情。

连云港海州湾是国内实施生态修复工作较早的海域，也是生态问题最典型的海域之一。自 20 世纪 90 年代末以来，当地政府及相关科研机构一直致力于海洋生态修复的理论研究和科学实践（吴立珍等，2012；陈骁等，2015）。从 2003 年开始，十几年来当地海洋部门依托高校和科研院所的技术支撑，用人工鱼礁生态修复技术修复海州湾渔业海域受损的生物栖息地，同时通过增殖放流手段来补充和恢复生物资源。此外，该海域的航道扩建和围填海工程也采用这种技术手段来进行生态修复和渔业资源养护。那么这些手段是否达到预期效果，一直是政府部门和社会关注的主要方面。因此，本节主要从生态红线制度和主要功能区制度及海洋牧场管理等方面介绍海洋生态修复政策及管理措施在实现海州湾生态修复治理目标过程中的重要性。

一、海洋生态修复实施的重要意义

（一）海洋生态修复是生态文明建设的基本要求

海洋生态修复是我国生态文明建设的有机组成部分。“十八大”正式把生态文明写入党章，形成了我国社会主义建设的新布局，其后的三中全会、四中全会又分别对生态文明体制改革和生态文明制度建设作出了总体部署。

在 2013 年的中央政治局第八次集体学习会议中，习近平总书记肯定了海洋生态文明在我国生态文明建设中的重要地位，并要求着力推进海洋经济向质量效益型转变，推动海洋开发方式向循环利用型转变，全力遏制海洋生态环境不断恶化的趋势。2015 年 6 月，国家海洋局在“十八大”关于生态文明建设的思想指导下，发布了《国家海洋局海洋生态文明建设实施方案（2015—2020 年）》。该方案着眼于建立基于生态系统的海洋综合管理体系，共提出治理修复类、能力建设类、统计调查类、示范创建类四大方面 20 项重大工程项目。其中，治理修复类涵盖海湾治理、岸滩修复、湿地修复、海岛修复 4 种具体类型，希望通过科学的、有针对性的修复方案，对受损的海洋生态系统，有效地恢复其生态功能。

（二）海洋生态修复是生态红线制度的实施对象

海洋生态修复是我国生态红线制度的主要实施对象。生态红线制度作为历史上最严格的区域生态管控制度，其基本定义是为维护国家（或区域）生态环境可持续发展、保障我国现阶段生态环境保护和治理工作而划定的特殊保护区域。

2011 年《国务院关于加强环境保护重点工作的意见》（国发〔2011〕35 号）首次以规范性文件形式提出“生态红线”的概念，体现了国家以强制性手段强化生态保护的政策导向。十八届三中全会明确提出“划定生态红线”的战略部署，并将自然资源有偿使用制度和生态环境破坏补偿制度正式纳入到生态红线制度之内。2012 年 10 月，国家海洋局发布的《关于建立渤海海洋生态红线制度的若干意见》提出，要将重要的沙质岸线、自然文化遗迹、海洋保护区、渔业生态修复海域等划定为海洋生态红线区。2015 年 6 月《国家海洋局海洋生态文明建设实施方案》（2015—2020 年）出台，要求在全国范围落实海洋生态红线制度，这标志着我国海洋生态红线制度的全面确立。在同年相继发布的《国家海洋局关于全面建立实施海洋生态红线制度的若干意见》和《全国海洋生态红线划定技术指南》，明确提出了要全面建设海洋生态红线区监测评估方法体系，实现海洋生态红线区的业务化监测和管理。

二、海洋生态修复的有关政策

（一）海洋生态红线制度

1. 海洋生态红线制度基本内容

为积极响应《国务院关于加强环境保护重点工作的意见》（国发〔2011〕35 号）和《国家环境保护“十二五”规划》，2012 年 10 月国家海洋局发布了《关于建立渤海海洋生态红线制度的若干意见》（以下简称《意见》），这标志着我国海洋生态红线制度从理论到实践的跨越。目前，渤海沿海三省一市都已发布了各自的海洋生态红线区域规划和具体的实施方案，并且江苏、广东、海南等沿海省市也纷纷响应，开展海洋生态红线的制定规划工作。通过空间限定、面积限制、政策管控三大措施，对红线区域实施分类管理、分级调控，从而避免人类活动对重点生态功能区域、环境敏感区和特殊保护区造成的破坏。因此，对目前海洋保护现状、海洋修复治理现状的科学研究是规划海洋生态红线区域的关键因素之一。《意见》同时指出，设定自然海岸线保有率指标、红线区域面积控制指标、入海污染物减排指标和红线区内水质达标率指标。这 4 项指标对海域生态环境进行硬性考评，进一步明确了沿海地区海洋生态环境保护与治理工作的方向。

2. 海州湾生态修复中生态红线内容的体现

（1）生态面积红线　现行的《渤海海洋生态红线划定技术指南》指出，渤海生态红线设定的目标是：自然岸线保有率不低于 30%，海水水质达标率不低于 80%，红线区陆源污染物入海总量减少 10%～15%，红线区域面积占整个渤海近岸海域面积的 1/3 以上。

《江苏省生态红线区域保护规划》（苏政发〔2013〕113 号）将江苏省的生态红线划分为 15 种类型，按照生态系统脆弱性和敏感性，进行三级分类管控。其中，渔业种质资源保护区、国家级及省级海洋特别保护区均为一类红线区域，海州湾对中国虾种质资源保护区（197.00 km^2），在连云港海州湾生态与自然遗迹海洋特别保护区基础上建立的海州湾国家级海洋公园（514.55 km^2）均属于生态红线区域（燕守广等，2014）。按照《全国海洋生态红线划定技术指南》，海洋生态修复水域、重要的农渔业用海区域、特殊利用区域等均应当作为生态红线区域，实施重点管理，限制开发。从《江苏省海洋功能区规划（2011—2020 年）》计算出各类红线区域面积总共为 1 142.10 km^2，按照连云港市辖海域面积 6 677.00 km^2 来计算，海州湾生态红线面积仅为 17%左右，远远低于渤海海域的总体要求。在更大范围展开生态修复能有效扩大海洋生态红线的面积。按照连云港每年新增 50.00 km^2 的海洋修复速度，在不考虑其他用海因素而仅依靠生态修复，预计到 2030 年才能达到国家海洋生态面积红线的要求。

（2）水质　按照生态红线区域的海水水质达标率不低于 80%的要求，根据张硕等（2015）对海州湾生态修复区域海水水质调查的结果来看，2014 年 5 月、8 月、10 月生态修复区域海水营养盐、溶解氧、BOD_5、COD、叶绿素 a、悬浮物等各项水质指标基本控制在海水Ⅰ类水和Ⅱ类水之间，除秋季个别站点水质出现污染外其余均表现良好，总体能达到海洋生态红线要求，而普通农渔业用海的水质总体低于生态修复区域检测值。港口航道修复区域的各站点水质达标率也分别达到 100%、90%和 75%，说明生态修复能有利于实现海洋生态红线的要求。

（3）自然岸线红线　按照渤海湾对于海洋生态红线的管理标准，到 2020 年自然岸线保有率不能低于 30%。江苏省连云港市市委、连云港市人民政府印发《关于加快推进生态文明建设的实施意见》，提出“自然岸线保有率不低于 35%”。

根据笔者对海州湾实际情况的了解，利用遥感影像工具 GIS 方法近似地提取水边线作为海州湾的自然岸线，做出了海州湾 2009—2015 年海岸线变化空间示意图（图 5-1）。海岸

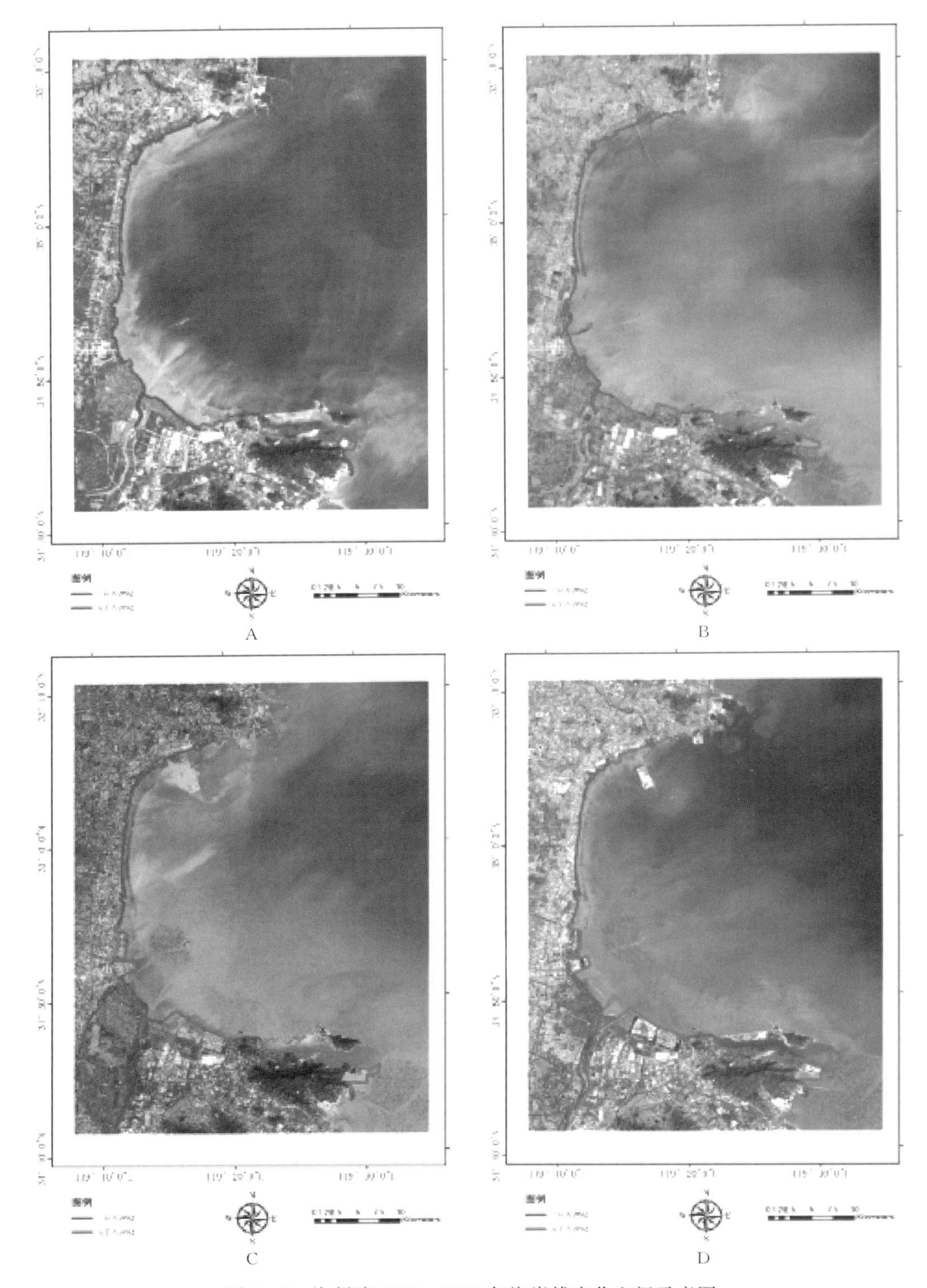

图 5-1 海州湾 2009—2015 年海岸线变化空间示意图

A. 海州湾 2009 年海岸线空间示意图 B. 海州湾 2011 年海岸线空间示意图

C. 海州湾 2013 年海岸线空间示意图 D. 海州湾 2015 年海岸线空间示意图

线的提取数据来源于空间地理数据云平台 2009—2015 年 landsat7、landsat8 卫星影像，海岸线的标记方法主要是面向对象法，自然岸线与人工岸线的界定标准参照相关学者的研究（付元宾等，2014）。海岸线的提取结果与国内学者对海州湾岸线研究结果接近（陈晓英等，2014；巢子豪等，2014），因此具有较高的可信度。

从海州湾岸线的变化趋势可以看出，2011—2013 年海州湾的海岸线侵占严重，主要受围填海工程和港口开发用海改变岸线因素的影响。临洪河口以北的附近区域因为实施生态湿地修复，所以自然岸线保存良好。按照 2009—2015 年的变化速度，海州湾自然岸线于 2017 年和 2018 年分别低于 35％和 30％（图 5－2）。因此，开展相关的生态修复是严守海洋生态红线迫在眉睫的措施。

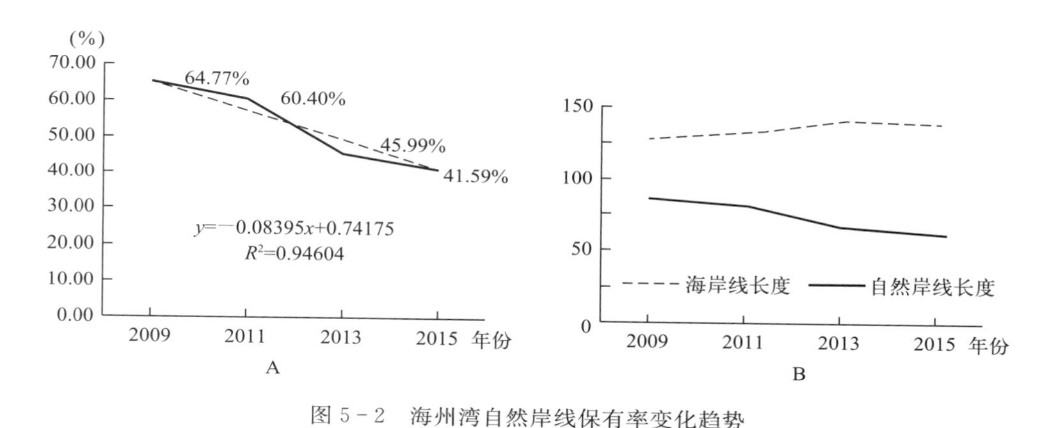

图 5－2　海州湾自然岸线保有率变化趋势

A. 自然岸线保有率　B. 海岸线长度变化

（4）污染排放红线　按照渤海生态红线的要求，海洋生态红线区域污染减排 10％～15％。按照 2014 年的海洋环境综合评价指标，海洋水质的改善率较对照区高 24.19％和 33.13％，海州湾的生态红线减排已经基本达到。

（二）海洋主体功能区制度

1. 海洋主体功能区规划重要内容

海洋生态修复是实现海洋主体功能区规划的重要内容。2015 年 8 月，国务院颁布《全国海洋主体功能区规划》（以下简称《规划》），着力于推进海洋生态文明建设。《规划》是着力推进形成海洋主体功能区布局的基本依据，是海洋空间开发的基础性和约束性规划。《规划》要求建立并完善生态修复效果评价机制，提升生态修复实践水平。

基于主体功能区规划的海洋生态修复评价，就是结合《规划》的要求，即到 2020 年，我国的海洋空间利用格局清晰合理，海洋空间利用效率提高，海洋可持续发展能力提升。

评价海洋生态修复工作的水平，总结经验找不足，为国家海洋空间发展政策的制定和调控提供理论依据。

2. 海洋主体功能区制度的基本内容

国家海洋局发布的《海洋主体功能区规划》提出的总目标是：优化近岸海域空间布局，合理调整海域开发规模和时序，控制开发强度，严格实施围填海总量控制制度；推动海洋传统产业技术改造和优化升级，大力发展海洋高技术产业，积极发展现代海洋服务业，推动海洋产业结构向高端、高效、高附加值转变；推进海洋经济绿色发展，提高产业准入门槛，积极开发利用海洋可再生能源，增强海洋碳汇功能；严格控制陆源污染物排放，加强重点河口海湾污染整治和生态修复，规范入海排污口设置；有效保护自然岸线和典型海洋生态系统，提高海洋生态服务功能。

其中，苏北海域具体要求是：有序推进连云港港口建设，提升沿海港口服务功能；以海州湾、苏北浅滩为重点，扩大海洋牧场规模，发展工厂化、集约化生态养殖；加快建设滨海湿地海洋特别保护区，建成我国东部沿海重要的湿地生态旅游目的地。

3. 海州湾生态修复中海洋主体功能的体现

海州湾的主体功能体现在其旅游功能、港口功能和生态养殖功能三大功能上。目前海州湾的生态修复规划主要有临洪河口生态湿地修复、秦山岛海岛综合修复、海州湾海洋牧场修复，以及人工鱼礁中心区域的中国对虾种质资源保护区建设。连云港港口航道鱼礁区Ⅰ期工程已经建成，赣榆港的生态补偿与生态修复也采用人工鱼礁＋海岸带修复的方式（表5-1）。

表5-1 不同海洋功能区域生态修复

修复项目	修复方式	区域主体功能类型
海州湾海洋牧场示范区	人工鱼礁	农渔业区
连云港港口航道	人工鱼礁	港口航运区
海州湾中国对虾种质资源保护区	人工鱼礁	特别保护区
秦山岛综合整治	海岛治理	岛屿特别保护
临洪河口生态湿地	湿地恢复	滨海湿地
前三岛海珍品养殖区	人工鱼礁	农渔业区

总体来说，表5-1中主要的生态修复类型基本符合《规划》中对苏北海域提出的要求。包括：①提升港口服务功能；②统筹海洋牧场，扩大生态养殖功能；③开发建设滨海湿地的旅游功能。尤其是人工鱼礁建设，在多个海洋功能区类型修复过程中，都成为其主要的修复方式，对生物资源的恢复利用，以及沿海生态环境的可持续发展具有极其重要的意义。说明人工鱼礁修复海洋生态系统是积极响应国家海洋主体功能区规划的长远目标。

三、海州湾海洋牧场示范区管理概况

（一）海州湾海洋牧场示范区管理存在的主要问题

江苏海州湾海洋牧场示范区建设项目在江苏省海洋与渔业局的指导下，由连云港市海洋与渔业局负责统一规划、组织实施；上海海洋大学作为技术支撑单位，负责参与实施计划制订、礁体设计、礁区规划、礁体投放指导、投礁后的生态环境调查和鱼礁区资源的有效利用研究；江苏省海洋水产研究所负责参与渔业资源增殖状况的调查和苗种放流及跟踪监测。项目单位经过连续多年的合作建设与摸索，充分发挥出了各方的优势，有力地保证了项目的顺利实施，走出了一条“管—产—学—研”相结合的发展道路。

目前，连云港市海洋牧场建设和管理还存在以下问题：

1. 海洋牧场开发、建设和监管主体不够清晰

在海洋牧场项目的实施过程中，海洋与渔业部门同时承担项目实施及监督管理的职责，而且连云港市海洋牧场基本上是以公益性和财政投入为主，主要是为渔业资源打造栖息地和产卵场，属资源生态保护型，海洋牧场建设的经济收益无法得到直接体现。同时，海洋牧场属国有资产，占用海域面积很大，海洋与渔业主管部门作为监管部门无法确权给自己，也不能确权给企业或事业单位，造成海洋牧场权属不清，一旦遇到海域征用或鱼礁破坏，就容易引起权属纠纷。

2. 建设资金渠道来源单一

连云港市海洋牧场的建设主要依靠农业农村部的财政资金投入，江苏省财政在个别年份有少量的配套经费，市、县（区）级财政都没有专项资金安排，也没有引入社会资本参与开发。这严重制约了海洋牧场的建设规模和社会参与度，导致已建成的海洋牧场区内投礁密度过低。目前，海州湾海洋牧场的人工鱼礁密度仅为 0.7 万空 m^3/km^3，远低于全国 4.5 万空 m^3/km^3 的平均水平，只实现了阻止拖网渔船作业等功效，大大限制了海洋牧场生态及增殖功能的发挥。

3. 建设经营管理缺乏法律支撑

目前，对于海洋牧场开发行为如何界定、怎样建设、标准是什么、由谁来管理等问题还没有明确规定和规范性要求，这导致海洋牧场的建设审批流程、投资强度、生产经营方式等缺乏管理和指导依据，无法实现有序管理。海洋牧场建成后，需要开展大量的管护工作，仅仅依靠海洋与渔业主管部门无法实现有效管理。因此，急需建立职责分工明确、机构人员健全的长效管理机制，以实现海洋牧场科学规划、有效保护、合理开发和依法管理的目标。

4. 执法缺乏依据

海洋牧场示范区既不属于水产种质资源保护区，也不属于海洋特别保护区。由于缺少海洋牧场管理专项法律法规，因此执法部门只能对海洋牧场区内出现的违规捕捞、非法养殖行为进行处罚，但对于在海洋牧场区域内破坏礁体、无序生产等严重影响海洋牧场建设和破坏生态环境的行为却不能予以处置，无法实行有效监管。且有的用海已经取得海域使用证，无法劝其退出，处于执法无据的状态。

5. 开发深度和广度不足

连云港市自开展海洋牧场建设以来，沿海渔民仍是以养殖、捕捞等传统渔业生产方式为主，尚未形成新的业态，依托海洋牧场开展的，如海上观光、潜水采捕、垂钓休闲等活动尚涉足较少。社会资本对海洋牧场不够了解，没有建设和开发的积极性。这导致海洋牧场的产业链延伸不足，经济效益、社会效益未得到明显体现。

（二）海州湾海洋牧场示范区的管理措施

针对海州湾海洋牧场建设和管理过程中出现的上述主要问题，连云港市海洋管理部门采取了如下措施：

1. 加强规划引领

在海州湾海洋牧场建设过程中，连云港市始终坚持规划先行。2012 年 8 月，连云港市政府出台了《连云港市海州湾浅海海域百亿现代综合渔业园区规划》，对海洋牧场示范区进行了规划。2015 年，连云港市海洋与渔业局委托上海海洋大学编制了《江苏省海州湾海域国家级海洋牧场示范区申报书》，对 40 km^2 国家级海洋牧场示范区建设进行了设计和规划。2016 年，连云港市政府又出台了《江苏省海州湾海洋生物资源养护与生态环境修复规划（2016—2020 年）》，规划至 2020 年，建成“两岛一区”的海洋牧场新格局，海洋牧场核心区、秦山岛、前三岛 3 个海洋牧场区，总面积达到 200 km^2。下一步，连云港市海洋与渔业局将研究制定专门的《连云港市海洋牧场建设规划》，引导和扶持海洋牧场开发建设。

2. 推进海洋牧场管理立法

虽然“海洋牧场”这一概念在发达国家已经发展得较为成熟，但是在国内作为转变经济增长方式的一个新兴产业仍处于起步阶段。目前，海洋牧场管理相关法律法规在全国范围内仍属空白，仅有广东、山东等省对人工鱼礁管理出台了部门规章。由于没有法律依据，因此海洋与渔业行政主管部门难以对海洋牧场形成高标准的建设和有效的管理，造成海洋牧场建设管理水平不高。为完善海洋牧场建设的配套管理制度，提高建设管理水平，2016 年连云港市人民代表大会将《连云港市海洋牧场管理条例》列入了人大立法计划，这成为连云港市有立法权以来的首个地方立法。目前，已经通过了连云港市政府常务会议和连云港市人大常委会的审议，报江苏省人民代表大会批准实施。

3. 进一步优化海洋牧场布局，增加鱼礁投放密度

综合考虑规划区域水质、沉积物、地质、生物资源等情况，合理选划鱼礁投放区域和礁型。在新的人工鱼礁建设布局中根据不同区片的功能需求进行礁体设计和布局，增加鱼礁投放类型，选择保育礁、诱导礁和增殖礁等礁型配合使用。同时，以 40 km^2 国家级海洋牧场示范区为重点，在不扩大海域面积的基础上，加强人工鱼礁建设规模和覆盖密度，以更好地发挥海洋牧场的生态效应和集鱼效果。

4. 继续开展海洋生态补偿工作

继续开展连云港港 30 万 t 级航道一期工程生态修复项目、赣榆港区前期工程和徐圩港区前期工程等海洋生态补偿项目，加大海洋生态补偿资金用于人工鱼礁、增殖放流和海藻场建设的比例。研究建立支持海洋生态补偿的法律法规体系，编制出台《连云港市海洋生态损失补偿资金管理暂行办法》，进一步规范海洋生态补偿资金的使用与管理。探索建立海洋渔业生态建设的补偿机制、技术支撑与标准支撑，探索解决海洋生态补偿关键问题的方法和途径。

5. 深入开展海洋牧场资源环境调查，对海洋牧场实施效果进行科学评价

委托技术单位开展海州湾海洋牧场示范区资源环境状况评估，围绕海州湾海洋牧场示范区的海洋环境容量和养殖容量，对海州湾海洋牧场健康状况进行度量，在客观反映健康状况的同时确定生态系统破坏的阈值，为实施有效的渔业资源开发管理提供科学依据和决策支持。同时，利用水下摄影、测深侧扫声纳等方式对海州湾人工鱼礁区进行水下三维立体扫描，进一步摸清水下鱼礁淤积及藻类附着情况。通过标志放流、社会调查、海上调查等方法，重点开展中国对虾、梭子蟹、黑鲷、鳗鲡等品种的增殖放流效果评估工作。

第二节　海洋开发活动对海州湾重要生物资源影响减缓对策

一、海州湾海洋开发活动污染物排放控制对策

（一）陆源和海源排污控制

1. 陆源排污控制

（1）强化陆源污染监管　尽快划定连云港海州湾生态红线区，按照“流域—近岸海域—红线区域”的层次体系加强入海河流管理，优化海洋生态红线区及其邻近区域入海排污口布局，全面清理海洋生态红线区非法的或不合理的陆源入海排污口。

（2）*提高城镇生活污水处理力度* 海州湾诸河流承载了整个流域生活污水的注入，最终向海域排放。因此，连云港市各区县要加大城镇生活污水收集系统和污水处理厂建设的投资力度，通过技术革新等手段大幅度提高城市城镇生活污水的收集率和处理率，使污染物排放总量得到有效控制。

提高工业企业入海排污口达标排放率，需加强对重点工业排污企业入海排污口的检查力度，督促企业达标排放，以减轻排海污染物对海洋环境产生的不利影响。

参照《海洋生态文明示范区建设管理暂行办法》和《海洋生态文明示范区建设指标体系（试行）》，保证连云港城镇污水处理率（X）≥90%与工业污水直排口达标排放率（Y）≥85%。

2. 海源排污控制

（1）*严格控制海上污染排放* 加强对红线区及其邻近区域港口、码头、装卸站和船舶的防污染监管，港口、码头、装卸站应配套建设污染物接收、处置设施及防污染应急设施设备，强化对船舶废油、污油水、洗舱水、生活污水、垃圾和废气等污染物接收处置的监督检查，严禁违规排放。从事危险化学品作业的港口企业必须配备收集船舶危险化学品洗舱水的设施。

（2）*实施海洋生态环境风险管理* 建立海洋环境保护跨部门、跨区域协调联动机制。针对海州湾近岸海域无机氮和石油类污染严重的现象，应建立市、区（县）海洋行政管理部门上下联动执法机制，涉海部门间协调联动机制。加强相关部门的沟通与协调，以实现区域海洋环境联合规划建设、联合执法管理和联合整治。

建立并完善海洋环境监测体系，进一步完善海州湾生态环境监测体系的建设，加强实验室检测技术体系与野外在线监测技术体系的建设，升级监测、检测仪器设备，提升检测分析能力，最终实现覆盖海州湾沿岸和近海海域的海洋生物资源与环境监测完整网络体系。在沿海直排口、混排口、入海河口、市政下水口、海上船舶的主要污染物入海口等污染物排放量已超标的地点科学、合理地设置采样点，加强常规定期监测。在海洋自然保护区、重点入海河段及排污口处推进自动化在线监测技术，建立以船舶、浮标、岸站、水下站台组成的多种监测技术集成的技术立体化体系。

（二）海洋开发活动施工过程污染物排放控制

1. 船舶污染物控制

海洋开发活动施工期间，现场施工人员、各类施工船、补给船只等每天产生的生产污水、生活污水，经收集后交由有资质的处理单位上岸处理，不得排放在海中。

严格执行国家《船舶污染物排放标准》和《73/78 国际防止船舶污染海洋公约》的相关规定，严禁所有施工船只的含油废水等在施工海域排放。施工船舶应备有满足要求的防污设备和器材，并备油类记录簿，如实记录含油污水的产生、收集等过程和数量；设专用容器，回收施工残油、废油；含油废水经收集后运至岸上，交有资质单位处理。

对甲板上偶尔出现的少量油品（通常是润滑油），用锯末或棉纱吸净后冲洗，含油的棉纱收集后运回陆地。

注意施工船舶的清洁，及时维护和修理施工机械。施工机械若产生机油滴漏，则应及时采取措施，用专用装置收集并妥善处理。

事故船舶应备有满足要求的溢油应急设备和器材。

船舶非正常排放油类、油性混合物等有害物质时，应立即采取措施，控制和消除污染，并向就近的监督管理部门报告。

加强施工设备的管理与养护，杜绝石油类物质泄漏，减少海水受污染的可能性。

2. 悬浮物控制

（1）*水下挖泥*　水下施工中悬浮物发生量取决于施工机械、施工方法、土石质量、粒度分布情况及海洋水文条件等。施工时应合理安排施工挖泥进度，最大限度地控制水下施工作业对底泥的搅动范围和搅动强度，减少悬浮物的发生量。在水下打桩和护岸施工前设置土工布围堰，在施工结束并经过 3～5 d 沉淀后拆除围堰，将施工对水体悬浮物含量的影响控制在尽可能小的范围内。

（2）*桩基施工*　桩基施工中，产生大量钻渣，施工对底质的扰动，使部分泥沙再次悬浮，悬浮泥沙随潮流稀释扩散，对海水水质、海洋生态均有一定影响。因此，在施工时，应制定合理的施工方案，最大限度地减少对底质的扰动。桩基施工时应设置临时的储土场，待钻渣干化后进行资源化利用。钻渣处置过程配备专用泥浆船，在船上设置泥浆槽、沉淀池和储浆池，用泥浆泵压送泥浆。为避免泥浆从护筒顶部溢出，应配备并及时开动辅助泥浆泵，将护筒内多余泥浆抽回泥浆池内循环使用。使用反循环回转钻孔时，要注意使钻杆中抽取的泥浆量与沉淀、净化后流入护筒内的泥浆量平衡。泥浆先用泥浆船运至岸边，再用抓斗或泥浆泵转至运泥车辆上，运至指定的储土场堆放。

（3）*回填施工*　在工程设计和施工中，采取先围后填的施工方案，可大大减少因泥浆溢流而对海洋环境的影响，泥浆水应经充分沉淀后方可溢流回海域。此外，尽量减少填方量，实现弃土和填方的平衡，避免弃土对海域环境的破坏。

（三）港口开发及运营中溢油风险事故防范措施和应急预案

1. 溢油风险事故防范措施

（1）*施工期溢油风险防范措施*　港口开展建设期，为防止施工船舶相互碰撞而发生溢油污染风险事故，对船舶管理应采取以下措施：

取得海事机构安全性许可后，在具体组织实施施工 15 d 前，建设业主、施工作业单位还应向所在辖区的海事机构申请办理水上水下施工作业许可。经海事机构审批同意，划定施工作业水域，核发水上水下施工作业许可证，并发布航行通（警）告后方可施工。在施工过程中，施工作业者应严格按海事机构确定的安全要求和防污染措施进行作业，并接受海事机构的现场监督检查，做到既要保证施工顺利进行，又要保证施工水域通航安全。具体防范措施有：

①船舶驾驶员的业务技术应符合要求。

②应实施值班、瞭望制度。

③做到有序施工，施工船舶在预先规定的区域内作业，严禁乱穿乱越。

④施工单位根据作业需要，划定与施工作业相关的安全作业区时，应报经海事机构核准、公告；设置有关标志，严禁无关船只进入施工作业海域，并提前、定时发布航行公告。

⑤实施施工作业的船舶、排筏、设施须按有关规定在明显处昼夜显示规定的号灯、号型，在现场作业船舶上应配备有效的通信设备。

⑥在雾季、台风季节和大风期间避开施工，在遇到不利天气时及时安排施工船舶避风，禁止在能见度不良和风力大于 6 级的天气下进行作业。

⑦施工船舶以船为单位、以船长为组长组成各船的安全小组，负责本单位的安全宣传、教育，制定安全生产措施，以及日常的安全监督、检查等，执行安全领导小组的决定，落实安全措施，分解安全责任落实到人。

⑧成立安全生产组织，设立安全员，负责日常安全生产的工作，监督水上作业人员全部穿好救生衣，佩戴安全帽。

⑨发生船舶交通事故时，应尽可能关闭所有油仓管系统的阀门，堵塞油舱通气孔，防止溢油。

（2）*营运期溢油风险防范措施*　船舶交通事故和码头装卸事故是导致溢油事故的主要原因，溢油事故的发生多与船舶航行和停泊的地理条件、气象海况、运输装载的货种、船舶密度、导助航条件，以及船舶驾驶、港口装卸作业人员和管理人员的素质有关。因此，针对港口运营期，应该从以下几个方面制定和实施溢油事故应急防范措施。

① 配备必要的导助航等安全保障设施　为了保障港区运营后的航行安全，随时掌握进出港航道及该海域内的船舶动态，实施对船舶的全航程监控十分必要。为此就必须建立健全船舶交通管制系统，辅助采用船舶报告制及船舶自动识别系统，连续实时掌握船舶的船位和状态，及时发现问题，预先采取措施以减少事故隐患，为船舶的航行安全提供支持保障，有效防范船舶交通事故引起的溢油污染事故。

要保障该海域内的船舶航行安全，各港区业主必须接受该辖区内海事部门的协调、监督和管理。此外，应配备必要的人员、海上安全保障设施，负责海上通信联络，以及船舶导航、引航、助航、航标指示、海事警报、气象海况预报等安全监督业务。靠泊时加强引导，严格按《散装液体危险化学品船岸衔接操作技术要求》、船舶靠离泊安全操作程序等技术要求作业，必要时进行护航。

② 加强码头装卸作业的安全管理与防护措施　在码头装卸事故的防范措施中，要做到：一是在工艺及设计的合理性上把好第一关；二是严格遵守行业操作规范，全面提高操作人员的职业素质；三是加强码头作业管理。港口应配备计算机管理信息系统，对进出港货物种类、数量、位置、事故应急措施等基础资料进行存储；同时，确保码头及船舶各种装置设备保持良好的运行状态，加强设备的保养和定期维修，以防意外事故的发生。

油码头运营中的安全操作与管理对于防范突发性污染事故起至关重要的作用。因此，生产管理部门应将安全生产与环境保护摆在首要位置，加强对储运业务的科学管理，建立严格的、可实施的安全生产规章制度及操作规程，加强职工的技术培训、专业培训、安全与工业卫生知识的教育，坚持持证上岗，在油船装卸油作业与油品储存过程注意安全管理措施，借以杜绝人为因素造成的污染事故。

③ 船舶进出港和进出锚地应实施引航员制度　规定引航员的培训与考核制度，引航员的职责，以及引航员对航道、浅滩、礁石、港口水文气象条件熟悉的培训，尤其是对事故高发区应重点训练。

2. 溢油风险事故的应急措施

溢油事故发生后，将对海洋环境造成污染，能否迅速而有效地作出应急反应，对于控制污染、减少污染对生态环境造成的损失及消除污染等都起关键性的作用。

（1）连云港港现有应急力量　连云港集团现有码头公司主要溢油应急设备，包括围油栏、吸油毡、消油剂和中小型收油机等。目前共有围油栏 400 m、小型收油设备 1 台、吸油毡 790 kg。集团下属船舶服务公司现有油污水接收船舶 1 艘，轮驳公司现有拖轮 17 艘。现有设备分布分散，使用率较低，型号仅适用于港池内部防污染工作，若发生船舶污染事故，现有设备无法满足应急需求。

（2）连云港港区周边可协调的应急资源　连云港港区周边可协调的应急资源主要包括连云港国家船舶溢油应急设备库，一级资质船舶污染清除单位（太和船舶服务有限公司），以及连云港港区周边赣榆（液体化工码头）和赣榆港区（新荣泰码头有限公司）配备的应急设备。

连云港港区已配备较大规模的溢油应急设备库，拥有可应对一定规模溢油事故的应急处置能力，能较好地满足辖区溢油应急处置要求，但应注意查缺补漏、定期维护。赣榆港区还未建设相应的应急设备库，而建设溢油应急反应设备库和中大型专业清污船舶是有效提高赣榆港区船舶污染应急水平和适应徐圩海域海洋经济高速发展的必要保障，是履行海事职能、履行国际公约、国内法律法规的迫切需要。

随着赣榆港区成品油及液体化工品吞吐量规模的迅速增长、通航密度及船舶吨位的增大，环境污染风险事故的概率明显增加，这使得赣榆港区的交通安全管理和溢油应急工作的形势更加严峻。建议连云港海事局、徐圩港口管理部门及相关部门针对溢油应急设备库的使用制定并执行严格的日常管理、维护保养和定期检查制度，应急设备指定专人专库保管，库存设备应做到账物相符、存放有序、统一编号、定期维护；各保管单位应建立设备使用、维护、出入库、报废等工作记录的台账；设备使用人员应经培训，熟悉操作程序，严禁违章作业；各港区相关部门每季度对所管辖的应急设备进行定期检查，各保管单位做好设备的防盗、防鼠、防火、防爆工作，设立标志牌，并定期保养。

二、海州湾重要生物资源保护对策

（一）海州湾围填海开发下重要生物资源保护对策

近几十年来，海州湾因港口建设、新城开发等原因，大面积围填海导致近岸滨海湿地滩涂被占用，栖息其中的底栖生物资源直接损失；而局部区域水文动力、泥沙冲淤环境在逐步发生变化，这种变化具有缓慢的、长期的效应。比如，连云港西大堤的建设改变了北侧临洪河口的泥沙冲淤环境，落淤的细颗粒泥沙使近岸滩涂养殖潜力受到限制。泥沙的细化会导致滩涂双壳类资源的消失，而双壳类为中国对虾等重要生物资源的食物来源，消失之后势必影响中国对虾等在近岸索饵期的生长发育。因此，对海州湾进行整体围填海开发，应制定针对性生物资源保护对策。

（1）制定海州湾滨海湿地、滩涂生物资源中长期保护与利用规划。滨海湿地是一个非常复杂的综合性系统，受到多种因素的影响，生物资源的保护和运用需多学科知识、综合多行业利益协调。因此，从长远考虑制定统一的规划尤为重要。开展海州湾滨海湿地、滩涂生物资源专项调查，为规划编制提供基础数据。以此为基础，组建从事滨海湿地研究的科技队伍和监测体系，丰富我国现有海洋立体监测体系。

（2）从行政管理角度，出台岸线和近海海域开发强度控制政策，合理控制海岸线开发规模，建立海岸线保护利用机制，对海洋保护区、旅游娱乐区等不适宜进行改变海域自然属性的区域进行保护性开发。提高准入门槛机制，对于不适宜本地建设、缺乏市场活力、非国家鼓励推进、市场前景不明朗等项目坚决不予审批。

（3）海域资源分配实行市场化机制，应将有限的海洋资源分配给更需要的建设单位，充分实现海洋资源价值的最大化。审批环节加强监管，杜绝通过圈地、占地等非正当手段获取海域使用权现象的发生。

（二）海洋捕捞管理

1. 降低捕捞强度

对生态足迹的仿真分析表明，捕捞强度过大是渔业资源衰退、海洋捕捞业效益下降的主要原因。提高捕捞业效益的根本出路在于采取多种措施来降低捕捞强度，恢复并合理利用渔业资源，这样才能实现海洋渔业生态系统的健康发展。

我国目前实行的是捕捞许可制度，渔业管理部门为控制捕捞能力增长，每年都限定发证数量，减少渔船数量，从根本上降低捕捞强度，近海渔业捕捞强度零增长已被列为海洋生态文明示范区建设评估指标体系。

2017 年 1 月 16 日，农业部正式印发《关于进一步加强国内渔船管控　实施海洋渔业资源总量管理的通知》，其总体精神就是要将渔船捕捞能力和渔获物捕捞量控制在合理范围内，主要体现在以下两个具体目标上：

（1）海洋渔船“双控”目标　到 2020 年，全国压减海洋捕捞机动渔船 2 万艘、功率 150 万 kW（基于 2015 年控制数），沿海各省（区、市，以下简称“沿海各省”）年度压减数不得低于该省总压减任务的 10%。其中，江苏省大中型渔船（不包括远洋渔船）减压任务为 630 艘，功率为 70 740 kW。通过压减海洋捕捞渔船船数和功率总量，逐步实现海洋捕捞强度与资源可捕量相适应。

（2）海洋捕捞总产量控制目标　到 2020 年，国内海洋捕捞总产量减少到 1 000 万 t 以内，与 2015 年相比沿海各省减幅均不得低于 23.6%，年度减幅原则上不低于 5%，其中江苏省捕捞产量由 554 314 t 降为 423 552 t。

2020 年后，将根据海洋渔业资源评估情况和渔业生产实际，进一步确定调控目标，努力实现海洋捕捞总产量与海洋渔业资源承载能力的相协调。

2. 调整捕捞作业结构

捕捞结构和捕捞布局调整是一个庞大的系统工程，涉及社会稳定、渔区经济发展和渔民生计等社会问题。因此，捕捞结构和捕捞布局调整的目标，应有利于新体制下受到冲击的渔民的出路安置，有利于以捕捞业为生计的渔民脱贫致富，有利于消除渔区社会安定和生产安全隐患，有利于控制捕捞作业量使之与资源可捕潜力相适应。

目前海州湾渔业的矛盾主要是捕捞强度与渔业资源可承载力的不相适应，而且过大的捕捞作业量主要分布在浅海和近海，对目前不合理的作业结构应进行调整。首要任务是减少在沿海作业的、选择性差的、对幼鱼损害较严重的网具作业。

3. 海洋环境生态修复

编制海州湾生态整治修复规划，结合生态红线区划定待整治修复的重点区域。在渔业资源退化区，采取人工鱼礁、增殖放流、恢复洄游通道等措施，有效恢复渔业生物种群。在人工岸线集中区域，实施生态化改造、岸线整治工程。在受损的滨海湿地，综合运用修复技术，有效恢复滨海湿地生态系统功能。

4. 完善海州湾生态保护补偿机制

实施生态保护补偿是调动各方积极性、保护好生态环境的重要手段，是生态文明制度建设的重要内容。

坚持谁受益、谁补偿的原则，科学界定各方权利义务，加快形成海州湾生态损害者赔偿、受益者付费、保护者得到合理补偿的运行机制。推动逐步建立海州湾生态补偿转移支付制度，解决河海之间、开发区域对保护区域、受益区域对受损区域等利益补偿问题。完善生态保护成效和资金分配挂钩机制，探索建立独立、公正的生态环境损害评估与补偿制度。

依据《国务院办公厅关于健全生态保护补偿机制的意见》（国办发〔2016〕31号）文件精神，至2020年，实现海州湾重要海洋保护区、种质资源保护区、具有重要生态功能区域的生态保护补偿全覆盖。划定并严守海州湾生态保护红线，研究制定相关生态保护补偿政策。

完善捕捞渔民转产转业补助政策，提高转产转业补助标准；继续执行海洋伏季休渔渔民低保制度；健全增殖放流和水产养殖生态环境修复补助政策；研究建立国家级海洋自然保护区、海洋特别保护区生态保护补偿制度。

附　录

附录一　海州湾主要浮游植物名录

序号	中文名	学名	春季	夏季	秋季	冬季
一	硅藻	Diatomophyta				
1	具槽直链藻	*Paralia sulcata*	+	+	+	+
2	有翼圆筛藻	*Coscinodiscus bipartitus*	+	+		+
3	辐射圆筛藻	*Coscinodiscus radiatus*	+	+	+	+
4	格氏圆筛藻	*Coscinodiscus granii*	+	+	+	+
5	虹彩圆筛藻	*Coscinodiscus oculu-siridis*	+			
6	巨圆筛藻	*Coscinodiscus gigas*	+		+	
7	具边线形圆筛藻	*Coscinodiscus marginato-lineatus*		+		
8	琼氏圆筛藻	*Coscinodiscus jonesianus*	+	+	+	+
9	蛇目圆筛藻	*Coscinodiscus argus*	+	+		+
10	苏氏圆筛藻	*Coscinodiscus thorii*		+		+
11	细弱圆筛藻	*Coscinodiscus subtilis*		+		+
12	星脐圆筛藻	*Coscinodiscus asteromphalus*	+		+	+
13	中心圆筛藻	*Coscinodiscus centralis*				+
14	圆筛藻属	*Coscinodiscus* sp.	+	+	+	+
15	条纹小环藻	*Cyclotella striata*		+		+
16	小环藻属	*Cyclotella* sp.	+	+		+
17	爱氏辐环藻	*Actinocyclus ehrenbergii*	+		+	+
18	哈氏半盘藻	*Hemidiscus hardmannianus*			+	
19	波状辐裥藻	*Actinoptychus undulatus*		+		+
20	环状辐裥藻	*Actinoptychus annulatus*		+		
21	偏心圆筛藻	*Coscinodiscus excentricus*	+	+		+
22	海链藻属	*Thalassiosira* sp.				+
23	线形圆筛藻	*Coscinodiscus lineatus*	+	+	+	+
24	圆海链藻	*Thalassiosira rotula*		+		+
25	矮小短棘藻	*Detonula pumila*		+	+	+
26	北方娄氏藻	*Lauderja borealis*				+
27	中肋骨条藻	*Skeletonema costatum*	+	+	+	+
28	塔形冠盖藻	*Stephanopyxis turris*			+	
29	掌状冠盖藻	*Stephanopyxis palmeriana*		+		
30	柔弱根管藻	*Guinardia delicatula*			+	
31	斯托根管藻	*Rhizosolenia stolterfothii*	+	+	+	+
32	萎软几内亚藻	*Guinardia flaccida*	+	+	+	+
33	丹麦细柱藻	*Leptocylindrus danicus*	+	+	+	+

（续）

序号	中文名	学名	春季	夏季	秋季	冬季
34	小细柱藻	*Leptonema fasciculatum*		+		+
35	豪猪棘冠藻	*Corethron hystrix*		+		
36	笔尖根管藻	*Rhizosolenia styliformis*		+	+	+
37	粗根管藻	*Rhizosolenia robusta*			+	
38	刚毛根管藻	*Rhizosolenia setigera*	+	+	+	+
39	根管藻属	*Rhizosolenia* sp.		+		
40	厚刺根管藻	*Rhizosolenia crassipina*				+
41	培氏根管藻	*Rhizosolenia bergonii*		+		
42	透明根管藻	*Rhizosolenia hyalina*	+		+	
43	翼根管藻	*Rhizosolenia alata*	+		+	+
44	印度翼根管藻	*Rhizosolenia alata* var.		+		+
45	变异辐杆藻	*Bacularia borzi*		+		
46	透明辐杆藻	*Bacteriastrum hyalinum*		+	+	
47	扁面角毛藻	*Chaetoceros compressus*		+	+	
48	并基角毛藻	*Chaetoceros decipiens*		+		
49	丹麦角毛藻	*Chaetoceros danicus*		+		+
50	角毛藻属	*Chaetoceros* sp.	+	+	+	+
51	卡氏角毛藻	*Chaetoceros castracanei*		+	+	+
52	洛氏角毛藻	*Chaetoceros lorenzianus*		+	+	+
53	秘鲁角毛藻	*Chaetoceros peruvianus*	+	+		
54	密联角毛藻	*Chaetoceros densus*	+	+	+	+
55	冕孢角毛藻	*Chaetoceros subsecundus*		+		
56	柔弱角毛藻	*Chaetoceros debilis*		+		
57	双突角毛藻	*Chaetoceros didymus*			+	
58	舞姿角毛藻	*Ceratium saltans*				+
59	细齿角毛藻	*Chaetoceros denticulatus*			+	
60	暹罗角毛藻	*Chaetoceros siamense*			+	
61	旋链角毛藻	*Chaetoceros curvisetus*		+	+	
62	缢缩角毛藻	*Chaetoceros constrictus*		+		
63	圆柱角毛藻	*Chaetoceros teres*	+		+	
64	窄面角毛藻	*Chaetoceros paradoxus*			+	
65	窄隙角毛藻	*Chaetoceros affinis*		+	+	
66	嘴状角毛藻	*Chaetoceros rostratus*		+		
67	高盒形藻	*Biddulphia regia*			+	
68	活动盒形藻	*Biddulphia mobiliensis*				+
69	中华盒形藻	*Biddulphia sinensis*		+	+	+
70	中华半管藻	*Hemiaulus sinensis*			+	
71	柏氏角管藻	*Cerataulina bergonii*		+		

（续）

序号	中文名	学名	春季	夏季	秋季	冬季
72	大洋角管藻	*Cerataulina pelagica*			+	
73	蜂窝三角藻	*Triceratium favus*		+	+	+
74	布氏双尾藻	*Ditylum brightwellii*	+	+	+	+
75	宽梯形藻	*Climacodium frauenfeldianum*			+	
76	浮动弯角藻	*Eucampia zodiacus*		+	+	+
77	泰晤士扭鞘藻	*Streptotheca tamesis*	+	+	+	
78	日本星杆藻	*Asterionella japonica*	+		+	+
79	佛氏海毛藻	*Thalassiothrix frauenfeldii*		+	+	+
80	针杆藻属 1	*Synedra* sp. 1	+	+	+	+
81	针杆藻属 2	*Synedra* sp. 2				+
82	菱形海线藻	*Thalassionema nitzschioides*		+	+	
83	脆杆藻属	*Fragilaria* sp.	+	+	+	+
84	短楔形藻	*Licmophora abbreviata*				+
85	端尖曲舟藻	*Pleurosigma acutum*	+		+	
86	宽角曲舟藻	*Pleurosigma angulatum*	+		+	
87	曲舟藻属	*Pleurosigma* sp.	+	+	+	+
88	波罗的海布纹藻	*Gyrosigma balticum*		+		
89	舟形藻属	*Navicula* sp.		+		+
90	羽纹藻属	*Pinnularia* sp.	+		+	
91	双眉藻属	*Amphora* sp.				+
92	洛氏菱形藻	*Nitzschia lorenziana*			+	
93	新月菱形藻	*Nitzschia closterium*				+
94	长菱形藻	*Nitzschia longissima*	+	+	+	+
95	菱形藻属 1	*Nitzschia* sp. 1	+		+	+
96	菱形藻属 2	*Nitzschia* sp. 2		+		
97	尖刺菱形藻	*Nitzschia pungens*	+	+	+	+
98	柔弱菱形藻	*Nitzschia delicatissima*		+	+	+
99	奇异菱形藻	*Nitzschia paradoxa*	+	+		+
100	蜂腰双壁藻	*Diploneis bombus*	+			
101	翼茧形藻	*Amphiprora alata*			+	+
102	卵形藻属	*Cocconeis* sp.		+		
二	甲藻	Dinophyta				
114	夜光藻	*Noctiluca scientillans*	+	+	+	+
112	渐尖鳍藻	*Dinophysis acuminata*				+
113	具刺膝沟藻	*Gonyaulax spinifera*				+
106	叉角藻	*Ceratium furca*	+	+	+	+
107	大角角藻	*Ceratium macroceras*	+			
108	纺锤角藻	*Ceratium fusus*		+		

（续）

序号	中文名	学名	春季	夏季	秋季	冬季
109	三角角藻	*Ceratium tripos*		+	+	
110	梭角藻	*Ceratiumfusus*	+		+	+
111	长角角藻	*Ceratium longissimum*		+		
103	斯氏扁甲藻	*Pyrophacus steinii*			+	
104	海洋多甲藻	*Peridiniopsis oceanicum*		+		
105	锥形多甲藻	*Peridinium conicum*		+		+
115	扁平原多甲藻	*Protoperidinium depressum*	+		+	
116	歧散原多甲藻	*Protoperidinium divergens*		+		
117	原多甲藻属未定种	*Protoperidinium* sp.	+		+	
三	金藻	Chrysophyta	—	—	—	—
118	小等刺硅鞭藻	*Dictyocha fibula*	+	+		+
119	硅鞭藻属	*Dictyocha* sp.		+		

附录二　海州湾主要浮游动物名录

类群	中文名	学名	春季	夏季	秋季	冬季
桡足类	背针胸刺水蚤	*Centropages dorsispinatus*	+	+	+	
	刺尾歪水蚤	*Tortanus spinicaudatus*	+			+
	近缘大眼剑水蚤	*Corycaeus affinis*		+	+	+
	克氏纺锤水蚤	*Acartia clausi*	+	+		
	墨氏胸刺水蚤	*Centropages mcmurrichi*	+			+
	拟长腹剑水蚤	*Oithona similis*	+			
	强额拟哲水蚤	*Paracalanus crassirostris*		+	+	+
	双刺唇角水蚤	*Labidocera bipinnata*	+	+	+	
	双刺纺锤水蚤	*Acartia bipinnata*	+	+		
	太平洋纺锤水蚤	*Acartia pacifica*		+	+	
	太平洋真宽水蚤	*Eurytemora pacifica*	+			
	小拟哲水蚤	*Paracalanus parvus*	+	+	+	+
	真刺唇角水蚤	*Labidocera euchaeta*	+	+	+	+
	中华哲水蚤	*Calanus sinicus*	+	+	+	+
刺胞动物	八斑芮氏水母	*Rathkea octopunctata*	+			+
	水母 sp.	*Scyphozoa* sp.	+	+	+	
	半球美螅水母	*Clytia hemisphaerica*	+	+	+	
	两手筐水母	*Solmundella bitentaculata*	+		+	
	球形侧腕水母	*Pleurobrachia globosa*		+	+	
	嵊山杯水母	*Phialidium chengshanense*		+		
	双生水母	*Diphyes chamissonis*			+	
	四叶小舌水母	*Liriopee traphylla*	+	+		+
	四枝管水母	*Proboscidactyla flavicirrata*		+		
	薮枝螅水母	*Obelia* sp.	+	+	+	
	锡兰和平水母	*Eirene ceylonensis*	+	+	+	
	蟹形舟水母	*Bargmannia* sp.		+		
	心形真唇水母	*Eucheilota bitentaculata*		+	+	
	真囊水母	*Euphysora bigelowi*	+			
	锥状多管水母	*Aequorea conica*		+	+	
毛颚动物	百陶箭虫	*Sagitta bedoti*		+	+	
	箭虫 sp.	*Sagitta* sp.		+		
	肥胖箭虫	*Sagitta enflata*				+
	拿卡箭虫	*Sagitta nagae*	+	+	+	+
	强壮箭虫	*Sagitta crassa*	+	+	+	+
端足类	䖪	*Simorhychtus* sp.				+
	钩虾	*Gammarus* sp.		+	+	
	细长脚虫戎	*Themisto gracilipes*	+			+

（续）

类群	中文名	学名	春季	夏季	秋季	冬季
糠虾类	儿岛囊糠虾	*Gastrosaccus kojimaensis*			+	
	黑褐新糠虾	*Neomysis awatschensis*	+		+	
	长额刺糠虾	*Acanthomysis longirostris*	+	+	+	+
被囊动物	小齿海樽	*Doliolum denticulatum*		+	+	
	异体住囊虫	*Oikopleura dioica*	+	+	+	
樱虾类	莹虾	*Lucifer* sp.		+		+
	中国毛虾	*Acetes chinensis*			+	
介形类	尖尾海萤	*Cypidina acuminata*			+	
磷虾类	中华假磷虾	*Pseudeuphausia sinica*	+	+	+	+
涟虫类	三叶针尾涟虫	*Diastylis tricincta*	+			
幼体	阿利玛幼虫	Alima larva		+		
	磁蟹类蚤状幼体	Zoea larva（Porcellana）		+	+	
	担轮幼虫	Trochophore larva		+		
	短尾类大眼幼体	Brachyura larva		+		
	短尾类溞状幼体	Brachyura zoea larva	+	+	+	+
	多毛类幼体	Polychaeta larva	+	+	+	+
	腹足类幼体	Gastropoda larva	+	+	+	+
	海星幼体	Asteroidea larva				+
	箭虫幼体	Sagitta larva		+	+	+
	糠虾幼体	Mysis larva		+		+
	面盘幼虫	Veliger larva		+		
	桡足类幼体	Copepoda larva	+	+	+	+
	舌贝幼虫	Lingula larva		+		
	十足类幼体	Macrura larva	+	+	+	+
	幼蟹	Brachyura larva		+		
	鱼卵	Fish egg	+	+		
	仔稚鱼	Fish larva	+	+	+	+

附录三　海州湾主要大型底栖生物名录

类群	中文名	学名	冬季		春季		夏季		秋季	
			定量	定性	定量	定性	定量	定性	定量	定性
环节动物	多鳃齿吻沙蚕	*Nephtys polybranchia*			+					
环节动物	海稚虫科	Spionidae							+	
环节动物	琥珀刺沙蚕	*Neanthes succinea*			+					
环节动物	角吻沙蚕	*Goniadidae* sp.					+			
环节动物	米列虫	*Melinna cristata*			+					
环节动物	纳加索沙蚕	*Lumbrineris nagae*	+							
环节动物	内卷齿蚕属	*Aglaophamus* sp.	+							
环节动物	欧文虫	*Owenia fusformis*					+			
环节动物	奇异稚齿虫	*Paraprionospio pinnata*	+							
环节动物	沙蚕	Nereis		+		+				
环节动物	索沙蚕	*Lumbricomereis* sp.			+					
环节动物	齿吻沙蚕	*Nephtys* sp. 1			+					
环节动物	齿吻沙蚕	*Nephtys* sp. 2			+					
环节动物	梳鳃虫	*Terebellides stroemii*	+				+			
环节动物	小健足虫	*Micropodaeke dubia*					+			
环节动物	中锐吻沙蚕	*Glycera rouxii*	+							
棘皮动物	背蚓虫	*Notomastus latericeus*	+							
棘皮动物	海胆	Echinoidea		+		+		+	+	
棘皮动物	海地瓜	*Acaudina molpadioides*		+						
棘皮动物	海星	Asteroidea		+	+	+	+	+		+
棘皮动物	海星 sp. 1	Asteroidea sp. 1		+						
棘皮动物	海星 sp. 2	Asteroidea sp. 2		+						
棘皮动物	海星 sp. 3	Asteroidea sp. 3		+		+				
棘皮动物	多棘海盘车	*Asterias amurensis*		+						
棘皮动物	棘刺锚参	*Protankyra bidentata*					+		+	
棘皮动物	锯羽丽海羊齿	*Antedon serrata*							+	
棘皮动物	罗氏海盘车	*Asierias rollestoni*		+						
棘皮动物	马粪海胆	*Hemicentrotus pulcherrimus*		+				+		
棘皮动物	马氏刺蛇尾	*Ophiothrix marenzelleri*	+			+	+	+	+	+
棘皮动物	司氏盖蛇尾	*Siegophiura sladeni*			+					
棘皮动物	蛇尾 sp.	Ophiuroidea sp. 1			+					
棘皮动物	浅水萨氏真蛇尾	*Ophiura sarsii*			+				+	
脊索动物	白姑鱼	*Argyrosomus argentatus*				+				+
脊索动物	斑尾刺虾虎鱼	*Acanthogobius ommaturus*						+		
脊索动物	大银鱼	*Protosalanx hyalocranius*		+				+		+
脊索动物	方氏锦鳚	*Pholis fangi*				+				

（续）

类群	中文名	学名	冬季		春季		夏季		秋季	
			定量	定性	定量	定性	定量	定性	定量	定性
脊索动物	绯鰤	*Calliomymus beniteguri*		+		+		+		
脊索动物	凤鲚	*Coilia mystus*						+		+
脊索动物	贡氏红娘鱼	*Lepidotrigla guentheri*						+		
脊索动物	海马	Hippocampus								+
脊索动物	褐菖鲉	*Sebastiscus marmoratus*		+						
脊索动物	吉氏锦鳚	*Pholis gilli*				+				
脊索动物	棘头梅童鱼	*Collichthys lucidus*				+		+		+
脊索动物	尖海龙	*Syngnathus acus*		+		+				+
脊索动物	焦氏舌鳎	*Arelicus joyneri*		+		+		+		+
脊索动物	康氏侧带小公鱼	*Stolephorus commersonii*				+				
脊索动物	孔鰕虎鱼	*Trypauchen vagina*		+						
脊索动物	拉氏狼牙鰕虎鱼	*Odontamblyopus lacepedii*	+		+	+		+		+
脊索动物	矛尾鰕虎鱼	*Chaeturichthys stigmatias*		+		+		+	+	+
脊索动物	皮氏叫姑鱼	*Johnius belangerii*				+				
脊索动物	细纹狮子鱼	*Liparis tanakae*		+		+				
脊索动物	香鰤	*Callionymus olidus*								+
脊索动物	小黄鱼	*Larimichthys polyactis*						+		
脊索动物	小头栉孔鰕虎鱼	*Ctenotrypauchen microcephalus*	+	+		+		+	+	+
脊索动物	鲬	*Platycephalus indicus*								+
脊索动物	幼鮸	*Miichthys miiuy*				+				+
脊索动物	玉筋鱼	*Ammodytes personatus*		+						
脊索动物	长丝鰕虎鱼	*Cryptocentrus filifer*		+						+
脊索动物	髭缟鰕虎鱼	*Tridentiger barbatus*				+				
节肢动物	艾氏牛角蟹	*Leptomithrax edwardsi*		+		+		+		+
节肢动物	戴氏赤虾	*Metapenaeopsis dalei*				+		+		+
节肢动物	葛氏长臂虾	*Palaemon gravieri*		+		+		+		+
节肢动物	沟纹拟盲蟹	*Typhlocarcinops canaliculata*	+		+		+		+	
节肢动物	哈氏仿对虾	*Parapenaeopsis harbwickii*								+
节肢动物	脊腹褐虾	*Crangon affinis*		+						
节肢动物	脊尾白虾	*Palaemoncarincauda*				+		+	+	+
节肢动物	寄居蟹	Paguridae		+		+		+		
节肢动物	解放眉足蟹	*Blepharipoda liberate*				+				
节肢动物	巨指长臂虾	*Palaemon macrodactylus*				+				
节肢动物	糠虾	Mysidacea		+		+				
节肢动物	口虾蛄	*Oratosquilla oratoria*		+		+		+		+
节肢动物	马氏毛粒蟹	*Pilumnopeus makiana*		+		+				+

（续）

类群	中文名	学名	冬季		春季		夏季		秋季	
			定量	定性	定量	定性	定量	定性	定量	定性
节肢动物	强壮菱蟹	*Parthenope validus*				+		+		+
节肢动物	球形栗壳蟹	*Arcania globata*				+			+	
节肢动物	日本对虾	*Penaeus japonicus*						+		
节肢动物	日本鼓虾	*Alpheus japonicus*		+	+	+		+		+
节肢动物	日本关公蟹	*Dorippe japonica*			+			+		+
节肢动物	日本蟳	*Charybdis japonica*								+
节肢动物	日本沼虾	*Macrobrachium nipponense*		+						
节肢动物	绒毛细足蟹	*Raphidopus ciliatus*		+			+			
节肢动物	三疣梭子蟹	*Portunus trituberculatus*		+		+		+		+
节肢动物	双斑蟳	*Charybdis bimaculata*				+		+		
节肢动物	水母虾	*Latreutes anoplonyx*		+		+		+		
节肢动物	四齿矶蟹	*Pugettia quadridens*					+			
节肢动物	细螯虾	*Leptochela gracilis*	+	+		+		+		+
节肢动物	细巧仿对虾	*Parapenaeopsis tenella*	+	+						+
节肢动物	狭颚绒螯蟹	*Eriochier leptognathus*		+		+		+	+	+
节肢动物	鲜明鼓虾	*Alpheus distinguendus*		+		+		+		
节肢动物	鹰爪糙对虾	*Trachypenaeus curvirostris*				+		+		+
节肢动物	疣背宽额虾	*Latreutes planirostris*		+		+		+		+
节肢动物	中国毛虾	*Acetes chinensis*		+		+		+		+
纽形动物	纽形动物	Nemertea							+	
腔肠动物	海葵	Anemonia	+				+			
腔肠动物	水母	Scyphozoa		+				+		
软体动物	扁玉螺	*Glossaulax didyma*	+	+		+		+		
软体动物	朝鲜笋螺	*Terebra koreana*				+		+		+
软体动物	大竹蛏	*Solen grandis*				+				
软体动物	短蛸	*Octopus ocellatus*						+		
软体动物	菲律宾蛤仔	*Ruditapes philippinarum*	+							
软体动物	福氏乳玉螺	*Polynices fortunei*			+					
软体动物	红带织纹螺	*Nassarius succinctus*		+		+		+		+
软体动物	甲虫螺	*Cantharus cecillei*								+
软体动物	假主棒螺	*Crassispira pseudoprinciplis*		+		+		+		+
软体动物	尖椎拟塔螺	*Cerithidea largillierti*		+						
软体动物	口马丽口螺	*Calliostoma koma*				+				
软体动物	蓝无壳侧鳃	*Pleurbranchaea novaezealandiae*		+	+	+		+		+
软体动物	伶鼬榧螺	*Oliva mustelina*					+	+		
软体动物	脉红螺	*Rapana venosa*				+				
软体动物	曼氏无针乌贼	*Sepiella maindroni*								+
软体动物	褶牡蛎	*Ostrea plicatula*		+		+				+

（续）

类群	中文名	学名	冬季		春季		夏季		秋季	
			定量	定性	定量	定性	定量	定性	定量	定性
软体动物	泥蚶	*Tegillarca granosa*		+		+				+
软体动物	泥螺	*Bullacta exarata*			+			+		
软体动物	乳头真玉螺	*Eunaticina papilla*		+		+				
软体动物	双喙耳乌贼	*Sepiola birostrata*		+						
软体动物	香螺	*Neptunea cumingi*								+
软体动物	秀丽织纹螺	*Nassarius festivus*						+		
软体动物	缢蛏	*Sinonovacula constrzcta*				+		+		+
软体动物	疣荔枝螺	*Thais clavigera*		+		+				
软体动物	长蛸	*Octopus variabilis*		+		+				
软体动物	爪哇拟塔螺	*Turricula javana*								+
软体动物	纵肋织纹螺	*Nassarius variciferus*		+	+	+			+	+
软体动物	半褶织纹螺	*Nassarius semiplicata*				+		+		
星虫动物	星虫	Sipuncula					+		+	

注："+"指该频次出现的种类。

附录四　海州湾主要鱼卵名录

科	中文名	学名	春季		夏季		秋季		冬季	
			水平	垂直	水平	垂直	水平	垂直	水平	垂直
鲱科	斑鰶	*Konosirus punctatus*	+		+					
鲱科	青鳞小沙丁鱼	*Sardinella zunasi*	+							
鳀科	黄鲫	*Setipinna taty*	+							
鳀科	赤鼻棱鳀	*Thryssa kammalensis*	+	+						
鳀科	日本鳀	*Engraulis japonicus*	+	+						
鳀科	康氏侧带小公鱼	*Stolephorus commersonnii*					+			
狗母鱼科	长蛇鲻	*Saurida elongata*			+	+				
鲻科	鮻	*Liza haematocheilus*	+							
鮨科	中国花鲈	*Lateolabrax maculatus*					+	+		
石首鱼科	小黄鱼	*Larimichthys polyactis*	+							
石首鱼科	皮氏叫姑鱼	*Johnius belengeri*	+							
石首鱼科	黑鳃梅童鱼	*Collichthys niveatus*	+							
石首鱼科	棘头梅童鱼	*Collichthys lucidus*	+	+						
带鱼科	小带鱼	*Trichiurus lepturus*			+					
鲭科	蓝点马鲛	*Scomberomorus niphonius*	+							
鱚科	多鳞鱚	*Sillago sihama*			+	+				
䲗科	䲗属 spp.	*Callionymus* spp.	+							
鲬科	鲬	*Platycephalus indicus*	+							
鲽科	高眼鲽	*Cleithenes herzenstein*	+							
舌鳎科	半滑舌鳎	*Cynoglossus semilaevis*					+			
舌鳎科	焦氏舌鳎	*Cynoglossus joyneri*			+	+				
鳎科	带纹条鳎	*Zebrias zebra*	+							

附录五　海州湾主要仔稚鱼名录

科	中文名	学名	春季		夏季		秋季		春季	
			水平	垂直	水平	垂直	水平	垂直	水平	垂直
鳀科	凤鲚	*Coilia mystus*			+					
鳀科	日本鳀	*Engraulis japonicus*		+			+			
鳀科	康氏侧带小公鱼	*Stolephorus commersonnii*			+	+	+			
海龙科	尖海龙	*Syngnathus acus*	+						+	
银鱼科	大银鱼	*Protosalanx hyalocranius*			+			+		
鲻科	鲅	*Liza haematocheilus*	+	+						
锦鳚科	方氏锦鳚	*Pholis fangi*							+	
锦鳚科	锦鳚科	Pholidae							+	+
石首鱼科	皮氏叫姑鱼	*Johnius belengeri*	+	+						
石首鱼科	小黄鱼	*Larimichthys polyactis*	+							
石首鱼科	棘头梅童鱼	*Collichthys lucidus*			+	+				
石首鱼科	鮸	*Miichthys miiuy*		+						
鱚科	多鳞鱚	*Sillago sihama*	+							
鲭科	蓝点马鲛	*Scomberomorus niphonius*	+							
鰕虎鱼科	普氏缰鰕虎鱼	*Amoya pflaumi*			+	+				
鰕虎鱼科	拟矛尾鰕虎鱼	*Parachaeturichthys polynema*	+							
鰕虎鱼科	鰕虎鱼科	Gobiidae	+	+						

附录六　海州湾主要游泳生物名录

类群	中文名	学名	夏季	秋季	冬季	春季
鱼类	暗纹东方鲀	*Takifugu obscurus*				+
鱼类	白姑鱼	*Argyrosomus argentatus*	+			+
鱼类	斑鰶	*Konosirus punctatus*	+	+		+
鱼类	斑尾刺鰕虎鱼	*Acanthogobius ommaturus*	+	+	+	
鱼类	半滑舌鳎	*Cynoglossus semilaevis*	+			
鱼类	赤鼻棱鳀	*Thryssa kammalensis*	+	+		+
鱼类	大泷六线鱼	*Hexagrammos otakii*				+
鱼类	大鳍弹涂鱼	*Periophthalmus magnuspinnatus*		+		
鱼类	大头鳕	*Gadus macrocephalus*			+	
鱼类	大银鱼	*Protosalanx hyalocranius*	+	+	+	
鱼类	带鱼	*Trichiurus japonicus*		+		+
鱼类	刀鲚	*Coilia nasus*	+	+	+	
鱼类	短吻舌鳎	*Cynoglossus abbreviatus*	+			
鱼类	多鳞鱚	*Sillago sihama*				+
鱼类	方氏锦鳚	*Pholis fangi*		+		+
鱼类	绯䲗	*Callionymus beniteguri*				+
鱼类	海鳗	*Muraenesox cinereus*	+			
鱼类	褐菖鲉	*Sebastiscus marmoratus*				+
鱼类	横带髭鲷	*Hapalogenys mucronatus*		+		
鱼类	黄鮟鱇	*Lophius litulon*				+
鱼类	黄姑鱼	*Nibea albiflora*	+			
鱼类	黄鲫	*Setipinna taty*	+	+		+
鱼类	棘头梅童鱼	*Collichthys lucidus*	+	+	+	+
鱼类	棘鲉	*Hoplosebastes armatus*		+		
鱼类	尖海龙	*Syngnathus acus*	+	+	+	+
鱼类	焦氏舌鳎	*Cynoglossus joyneri*	+	+	+	+
鱼类	康氏侧带小公鱼	*Stolephorus commersonnii*	+	+		+
鱼类	孔鰕虎鱼	*Trypauchen vagina*		+		
鱼类	拉氏狼牙鰕虎鱼	*Odontamblyopus lacepedii*	+	+	+	+
鱼类	蓝点马鲛	*Scomberomorus niphonius*	+			+
鱼类	蓝园鲹	*Decapterus maruadsi*		+		
鱼类	鲡形鳗鰕虎鱼	*Taenioides anguillaris*	+			
鱼类	镰鲳	*Pampus echinogaster*	+			
鱼类	六丝钝尾鰕虎鱼	*Amblychaeturichthys hexanema*	+	+		

（续）

类群	中文名	学名	夏季	秋季	冬季	春季
鱼类	绿鳍马面鲀	*Thamnaconus modestus*				+
鱼类	矛尾鰕虎鱼	*Acanthogobius stigmatias*	+	+	+	+
鱼类	鮸	*Miichthys miiuy*	+	+	+	
鱼类	皮氏叫姑鱼	*Johnius belangerii*	+	+		
鱼类	青鳞小沙丁鱼	*Sardinella zunasi*	+	+		+
鱼类	沙带鱼	*Lepturacanthus savala*	+			
鱼类	双斑东方鲀	*Takifugu bimaculatus*	+			
鱼类	鮻	*Liza haematocheilus*	+	+	+	+
鱼类	鳀	*Engraulis japonicus*		+		+
鱼类	条鲾	*Leiognathus rivulatus*		+		+
鱼类	条石鲷	*Oplegnathus fasciatus*		+		
鱼类	细条天竺鲷	*Apogon lineatus*		+		
鱼类	细纹狮子鱼	*Liparis tanakae*				+
鱼类	小带鱼	*Eupleurogrammus muticus*		+		
鱼类	小黄鱼	*Larimichthys polyactis*	+	+		+
鱼类	小头栉孔鰕虎鱼	*Ctenotrypauchen microcephalu*		+		+
鱼类	小眼绿鳍鱼	*Chelidonichthys spinosus*	+	+		
鱼类	星康吉鳗	*Conger myriaster*	+	+		+
鱼类	许氏平鲉	*Sebastes schlegelii*			+	
鱼类	银鲳	*Stromateoides argenteus*	+	+		+
鱼类	鲬	*Platycephalus indicus*				+
鱼类	油魣	*Sphyraena pinguis*		+		
鱼类	玉筋鱼	*Ammodytes personatus*			+	
鱼类	长蛇鲻	*Saurida elongata*	+	+		+
鱼类	长丝鰕虎鱼	*Cryptocentrus filife*				+
鱼类	中国花鲈	*Lateolabrax maculatus*	+	+	+	+
鱼类	中颌棱鳀	*Thryssa mystax*	+	+		
鱼类	髭缟鰕虎鱼	*Tridentiger barbatus*	+	+	+	+
鱼类	鲻	*Mugil cephalus*		+		+
虾类	鞭腕虾	*Lysmata vittata*	+	+		
虾类	戴氏赤虾	*Metapenaeopsis dalei*	+	+		+
虾类	葛氏长臂虾	*Palaemon gravieri*	+	+	+	+
虾类	哈氏仿对虾	*Parapenaeopsis hardwickii*	+			
虾类	脊腹褐虾	*Crangon affinis*		+		+
虾类	脊尾白虾	*Exopalaemon carinicauda*	+	+	+	+
虾类	巨指长臂虾	*Palaemon macrodactylus*				+
虾类	口虾蛄	*Oratosquilla oratoria*	+	+	+	+
虾类	日本鼓虾	*Alpheus japonicus*	+	+		+
虾类	水母虾	*Latreutes anoplonyx*	+			+
虾类	细螯虾	*Leptochela gracilis*				+

（续）

类群	中文名	学名	夏季	秋季	冬季	春季
虾类	细巧仿对虾	*Parapenaeopsis tenella*		+		+
虾类	鲜明鼓虾	*Alpheus distinguendus*	+	+		+
虾类	鹰爪糙对虾	*Trachypenaeus curvirostris*	+	+		+
虾类	中国对虾	*Penaeus orientalis*	+	+		
虾类	中国毛虾	*Acetes chinensis*	+	+		+
虾类	周氏新对虾	*Metapenaeus joyneri*	+	+		+
蟹类	颗粒关公蟹	*Dorippe granulata*	+	+		
蟹类	强壮菱蟹	*Parthenope validus*				+
蟹类	日本关公蟹	*Dorippe japonica*				+
蟹类	日本蟳	*Charybdis japonica*	+	+	+	+
蟹类	绒毛细足蟹	*Remipes testudinarius*				+
蟹类	三疣梭子蟹	*Portunus trituberculatus*	+	+		+
蟹类	双斑蟳	*Charybdis bimaculata*	+			+
蟹类	狭颚绒螯蟹	*Eriochier leptognathus*	+	+	+	+
头足类	短蛸	*Octopus ocellatus*	+	+	+	+
头足类	剑尖枪乌贼	*Loligo edulis*	+	+		+
头足类	双喙耳乌贼	*Sepiola birostrata*			+	+
头足类	长蛸	*Octopus variabilis*			+	+
头足类	针乌贼	*Sepia andreana*		+		

参考文献

蔡珊珊，2015. 基于分子标记的三疣梭子蟹和中国对虾增殖放流效果研究［D］. 青岛：中国海洋大学.

曹文清，林元烧，杨青，等，2006. 我国中华哲水蚤生物学研究进展［J］. 厦门大学学报（自然科学版），45（S2）：54－61.

巢子豪，高一博，李彦辉，等，2014. 基于遥感和GIS的海州湾海岸线提取方法研究［J］. 淮海工学院学报（自然科学版），23（4）：87－91.

陈洪举，刘光兴，姜强，等，2015. 北黄海海樽类的种类组成和分布特征［J］. 中国海洋大学学报（自然科学版），45（6）：39－44.

陈骁，赵新生，李妍，2015. 江苏海州湾海岛与岸线资源修复及整治途径研究［J］. 海洋开发与管理（12）：53－56.

陈骁，赵新生，李妍，2015. 新形势下连云港海州湾国家级海洋公园数字化管理模式初探［J］. 中国资源综合利用，33（9）：47－50.

陈晓英，张杰，马毅，等，2014. 近40年来海州湾海岸线时空变化分析［J］. 海洋科学进展，32（3）：324－334.

陈永霞，薛惠锋，王媛媛，等，2010. 基于系统动力学的环境承载力仿真与调控［J］. 计算机仿真，22（2）：294－298.

邓邦平，徐韧，刘材材，等，2015. 夏季黄海南部和东海近海浮游动物群落分布特征［J］. 南方水产科学，11（4）：11－19.

邓景耀，2000. 海洋渔业资源保护与可持续利用［J］. 中国渔业经济研究（6）：21－26.

狄欢，张硕，钱卫国，2013. 海州湾海洋牧场区表层沉积物主要理化状况及其相关性分析［J］. 大连海洋大学学报，28（4）：406－412.

狄乾斌，2007. 海洋经济可持续发展的理论、方法与实证研究［D］. 大连：辽宁师范大学.

狄乾斌，徐东升，周乐萍，2012. 基于STELLA软件的海洋经济可持续发展系统动力学模型研究［J］. 海洋开发与管理，29（3）：90－94.

丁言者，2014. 江苏近岸海域水质变化特征研究［D］. 南京：南京师范大学.

范士亮，王宗兴，徐勤增，等，2010. 苏北浅滩邻近海域秋季大型底栖动物生态特征［J］. 海洋科学进展，28（4）：489－497.

方景清，2011. 天津滨海新区海洋经济可持续发展潜力研究［D］. 青岛：中国海洋大学.

付元宾，杜宇，王权明，等，2014. 自然海岸与人工海岸的界定方法［J］. 海洋环境科学，33（4）：615－618.

盖建军，倪金俤，2012. 海州湾强壮箭虫的生态学特征研究［J］. 生物学杂志，29（6）：59－61.

高春梅，郑伊汝，张硕，2016. 海州湾海洋牧场沉积物-水界面营养盐交换通量的研究［J］. 大连海洋大学学报，31（1）：95－102.

高春梅，朱珠，王功芹，等，2015. 海州湾海洋牧场海域表层沉积物磷的形态与环境意义［J］. 中国环境科学，35（11）：3437－3444.
高爱根，杨俊毅，陈全震，等，2003. 达山岛、平岛、车牛山岛邻近海域大型底栖生物分布特征［J］. 海洋学报（中文版），25（6）：135－141.
高亚辉，林波，1999. 几种因素对太平洋纺锤水蚤摄食率的影响［J］. 厦门大学学报（自然科学版），38（5）：751－757.
龚志军，谢平，阎云君，2001. 底栖动物次级生产力研究的理论与方法［J］. 湖泊科学，13（1）：79－88.
郭斌，张波，戴芳群，等，2011. 海州湾小黄鱼幼鱼和黄鲫幼鱼的食物竞争［J］. 渔业科学进展（1）：8－15.
胡聪，于定勇，赵博博，2014. 围填海工程对海洋资源影响评价—以曹妃甸为例［J］. 城市环境与城市生态，27（1）：42－46.
胡海生，2015. 海州湾春夏季习见鱼卵、仔稚鱼形态学研究［D］. 青岛：中国海洋大学.
胡颢琰，黄备，唐静亮，等，2000. 渤、黄海近岸海域底栖生物生态研究［J］. 东海海岸，18（4）：39－46.
胡韧，林秋奇，段舜山，等，2002. 热带亚热带水库浮游植物叶绿素 a 与磷分布的特征［J］. 生态科学，21（4）：310－315.
黄苇，谭映宇，张平，2012. 渤海湾海洋资源、生态和环境承载力评价［J］. 环境污染与防治，34（6）：101－109.
姜晟，李俊龙，李旭文，等，2012. 江苏近岸海域富营养化现状评价与成因分析［J］. 环境监测管理与技术，24（4）：26－29.
江苏省 908 专项办公室，2012. 江苏近海海洋综合调查与评价总报告［M］. 北京：科学出版社.
江苏省海岛资源综合调查领导小组办公室，1996. 江苏省海岛资源综合调查报告［M］. 北京：科学技术文献出版社.
金施，徐兆礼，陈佳杰，等，2013. 海州湾连云港邻近水域蟹类的分布特征［J］. 海洋湖沼通报（1）：45－52.
金显仕，邓景耀，2000. 莱州湾渔业资源群落结构和生物多样性的变化［J］. 生物多样性，8（1）：65－72.
黎明，1989. 海州湾资源综合评估［J］. 海洋与海岸带开发（1）：62－63.
李超伦，王荣，孙松，2003. 南黄海鳀产卵场中华哲水蚤的数量分布及其摄食研究［J］. 水产学报，27（S1）：55－63.
李飞，徐敏，2014. 海州湾保护区海洋环境质量综合评价［J］. 长江流域资源与环境，23（5）：659－667.
李鸿妹，2012. 营养盐与黄海浒苔绿潮暴发关系的探究［D］. 青岛：中国海洋大学.
李建生，严利平，李惠玉，等，2007. 黄海南部、东海北部夏秋季小黄鱼数量分布及与浮游动物的关系［J］. 海洋渔业，29（1）：31－37.
李新正，刘录三，李宝泉，等，2010. 青岛：中国海洋大型底栖生物——研究与实践［M］. 北京：海洋出版社.
李妍，2015. 海洋生态文明视角下的数字化海洋保护区建设研究——以海州湾海湾生态与自然遗迹海洋特别保护区为例［J］. 淮海工学院学报（人文社会科学版），13（9）：95－97.
李妍，杨波，季如康，2016. 海洋公园综合管控技术研究——以江苏连云港海州湾国家海洋公园为例［J］. 海洋开发与管理（2）：101－104.
李妍，赵新生，2015. 海洋特别保护区数字化监测研究——以海州湾国家级特别保护区为例［J］. 绿色科技（10）：13－15，20.

李洋，2016. 钦州茅尾海资源环境承载力研究 [D]. 南宁：广西师范学院.

李玉，管明雷，俞阳，等，2017. Hg、As在海州湾不同功能区沉积物中的污染特征及污染历史演变评估 [J]. 海洋湖沼通报 (3)：15-22.

李云，徐兆礼，高倩，2009. 长江口强壮箭虫和肥胖箭虫的丰度变化对环境变暖的响应 [J]. 生态学报，29 (9)：4773-4780.

李增光，2013. 基于GAM模型的南黄海帆张网主要渔获物分布及海州湾鱼卵、仔稚鱼集群特征的初步研究 [D]. 青岛：中国海洋大学.

梁铄，秦曼，2014. 中国近海捕捞业生产的随机前沿分析——基于省级面板数据 [J]. 农业技术经济 (8)：118-127.

刘东艳，2004. 胶州湾浮游植物与沉积物中硅藻群落结构演替的研究 [D]. 青岛：中国海洋大学.

刘东艳，孙军，陈洪涛，等，2003. 2001年夏季胶州湾浮游植物群落结构的特征 [J]. 青岛海洋大学学报 (自然科学版)，33 (3)：366-374.

刘红，虞志英，张华，等，2015. 连云港工程建设对周边海域地形影响分析 [J]. 中国港湾建设，35 (1)：6-11.

刘鸿，2016. 黄海中部近岸春夏季鱼卵、仔稚鱼群落结构特征研究 [D]. 青岛：中国海洋大学.

刘辉，2014. 典型岛礁海域生物资源修复效果监测和评价技术研究与应用 [D]. 青岛：中国科学院.

刘莉莉，2007. 山东省海洋渔业资源增殖放流的发展现状及其SD仿真的初步研究 [D]. 青岛：中国海洋大学.

刘莉莉，万荣，王熙杰，等，2012. 基于系统动力学模型的渔业资源增殖放流效应分析 [J]. 南方水产科学，8 (1)：16-23.

刘青，曲晗，张硕，2007. 强壮箭虫对温度、盐度的耐受性研究 [J]. 海洋湖沼通报 (1)：111-116.

刘晴，徐敏，李飞，等，2013. 海州湾生态系统健康诊断 [J]. 生态与农村环境学报，29 (3)：301-310.

刘玮祎，楼飞，虞志英，2006. 灌河河口河道冲淤演变及航道自然条件分析 [J]. 海洋工程，25：14-21.

刘展新，张晴，王敏，等，2016. 海州湾表层沉积物重金属空间分布与危害评价 [J]. 淮海工学院学报 (自然科学版)，25 (2)：76-79.

卢璐，张硕，赵裕青，等，2011. 海州湾人工鱼礁海域沉积物中重金属生态风险的分析 [J]. 大连海洋大学学报，26 (2)：126-132.

吕小梅，方少华，张跃平，等，2008. 福建海坛海峡潮间带大型底栖动物群落结构及次级生产力 [J]. 动物学报，54 (3)：428-435.

罗西玲，2015. 海州湾蟹类群落种类组成及其多样性 [D]. 青岛：中国海洋大学.

罗西玲，任一平，邢磊，等，2015. 海州湾蟹类群落种类组成及其多样性 [J]. 生物多样性，23 (2)：210-216.

麦尔哈巴·麦提尼亚孜，瓦哈甫·哈力克，2015. 基于SD模型的吐鲁番地区地下水资源承载力理论研究 [J]. 中国农村水利水电 (8)：105-109.

孟田湘，2003. 黄海中南部鳀鱼各发育阶段对浮游动物的摄食 [J]. 海洋水产研究，24 (3)：1-9.

宁修仁，刘子琳，史君贤，1995. 渤、黄、东海初级生产力和潜在渔业生产量的评估 [J]. 海洋学报 (中文版)，17 (3)：72-84.

乔凤勤，邱盛尧，张金浩，等，2012. 山东半岛南部中国明对虾放流前后渔业资源群落结构［J］. 水产科学，31（11）：651－656.

曲方圆，于子山，刘卫霞，等，2009. 北黄海春季大型底栖生物群落结构［J］. 中国海洋大学学报，39：109－114.

任美锷，1986. 江苏省海岸带和海涂资源综合调查报告［M］. 北京：海洋出版社.

沈国英，2002. 海洋生态学［M］. 北京：科学出版社.

盛连喜，王显久，李多元，等，1994. 青岛电厂卷载效应对浮游生物损伤研究［J］. 东北师大学报（自然科学版）（2）：83－89.

师满江，徐中民，2010. 张掖市可持续发展系统动力学模拟分析［J］. 冰川冻土，32（4）：851－859.

宋亚洲，韩宝平，朱国平，等，2010. 基于生态足迹的江苏省渔业资源可持续利用评价［J］. 水生态学杂志，3（2）：17－22.

苏纪兰，唐启升，2002. 青岛：中国海洋生态动力学研究Ⅱ渤海生态系统动力学过程［M］. 北京：科学出版社.

苏巍，2010. 海州湾海域鱼类群落多样性及其与环境因子的关系［D］. 青岛：中国海洋大学.

苏巍，薛莹，任一平，2013. 海州湾海域鱼类分类多样性的时空变化及其与环境因子的关系［J］. 中国水产科学，20（3）：624－634.

孙军，2010. 保护海洋浮游植物多样性［J］. 科技创新与品牌（36）：54.

孙同美，王晓亮，齐安翔，等，2015. 海洋倾倒区容量评估研究——以连云港 2＃倾倒区为例［J］. 海洋开发与管理（6）：37－42.

孙习武，孙满昌，张硕，等，2011. 海州湾人工鱼礁二期工程海域大型底栖生物初步研究［J］. 生物学杂志，28（1）：57－61.

孙习武，张硕，赵裕青，等，2010. 海州湾人工鱼礁海域鱼类和大型无脊椎动物群落组成及结构特征[J]. 上海海洋大学学报，19（4）：505－513.

唐峰华，沈新强，王云龙，2011. 海州湾附近海域渔业资源的动态分析［J］. 水产科学，30（6）：335－341.

唐启升，范元炳，林海，1996. 青岛：中国海洋生态系统动力学研究发展战略初探［J］. 地球科学进展，11（2）：160－168.

唐衍力，成沙沙，马舒扬，等，2017. 海州湾张网渔获物种类组成的时空变化及其主要影响因子［J］. 中国水产科学，24（4）：831－844.

唐衍力，齐广瑞，王欣，等，2014. 海州湾近岸张网渔获物种类组成和资源利用现状分析［J］. 青岛：中国海洋大学学报（自然科学版），44（7）：29－38.

唐衍力，于晴，2016. 基于熵权模糊物元法的人工鱼礁生态效果综合评价［J］. 中国海洋大学学报（自然科学版），46（1）：18－26.

田丰歌，徐兆礼，2011. 春夏季苏北浅滩大丰水域浮游动物生态特征［J］. 海洋环境科学，30（3）：316－320.

王其藩，1994 系统动力学［M］. 北京：清华大学出版社.

王荣，高尚武，王克，等，2003. 冬季黄海暖流的浮游动物指示［J］. 水产学报，27（1）：39－48.

王若凡，2008. 厦门与罗源湾近岸海域生态足迹对比研究［D］. 厦门：厦门大学.

王腾，张贺，张虎，等，2016. 基于营养通道模型的海州湾中国明对虾生态容纳量［J］. 中国水产科学，

23 (4): 965 - 975.
中国海湾志编纂委员会，1993. 中国海湾志·第四分册·山东半岛南部和江苏省海湾 [M]. 北京：海洋出版社.
王小荟，2013. 海州湾主要鱼种的空间分布及其与环境因子的关系 [D]. 青岛：中国海洋大学.
王小林，2013. 海州湾及邻近海域鱼类群落结构的时空变化 [D]. 青岛：中国海洋大学.
王晓，2012. 南黄海浮游动物群落及环境因子对其分布影响的研究 [D]. 青岛：中国海洋大学.
王晓，王宗灵，蒲新明，等，2013. 夏季南黄海浮游动物分布及其影响因素分析 [J]. 海洋学报（中文版），35 (5): 147 - 155.
王颖，2014. 南黄海辐射沙脊群环境与资源 [M]. 北京：海洋出版社.
王勇智，马林娜，谷东起，等，2013. 罗源湾围填海的海洋环境影响分析 [J]. 中国人口资源与环境，23 (11): 129 - 133.
王云龙，2005. 中国大陆架及邻近海域浮游生物 [M]. 上海：上海科学技术出版社.
王在峰，2011. 海州湾海洋特别保护区生态恢复适宜性评估 [D]. 南京：南京师范大学.
王子超，晁敏，2017. 基于 Stella 的江苏近海海域生态足迹模拟分析 [J]. 中国水产科学，24 (3): 576 - 586.
韦章良，柴召阳，石洪华，等，2015. 渤海长岛海域浮游动物的种类组成与时空分布 [J]. 上海海洋大学学报，24 (4): 550 - 559.
魏婷，2014. 连云港围填海工程对海洋生态环境的影响及防治对策研究 [J]. 国土资源情报 (6): 23 - 27.
吴立珍，吴卫强，陆伟，等，2012. 海州湾生态环境修复的探索实践与展望——江苏省海洋牧场示范区建设 [J]. 中国水产 (6): 35 - 37.
吴隆杰，2006. 基于渔业生态足迹指数的渔业资源可持续利用测度研究 [D]. 青岛：中国海洋大学.
吴涛，吴立珍，杨晖，等，2015. 连云港海州湾生态资源开发利用刍议 [J]. 中国高新技术企业 (8): 106 - 108.
谢斌，李云凯，张虎，等，2017. 基于稳定同位素技术的海州湾海洋牧场食物网基础及营养结构的季节性变化 [J]. 应用生态学报，28 (7): 2292 - 2298.
谢斌，张硕，李莉，等，2017. 海州湾海洋牧场浮游植物群落结构特征及其与水质参数的关系 [J]. 环境科学学报，37 (1): 121 - 129.
谢冕，2013. 海州湾南部近岸海域氮、磷营养盐变化规律及营养盐限制状况 [D]. 青岛：国家海洋局.
解研秋，2006. 连云港市湿地保护现状、问题及对策研究 [D]. 南京：南京农业大学.
徐汉祥，周永东，贺舟挺，2007. 用营养动态模式估算东海区大陆架渔场渔业资源蕴藏量 [J]. 浙江海洋学院学报（自然科学版），26 (4): 404 - 409.
徐虹，黄祖英，魏爱泓，2009. 海州湾浮游植物总量的多元分析 [J]. 海洋环境科学，28 (S1): 26 - 27.
徐兆礼，高倩，2009. 长江口海域真刺唇角水蚤的分布及其对全球变暖的响应 [J]. 应用生态学报，20 (5): 1196 - 1201.
徐兆礼，蒋玫，陈亚瞿，等，2003. 东海赤潮高发区春季浮游桡足类与环境关系的研究 [J]. 水产学报，27 (S1): 49 - 54.
燕守广，林乃峰，沈渭寿，2014. 江苏省生态红线区域划分与保护 [J]. 生态与农村环境学报 (3): 294 - 299.
杨纪明，李军，1995. 渤海强壮箭虫摄食的初步研究 [J]. 海洋科学 (6): 38 - 42.

杨柳，2011. 海州湾人工鱼礁区浮游生物变动分析［D］. 上海：上海海洋大学.

杨柳，张硕，孙满昌，等，2011. 海州湾人工鱼礁海域春、夏季浮游植物群落结构及其与环境因子的关系［J］. 生物学杂志，28（6）：14－18.

杨柳，张硕，孙满昌，等，2011. 海州湾人工鱼礁区浮游植物与环境因子关系的研究［J］. 上海海洋大学学报，20（03）：445－450.

杨青，王真良，樊景凤，等，2012. 北黄海秋、冬季浮游动物多样性及年间变化［J］. 生态学报，32（21）：6747－6754.

杨晓改，薛莹，昝肖肖，等，2014. 海州湾及其邻近海域浮游植物群落结构及其与环境因子的关系［J］. 应用生态学报，25（7）：2123－2131.

杨志远，徐虹，2012. 海州湾海域一次赤潮异弯藻赤潮与环境因子的关系［J］. 水产养殖（4）：17－19.

叶昌臣，邓景耀，2001. 渔业资源学［M］. 重庆：重庆出版社.

叶属峰，纪焕红，曹恋，等，2002. 河口大型工程对长江河口底栖动物种类组成及生物量的影响研究［J］. 海洋通报，23（4）：32－37.

叶昌臣，杨威，林源，2005. 中国对虾产业的辉煌与衰退［J］. 天津水产（1）：9－14.

殷名称，1991. 鱼类早期生活史研究与其进展［J］. 水产学报，15（4）：348－358.

于杰，陈作志，徐姗楠，2016. 围填海对珠江口南沙湿地资源与生物资源的影响［J］. 中国水产科学，23（3）：661－671.

于雯雯，刘培廷，高银生，等，2013. 春夏季吕泗渔场水产种质资源保护区浮游动物分布特征［J］. 生态学杂志，32（10）：2744－2749.

于雯雯，刘培廷，张朝晖，等，2014. 南黄海辐射沙脊群浮游动物群落结构及季节变化［J］. 南京大学学报（自然科学版），50（5）：706－714.

詹秉义，1995. 渔业资源评估［M］. 北京：中国农业出版社.

张爱儒，2015. 三江源生态功能区产业生态化模式研究［D］. 兰州：兰州大学.

张波，唐启升，2004. 渤、黄、东海高营养层次重要生物资源种类的营养级研究［J］. 海洋科学进展，22（4）：393－404.

张波，虞朝晖，孙强，等，2010. 系统动力学简介及其相关软件综述［J］. 环境与可持续发展，35（2）：1－4.

张长宽，2013. 江苏省近海海洋环境资源基本现状［M］. 北京：海洋出版社.

张存勇，2005. 连云港近岸海域海洋工程对生态环境的影响及其研究［D］. 青岛：中国海洋大学.

张存勇，2015. 海州湾近岸海域现代沉积动力环境［M］. 北京：海洋出版社.

张海景，徐兆礼，2010. 小黄鱼育幼期吕泗渔场的饵料浮游动物特征［J］. 生态学杂志，29（10）：2072－2076.

张虎，贲成恺，方舟，等，2017. 基于拖网调查的海州湾南部鱼类群落结构分析［J］. 上海海洋大学学报，26（4）：588－596.

张虎，刘培廷，汤建华，等，2008. 海州湾人工鱼礁大型底栖生物调查［J］. 海洋渔业，30（2）：97－104.

张虎，朱孔文，汤建华，2005. 海州湾人工鱼礁养护资源效果初探［J］. 海洋渔业，27（1）：38－43.

张华，马兴华，谢锐，等，2012. 连云港港 30 万吨级航道工程抛泥悬浮物扩散观测研究［J］. 水运工程（1）：111－115.

张晴，周德山，谢小华，等，2011. 海州湾人工鱼礁区生态环境动态监测［J］. 淮海工学院学报（自然科学版)，20 (2)：49 - 54.
张硕，施斌杰，谢斌，等，2017. 连云港海州湾海洋牧场浮游动物群落结构及其与环境因子的关系 [J]. 生态环境学报，26 (8)：1410 - 1418.
张硕，王功芹，朱珠，等，2015. 海州湾表层沉积物中不同形态氮季节性赋存特征 [J]. 生态环境学报，24 (8)：1336 - 1341.
张硕，王腾，符小明，等，2015. 连云港海州湾渔业生态修复水域生态系统能量流动模型初探 [J]. 海洋环境科学，34 (1)：42 - 47.
张硕，谢斌，符小明，等，2016. 应用稳定同位素技术对海州湾拖网渔获物营养级的研究 [J]. 海洋环境科学，35 (4)：507 - 511.
张硕，朱孔文，孙满昌，2006. 海州湾人工鱼礁区浮游植物的种类组成和生物量 [J]. 大连水产学院学报，21 (2)：134 - 140.
张旭，王超，胡志晖，2008. 连云港近岸海域春季浮游植物多样性和群落结构 [J]. 海洋环境科学，27 (S1)：83 - 85.
张学庆，孙雅杰，王兴，等，2017. 海州湾及毗邻海域水交换数值研究 [J]. 海洋环境科学，36 (3)：427 - 433.
张亚洲，金海卫，朱增军，等，2011. 2009 年春、夏季浙江中北部沿岸海域浮游动物群落特征 [J]. 海洋渔业，33 (4)：389 - 397.
张怡晶，2013. 海州湾及邻近海域大型无脊椎动物群落结构及多样性的时空变化 [D]. 青岛：中国海洋大学.
张迎秋，许强，徐勤增，等，2016. 海州湾前三岛海域底层鱼类群落结构特征 [J]. 中国水产科学，23 (1)：156 - 168.
赵建华，李飞，2015. 海州湾营养盐空间分布特征及影响因素分析 [J]. 环境科学与技术，38 (S2)：32 - 35，127.
赵蒙蒙，徐兆礼，2012. 海州湾南部海域不同季节虾类数量及其分布特征 [J]. 海洋通报，31 (1)：38 - 44.
赵新生，孙伟富，任广波，等，2014. 海州湾海洋牧场生态健康评价 [J]. 激光生物学报，23 (6)：626 -632.
郑元甲，洪万树，张其永，2013. 中国主要海洋底层鱼类生物学研究的回顾与展望 [J]. 水产学报，37 (1)：151 - 160.
郑执中，1963. 毛颚类作为中国海及邻近水域海流指标种的初步研究 [M]. 北京：科学出版社.
郑重，李松，李少菁，1978. 我国海洋浮游桡足类的种类组成和地理分布 [J]. 厦门大学学报 (自然科学版) (2)：51 - 63.
郑重，郑执中，王荣，等，1965. 烟、威鲐鱼渔埸及邻近水域浮游动物生态的初步研究 [J]. 海洋与湖沼，7 (4)：329 - 354.
中华人民共和国科学技术委员会海洋组海洋综合调查办公室，1964. 全国海洋综合调查报告 • 第八册 • 中国近海浮游生物的研究 [M]. 青岛：中国科学院海洋研究所.
周德山，2008. 海州湾海域赤潮形成的环境因子研究 [D]. 苏州：苏州大学.
周进，李新正，李宝泉，2008. 黄海中华哲水蚤度夏区大型底栖动物的次级生产力 [J]. 动物学报，54 (3)：436 - 441.

周克，2006. 胶州湾浮游动物的物种组成与优势种时空分布特征［D］. 青岛：中国科学院.

周玉，2012. 连云港海洋环境容量估算及入海污染物总量分配研究［D］. 南京：南京大学.

朱德山，Iversen S A，1990. 黄、东海鳀鱼及其他经济鱼类资源声学评估的调查研究［J］. 海洋水产研究，11：18-41.

朱孔文，孙满昌，张硕，等，2011. 海州湾海洋牧场人工鱼礁建设［M］. 北京：中国农业出版社.

朱旭宇，许海华，许娴，等，2017. 连云港邻近海域网采浮游植物分布特征及其影响因素［J］. 应用海洋学报，36（3）：385-394.

Costanza R，Gottlieb S，1998. Modelling ecological and economic systems with STELLA：Part Ⅱ［J］. Ecological Modelling，112（2/3）：81-84.

Dam H G，2013. Evolutionary adaptation of marine zooplankton to global change［J］. Annual Review of Marine Science，5：349-370.

Dasmann R F，1968. A different kind of country［M］. New York：MacMillan Company.

Gou H，Jiao J J，2007. Impact of coastal land reclamation on ground water level and the sea water interface［J］. Ground Water，45（3）：362-367.

Heuvel-Hillen R H，1995. Coastline management with GIS in the Netherlands［J］. Advance in Remote Sensing，4（1）：27-34.

Healy M G，Hickey K R，2002. Historic land reclamation in the intertidal wetlands of the Shannon estuary，western Ireland［J］. Journal of Costal Research，36（4）：365-373.

Kang J W，1999. Changes in tidal characteristics as a result of the construction of sea-dike/sea-walls in the Mokpo coastal zone in Korea［J］. Estuarine Coastal and Shelf Science，48（4）：429-438.

Karås P，1992. Zooplankton entrainment at Swedish nuclear power plants［J］. Marine Pollution Bulletin，24（1）：27-32.

Kondo T，1995. Technological advances in Japan coastal development-land reclamation and artificial islands［J］. Marine Technology Society Journal，29（3）：42-49.

Lee H J，Chu Y S，Park Y A，1999. Sedimentary processes of fine-grained material and the effect of seawall construction in the Daeho macrotidal flat-nearshore area，northern west coast of Korea［J］. Marine Geology，157（314）：171-184.

Li F，Xu M，liu Q，et al，2014. Ecological restoration zoning for a marine protected area A case study of Haizhouwan National Marine Park，China［J］. Ocean and Coastal Management，98：158-166.

Li Y F，Zhu X D，Sun X，et al，2010. Landscape effects of environmental impact on bay-area wetlands under rapid urban expansion and development policy A case study of Lianyungang，China［J］. Landscape and Urban Planning，94（314）：218-227.

Lincandro P，Ibanez F，Etienne M，2006. Long-term fluctuations（1974—1999）of the salps *Thalia democratica* and *Salpa fusiformis* in the northwestern Mediterranean Sea：Relationships with hydroclimatic variability［J］. Limnology and Oceanography，51（4）：1832-1848.

Lu L，Goh B P L，Chou L M，2002. Effects of coastal reclamation on riverine macrobenthic infauna（Sungei Punggol）in Singapore［M］. Jouranal of Aquatic Ecosystem Stress and Recovery，9（2）：127-135.

Paffenhofer G A，Atkinson L P，Lee T N，et al，1995. Distribution and abundance of thaliaceans and copepods off the southeastern USA during winter [J]. Continental Shelf Research，15 (2/3)：255－280.

Peng B R，Hong H S，Hong J M，et a1，2005. Ecological damage appraisal of sea reclamation and its application to the establishment of usage charge standard for filled seas：Case study of Xia Men，China [C]. Environmental Informatics，Proceedings：153－165.

Wand R，Zuo T，Wang K，2003. The Yellow Sea cold bottom water an oversummering site for *Calanus sinicus* (Copepoda，Crustacea) [J]. Journal of Plankton Reasearch，25 (2)：169－183.

Sato S，Azuma M，2002. Ecological and paleoecological implications of the rapid increase and decrease of an introduced bivalve *Potamocorbula* sp after the construction of a reclamation dike in Isahaya Bay，western Kyushu，Japan [J]. Palaeogeography Palaeoclimatology Palaeoecology，185 (3/4)：369－378.

Uriarte L，Villate F，2004. Effects of pollution on zooplankton abundance and distribution in two estuaries of the Basque coast (Bay of Biscay) [J]. Marine Pollution Bulletin，49 (3)：220－228.

Wackernagel M，Rees W，1998. Our ecological footprint：Reducing human impact on the earth [M]. Philadelphia：New Society Publishers.

作者简介

晁　敏　男，博士，研究员。长期从事海洋渔业生态环境保护工作，研究方向涉及长江口及近海渔业生态学、生态毒理学、海洋环境影响评价和渔业污染事故调查鉴定等。近年来主持项目 20 项，参加项目 65 项。其中，主持国家重点基础研究发展规划（“973 计划”）课题 1 项（第二负责人），地方委托项目 10 余项。获得各类奖项 5 项，其中 2012 年获得上海市科技进步奖一等奖（第 6 位），2006 和 2010 年两次获得中国水产科学研究院科技进步奖二等奖（分列第 14 位和第 15 位）。近年来发表学术论文 26 篇，其中以第一作者发表 SCI 收录论文 4 篇，核心 A 类 8 篇，合著论文 14 篇（核心 A 类 12 篇）。

张　虎　男，江苏省海洋水产研究所海洋生态与环境研究室副主任（主持工作），副研究员。研究方向为海洋渔业工程、海洋生态环境学、海洋生态环境影响评价与渔业资源损失评估。近年来，主要从事海洋生态渔业资源监测、海洋牧场人工鱼礁建设、增殖放流效果评估及海洋生态修复等相关的科研工作。参与或主持重大项目 10 余项，参与编写海域使用论证报告书 10 余份，各类用海工程周边海域生态环境专题监测报告 50 余份，港口航道、风电等重大用海工程海洋生态修复实施方案 10 余份。参与编写专著 5 部，在学术刊物发表各类论文 20 余篇。

张　硕　男，博士，上海海洋大学海洋科学学院教授，农业农村部国家级海洋牧场示范区建设专家咨询委员会委员，中国水产学会海洋牧场研究会会员。主要从事近海海洋生态修复、海洋牧场和人工鱼礁方面的基础理论与应用实践研究，包括近海海洋生物资源增殖与养护、栖息地生态环境修复与评价方面等。作为项目负责人，先后完成多项国家级及省部级重点项目。发表论文 40 余篇，获得国家授权发明专利 5 项，参编教材和专著 3 部。

王云龙　男，中国水产科学研究院东海水产研究所渔业生态环境实验室主任，研究员。研究方向为海洋浮游生物学、海洋生态学、海洋生态环境影响评价与渔业资源损失评估。主持和参加科学技术部、农业农村部等科研项目 20 余项，近年来承担或参与 50 余项建设工程的环境影响评价和渔业生态环境监测任务。在学术刊物发表论文 60 余篇，出版专著 2 部。获农业农村部、中国水产科学研究院和水利部科学奖励 5 次，国家授权发明专利 1 项，实用新型专利 2 项。